KB273468

Natural History of Plants

식물의 역사

식물의 탄생과 진화 그리고 생존전략

이 상 태 지음

지오북
GEOBOOK

머 리 말

　　나는 식물을 좋아한다. 겨울이 끝나기 전 마른 가지 끝을 뚫고 나온 여린 잎이 좋고 훈훈한 봄바람에 터질 듯 꽃봉오리를 피워 올리는 모습도 좋다. 하지만 이런 아름다운 겉모습만을 보고 좋아하는 것은 아니다. 식물은 동물에 비해 분류, 형태, 진화, 구조, 기능 등 모든 면의 원리가 정교하지만 간단해 명쾌하다. 오랫동안 식물에 대해 공부하며, 식물을 찾아서 전국 산야를 쫓아다니고, 외국에 가도 꼭 식물원을 찾거나 우리와 다른 식생을 가진 산을 오르면서 식물 세계의 다양함과 아름답고 신비함을 절감했다. 식물에 대해 공부하면 할수록 모르는 것들이 많음에 한계를 느끼면서도, 식물의 다양성과 적응은 너무나 신기하고 재미있어 평생 식물을 공부하며 살길 잘 선택했다고 생각한다.

　　그러나 평생 식물을 공부하면서 아쉬웠던 것은, 이렇게 신기하고 재미있는 식물의 역사에 관련된 전문서적이 대학교재 말고는 그리 많지 않다는 것이다. 꼭 생물학이나 식물학을 전공하지 않아도 식물에 관심이 있는 사람이라면 식물이 어떻게 진화해 왔고 적응해 왔는지를 아는 것은 흥미진진한 내용인데도 불구하고, '식물의 역사'를 다룬 책은 별로 없다. 이런 점에서 나는 식물에 대해 관심과 궁금증이 많은 분들을 위해서, 오래전부터 전문적이지만 그리 어렵지 않은 내용으로 이런 책을 쓰고 싶었다.

　　이 책은 식물의 진화와 적응을 다루고 있어, 분류, 형태, 생태 등의 분야를 따로 공부할 때 다루어지지 않는 내용도 담고 있지만, 이들 분야가 서로 밀접하게 연계되어 있어 중첩되는 부분도 많다. 나는 이 분야들을 서로 연결시켜 주는 것이 바로 식물의 역사라는 걸 알았다. 이 책을 읽고 식물분류학, 식물형태학, 생태학 등을 공부한다면 훨씬 이해도 쉽고 재미있으며, 이들 분야가 더욱 생동감 있게 다가올 것으로 믿는다.

　　나는 강의를 하면서 언제부턴가 내가 하고 싶은 이야기를 다하는 것이 아니라 학생들의 눈높이에 맞춰야 한다는 걸 깨달았다. 이 책은 전문지식 없이도 이해할 수 있도록 집필했다. 어쩔 수 없이 어려운 학명이나 복잡한 용어를 쓴 경우가 있어도 이해를 돕도록 바로 바로 설명을 덧붙이려고 노력했고, 뒤에 용어해설을 첨부했다. 그러나 혹 어렵더라도 너무 걱정 마시라. 암기하려 노력하지 말고(절대로!) 전체적인 흐름이나 내용만을 개념적으로 이해하면서 식물의 진화와 적응의 신비함과 다양성과 화려함을 느껴 보라고 이야기하고 싶다. 식물의 이름이나 어려운 용어를 모른다고 뭐랄 사람도 없지 않은가?

지구가 생긴 이래 수십 억 년 동안 아무런 생물도 살지 않던 육지에 어떻게 상륙해 뿌리내리고 진화하며 번성하게 되었는지 재미있게 설명하기 위해 식물을 의인화하기도 하고, 퀴즈와 보너스이야기도 넣어 보았다. 그러나 반응이 어떨지 궁금하다. 부디 독자들이 좋아했으면 좋겠다.

이 졸저로 생물학을 공부하는 학생들, 식물의 응용분야에 종사하는 전문가와 학생들, 그리고 식물에 관심을 갖고 있는 비전공자들이 식물의 진화와 적응에 대해 좀 더 폭넓게 이해하고, 현재 우리가 보는 식물들의 신비함과 소중함과 고마움을 깨닫고, 식물과 생태계를 사랑하며 보존하는 데 일익을 담당할 수 있기를 기대한다.

바쁜 중에 원고를 읽고 중요한 수정과 멘트를 해주고 몇몇 소중한 사진을 마련해 준 성균관대학교 생물학과의 김승철 교수와 사진 및 그림을 제공해주신 모든 분께 진심으로 감사드린다. 편집과 교정을 맡아준 지오북의 전유경, 김민정 씨, 디자이너 김길례 씨에게 감사드린다. 이 책이 나올 수 있도록 해준 지오북의 황영심 사장께도 심심한 사의를 표한다.

2010년 5월

지은이 이 상 태

차 례

chapter 1

1장
광합성, 놀라운 능력의 탄생

1

기적과 같은 생명의 출현

식물의 기원과 역사에 대해서 이야기하려면 물속에서 살던 식물의 원조부터 이야기해야 하는데, 기왕 이야기를 꺼내는 김에 조금만 덧붙이면 되니 생명의 출현 이야기부터 시작하는 것이 좋을 것 같다.

지구과학자들에 의하면 지구의 탄생 시기는 약 45억 년 전으로 추정된다. 45억 년이라고 하면 얼마나 긴 시간인지 실감이 나지 않으니 진화학자들이 비유한 1년 스케일로 계산해 보자. 지구가 탄생한 때가 1월 1일 0시, 현재가 12월 31일 밤 12시라고 하자. 인간이 출현한 때가 100만 년 전이니 1시간 56분 48초 전, 즉 12월 31일 밤 10시 3분 2초이고, 진화를 이야기하기 시작한 때가 150년 전이니까 1.0512초 전, 즉 12월 31일 밤 11시 59분 59초가 된다. 지구의 탄생 시기는 인간의 상상을 초월할 만큼 먼먼 옛날 이야기다.

먼 옛날 지구가 처음 탄생했을 때 지구의 모습은 어떠했을까? 대기가 희박해 운석이 많이 떨어지고, 여기저기 화산이 폭발하고, 화산재와 함께 유황과 암모니아 냄새가 풍기는 연기가 올라왔을 것이다. 기온은 높고 바다에선 수증기가 끓어올라 공기는 습한 가운데 천둥과 번개가 치고 비바람이 불어, 시간이 지나면서 지각은 점점 식어갔을 것이다.

이런 환경 속에서 생명 탄생의 여명이 서서히 밝아오고 있었다. 생명체를 구성하는 주요 원소인 탄소(C), 산소(O), 수소(H), 질소(N)로 이루어진, 물(H_2O), 이산화탄소(CO_2), 암모니아(NH_3) 등이 고온과 번개의 전기방전으로 단순한 유기물, 즉 당[탄수화물의 단위]이나 아미노산[단백질의 단위], 혹은 뉴클레오티드[핵산의 단위] 같은 유기물이 만들어졌다. 단순한 유기물은 비슷한 조건에서 금속촉매[반응을 촉진시켜주는 화학물질]로 서로 연결되어 기다란 유기물로 조금씩 진화했을 것이고, 지구의 수많은 곳에서 오랜 세월 동안 이런 일이 일어나다 보니 바다는 유기물이 풍부한 유기물 스프가 되었을 것이다. 그리고 이런 유기물 스프에서 생명에 필요한 단백질과 핵산이 만들어지고, 이들이 우연히 모여서 세포와 비슷한 코아서베이트(coacervate)를 형성한 뒤 진화해 원시세포가 되었을 것이다. 이 시나리오가 바로 1924년 오파린(Aleksander I. Oparin, 1894~1980, 러시아)이라는 학자가 제창한 생명체 탄생의 가설이다. 그림 1-1

생명의 흔적이라곤 눈곱만큼도 없는 황량한 지구에 세포라니……. 과연 이런 일이 저절로 일어날 수 있을까? 생명체만 유기물을 만들어낼 수 있다고 알고 있는데, 무기물에서 유기물이 우연히 만들어질 수 있단 말인가? 이런 질문을 갖고 있던 미국의 젊은 대학원생 밀러(Stanley A. Miller, 1930~2007)가 1953년 실제로 지구 초기의 대기물질인 물, 이산화탄소, 암모니아가스를 유리병에 넣고 끓이면서 전기방전을 해서 간단한 유기물을 얻는 데 성공했고, 이 실험은 오파린의 가설을 입증할 수 있는 실마리를 제공해줬다. 이에 다른 학자들[Urey, Haldane, Bernal, Calvin 등]도 고무되어 비슷한 실험을 했는데 이런 실험을 통해서 어느 정도 기다란 유기물인 폴리펩티드[아미노산 여러 개가 연결된 것]나 핵산 고리[뉴클레오티드 여러 개가 연결된 것]를 합성하는 데 성공했다. 1959년 폭스(Sidney W. Fox, 1912~1998, 미국)는, 훨씬 기다란 유기물에서 단백질로 둘러싸인 작은 알갱이가 만들어져 일정한 크기를 유지하며 세포처럼 분열하는 것을

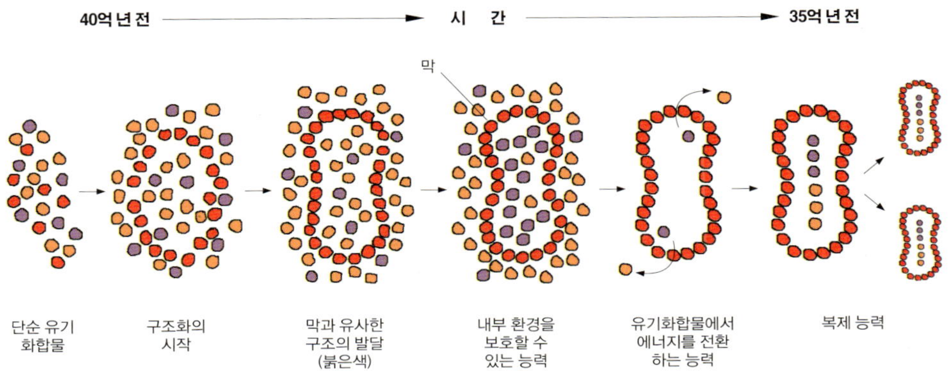

그림 1-1 오파린의 유기물 진화 가설

관찰하고 이를 마이크로스피어(microsphere)라고 불렀다. 아마도 이런 알갱이가 유전물질을 함유한 원시세포, 또는 오파린이 제창한 코아서베이트가 아닐까?

기다란 유기물과 생명체와의 관계에 대해 언급했는데, 세포가 만들어지기 위해 간단한 유기물이 길어져야 하는 이유에 대해 간단히 짚고 넘어가자. 세포는 단백질과 핵산으로 만들어진다. 단백질은 수백 개의 아미노산이 연결되어 만들어지며, 핵산은 수천 개의 뉴클레오티드가 연결되어 만들어진다. 이렇게 만들어진 단백질은 세포의 구조를 이루는 재료가 되고 세포 내 반응을 중재하는 촉매가 되며, 핵산은 유전자가 된다. 그래서 세포가 만들어지려면 단백질과 핵산의 기다란 유기물 중합체(polymer)가 있어야 하는 것이다.

일단 원시 대기물질에서 간단한 유기물이 만들어졌고, 이들이 연결돼 복잡한 유기물이, 그리고 이들이 모여 원시세포가 만들어졌다는 사실만 기억하자. 이 일은 아마도 37~38억 년 전쯤[1년 스케일로 본다면 2월 중순경]에 일어났을 것으로 추정된다. 그렇다면 유기물 스프에서 만들어진 원시세포는 어떤 성질을 가졌을까?

우선 원시세포는 세포 한 개로 구성된 단세포 생물이었고 핵이 없으며 유전물질인 RNA[DNA가 모든 생물의 유전물질이지만 초기 세포의 유전물질은 유전자와 효소 역할을 함께 수행하는 RNA였다는 증거가 있다.]가 세포 중심에 흩어져 있어 지금 우리가 보는 가장 간단한 세포인 세균(bacteria)과 비슷한 모습이었을 것이다. 이 세균은 주위에 풍부하게 존재하는 유기물 스프를 먹고 증식했을 것이다. 그러던 중에 유전물질이 조금씩 돌연변이를 일으켜 좀 더 완전한 단세포 생물로 진화했을 것이다. 단세포 생명체들은 자신을 좀 더 잘 성장시키고 증식시키는 돌연변이가 발생한다면 당연히 그 방법을 채택할 것이다. 그들이 선택할 수 있는 의지가 있어서가 아니라, 돌연변이에 의해서 잘 성장시키고 증식시키는 유전자가 우연히 만들어졌을 때 이들이 자연에서 더 많은 자손을 번식시켜 선택되고, 불리한 유전자가 만들어졌을 때는 자손을 덜 번식시켜 도태되기 때문이다. 이렇게 세포들은 자연스레 진화할 수 있기 때문에 '채택한다'라고 표현해본 것이다.

유기물 스프 속에서 우연히 탄생한 원시세포는 증식하다가 좀 더 체계적인 세포로 진화하며 유기물을 먹어치우고 번성했다는 이야기인데, 이들에게 한 가지 문제가 생겼다. 바닷물 속의 유기물은 무한정 존재하는 것이 아니었기 때문이다. 계속해서 증식하는 세포에 대해 생각해볼 때 아무리 유기물이 풍부하다 하더라도 그것은 한정적일 수밖에 없었다. 세포는 이분법으로 분열하므로 현존하는 박테리아 세포가 20분에 한 번씩 분열하는 것을 생각하면, 1개의 세포가 하루에 72번 번식한다고 했을 때 1개의 세포는 2, 4, 8, 16, …, 2^{72} 식으로 불어난다는 계산이 나온다. 이걸 풀어보면 하루만에 10^{23}개 이상의 세포로 늘어나니, 이틀이 지나면 10^{46}개, 열흘이 지나면 10^{230}로 천문학적 숫자가 되어 유기물 스프가 금방 고갈될 것은 뻔한 일이다.

따라서 초기의 세포는 계속 증식해 유기물이 있는 바다를 점령하게 되었지만 더 이상 먹을 유기물이 없는 문제에 봉착한 것이다. 그렇다고 유기물을 스스로 만들 능력도 없다. 단지 이용할 수 있는 유기물이라고는 죽은 세포들뿐이다. 따라서 세포의 수는 기하급수적으로 늘어나 어느 수준에 도달했을 때 더 이상 늘어나지 않는 한계를 맞을 수밖에 없었다.

원시세포가 출현할 확률은?

원시세포의 출현은 우연히 일어난 것으로 생물학자들은 보고 있는데 세포가 우연히 만들어지는 게 얼마나 낮은 확률의 일인지를 계산해본 학자가 있다. 요키(Hubert P. Yockey, 1916~, 미국)라는 이론생물학자가 1970년대에 단백질 확률(protein probability)을 제창하였는데, 다음 사실을 종합하여 계산을 하게 된다.

1. 단백질은 20종류의 아미노산의 특정 서열로 구성된다.
2. 아미노산에는 성질이 같은 L형과 D형이 있는데 L형만 세포를 구성한다.
3. 세포는 최소한 124개의 단백질로 구성될 수 있다.
4. 단백질은 최소한 380개의 아미노산으로 구성된다.

그렇다면 원시적인 세포가 우연히 만들어질 수 있는 확률, 즉 원시세포가 우연히 출현할 수 있는 확률은

$$P = (1/2^{380} \times 1/20^{380})^{124} = (1/10^{114} \times 1/10^{520})^{124} = 1/10^{14046} \times 1/10^{64480} = 1/10^{78436}$$

이 된다. 10에 0이 78,436개가 붙는 경우의 수 중 하나라는 이야기다. 검은 바둑알이 이렇게 많은 중에 흰 바둑알이 한 개 있을 때, 우연히 뽑아서 흰 바둑알을 골라낼 확률의 일이 일어났다면 이건 기적이라고 밖에 볼 수 없다.

2

스스로 양식을 만드는 생명들의 잔치 마당

세포들이 먹을 유기물이 다 떨어졌을 때 스스로 유기물을 합성하겠다는 것은 질서를 무시한 일종의 반란이었다. 왜 남이 만든 유기물을 먹어야만 하나? 어떻게 유기물을 합성할 수는 없을까? 세포들은 생각을 할 수 없으니 실제로 이런 고민을 하지는 않았겠지만 생명의 진화 역사에는 스스로 유기물을 만드는 일이 우연히도 기적같이 일어나게 된다. 앞서 세포의 탄생을 기적이라고 한다면, 유기물을 스스로 합성하는 생물의 탄생은 제2의 기적이라고 할 수 있다. 왜 기적이라고 하는지 살펴보자.

유전자는 뉴클레오티드가 고리 모양으로 연결된 핵산으로 되어 있고 각 뉴클레오티드에는 4가지 염기, 즉 아데닌(Adenine), 티민(Thymine), 시토신(Cytosine), 구아닌(Guanine) 중 하나가 붙어 있다. 염기 3개가 하나의 유전정보가 되어, 지구상에 존재하는 20여 개 아미노산 중 하나를 끌어와 연결시켜 특정한 단백질 고리를 합성한다. 염기서열이 변하게 되면 다른 아미노산을 연결시켜 다른 성질의 단백질을 만들게 된다. 이것이 유전자 돌연변이다. 이렇게 우연히 만들어진 수백 개의 아미노산으로 구성된 단백질은 특정한 기능을 하기도 하겠지만 대부분 아무런 기능을 하지 못했을 것이다. 따라서 특정한 기능을 하는 단백질이 우연히 만들어진다는 것은 더더욱 낮은 확률이므로 이런 단백질 10여 개가 한 세포 안에서 생겨 스스로 유기물을 합성하는 데 쓰일 수 있게 되었다면 이것이야말로 기적이라고 아니할 수 없는 일이다. 물론 생명체가 처음 만들어질 때보다야 덜하긴 하겠지만 말이다.

우리는 스스로 유기물을 합성하는 세포를 광합성세균 또는 시아노박테리

그림 1-2 오스트레일리아 샤크베이의 스트로마톨라이트 (Wikimedia)

아(cyanobacteria)라고 한다. 왜냐하면 이들은 물과 이산화탄소를 재료로 햇빛을 이용하여 유기물 즉 포도당을 합성할 수 있기 때문이다. 이제 이런 세포 하나가 기적처럼 탄생했다면 이 세포는 스스로 포도당을 합성하여 그 에너지로 성장하고 번식하고 진화할 수 있게 되었을 것이다. 그리고 바다를 점령할 수 있었을 것이다. 사실 점령이라는 말이 합당한데, 그 이유를 알아보자.

광합성세균은 광합성을 하면서 산소를 부산물로 만들어낸다.

$$6CO_2 + 6H_2O \longrightarrow C_6H_{12}O_6 + 6O_2$$

광합성 반응을 요약한 식이다. 포도당과 함께 만들어지는 산소의 양이 많아지면 산소가 물속에 녹아 들어가게 된다. 그런데 광합성세균을 탄생시킨 지구 최초의 생물은 산소에 대해 무방비 상태였다. 인간과 동물은 산소가 있어야 호흡하고 식물도 밤에는 산소가 필요하므로 산소는 모든 생명 활동에 필수적이라고 생각할 수 있지만 처음 탄생한 세포들은 산소를 이용할 수 없었기 때문에 산소가 독으로 작용하여 사멸하는 지경에 이르게 되었다.

　그렇다면 광합성세균의 출현과 번식은 어떤 결과를 초래했을까? 말할 것도 없이 1세대 세균의 멸망이다. 이들은 산소를 만나면 맥없이 죽어 넘어져야 하는 혐기성세균이었기 때문이다. 기적같이 만들어진 후손에 의해 바다를 점령하고 있던 조상 세포들이 완전히 멸망하고 말았다. 그래서 초기 혐기성세균이 그 후손인 광합성세균에 의해 문자 그대로 점령당하는 사건이 일어난 것이다.

　이 사건은 언제 그리고 어디서 일어났을까? 그 해답은 오스트레일리아 남서부 해안의 샤크베이(Shark Bay)라는 곳에 가면 찾을 수 있다. 그림 1-2 샤크베이 해안에는 둥그런 바위가 산재해 있는데 이 바위를 스트로마톨라이트(stromatolite)라고 부른다. 스트로마톨라이트는 광합성세균이 뭉쳐져 만들어진 바위로, 35억 년 전 바다는 이들 광합성세균으로 뒤덮였던 것이다. 이곳 외에도 미국 옐로스톤국립공원의 옥토퍼스스프링(Octopus Spring), 미국 몬태나주의 선캄브리아기 지층, 인도양, 바하마, 우리나라의 태백, 소청도 등에서도 스트로마톨라이트를 볼 수 있다.

　그렇다면 이들의 선조이며 초기 박테리아인 혐기성세균은 어디로 갔을까?

① 산소의 독성 때문에 완전히 멸망했다.
② 산소가 없는 곳으로 피난을 갔다.
③ 산소를 이겨낼 힘을 키워 싸워나갔다.

　정답은 일단 '② 산소가 없는 곳으로 피난을 갔다' 가 맞다. 이들은 산소가 없는 깊은 바다나 물이 펄펄 끓는 온천수 같은 곳에서밖에 살 수 없게 되었다.

　하지만 여기서 세 번째 기적이 일어난다. 혐기성세균 중 어떤 세포가 돌연변이를 일으키게 된다. 산소를 이용해 더욱 효과적으로 살아나갈 수 있는 호기성세균을 만들어낸 것이다. 현존하는 세균을 통해 호기성세균에 대해 좀 더 알아보자.

　세균은 산소를 이용하는 관점에서 혐기성세균[공기를 혐오하는 세균]과 호기성세균[공기를 좋아하는 세균]으로 나뉘는데, 전자는 산소가 있으면 죽는 세균이고 후자는 산소가 있어야만 사는 세균이다. 혐기성세균이 산소를 만나면 죽는다. 세포 내에 있는 산소를 종종 활성산소라고 하는데 이 활성산소가 단백질, 심지어는 핵산의 기능을 저하시키거나 파괴시키기 때문이다. 그렇다면 생물은 어떻게 활성산소가 있어도 살 수 있을까? 세포 속에는 활성산소를 분해하는 항산화효소가 있기 때문이다. 이것은 사람의 세포가 노화되면 줄거나 없어져 산소를 분해하지 못해 죽게 되는 것과 같은 이치다. 그래서 노화를 방지하려면 항산화물질을 함유한 식품을 많이 먹어야 한다지 않는가?

그러나 호기성세균에게 산소는 필수적이다. 호기성세균은 당을 분해할 때 산소가 필요하기 때문이다. 산소를 사용하면 같은 당으로부터 엄청난 에너지 즉 ATP[세포에서 사용하는 에너지 물질로, ATP 한 분자는 7.3kcal의 에너지를 낸다.]를 얻을 수 있고, 이 과정[TCA회로와 전자전달계라고 한다.]에 10여 개의 효소 단백질이 필요하니 이런 세포의 출현 역시 제3의 기적이라 할 수 있다.

사실 ATP를 얼마나 얻는가 하는 문제는 광합성세균의 진화와 직접 관계가 있다. 혐기성세균은 한 분자의 포도당으로부터 11개 과정(해당작용)을 거쳐 2개의 ATP를 만들지만, 호기성세균은 10여 개 과정(TCA회로와 전자전달계)을 덧붙여 36개의 ATP를 만든다. 에너지 효율이 18배나 늘어나는 것이다.

광합성세균의 업적

다시 광합성세균으로 잠깐 돌아가 보자. 스트로마톨라이트의 발견은 광합성세균이 바다에 엄청난 양으로 존재했다는 증명이 된 셈인데, 광합성세균은 스스로 광합성을 해서 유기물(당)을 만들고 에너지를 얻으니 아무리 번식을 해도 끝이 없었다. 따라서 당시 바다는 광합성세균의 왕국이었다고 할 수 있다. 이렇게 바다를 점령하고 있던 광합성세균이 이뤄낸 업적에 대해 다시 한 번 짚고 넘어갈 필요가 있는데 바로 이들이 발생시킨 산소에 대한 이야기다.

바다에 광합성세균이 엄청나게 번성했기 때문에 이들이 만들어낸 산소가 더 이상 용해될 수 없게 되자 산소는 공기 중으로 방출되기 시작했다. 몇 억 년을 이렇게 하는 사이에 지구 대기에는 산소의 양이 엄청나게 늘어나게 되었고 가장 절정을 이룬 것이 22~23억 년 전이었다. 지구의 나이를 1년으로 봤을 때 6월 30일쯤 된다.

이렇게 대기에 산소의 양이 늘어난 것은 어찌 보면 광합성세균이 번성한 결과에 지나지 않지만, 앞으로 출현하게 될 육상동물의 호흡을 위한 준비라고 볼 수도 있지 않을까? 이런 일이 어떤 목적을 가지고 계획해서 일어난 일은 아니지만 꼭 미리 준비한 것만 같으니 지구와 자연과 생명은 신비스럽기만 하다.

$$3$$

억울한 조상 세포의 지혜

37억 년 전에 처음 탄생한 세포는 혐기성세균이었다. 혐기성세균은 번성하여 바다를 점령했고, 2억 년 후인 35억 년 전에 광합성세균을 만들어내고는 바다에서 쫓겨났으며, 광합성세균은 15억 년 이상을 번성하며 지구 대기에 산소를 공급하는 일을 했다. 그러나 광합성세균 때문에 산소가 없는 곳으로 밀려나 숨어 살고 있던 혐기성세균은 20여 억 년 후인 15억 년 전(1년 스케일로 보면 8월 말), 드디어 산소를 이용해 에너지 효율을 엄청나게 높이며 산소가 있는 곳에서 살 수 있는 호기성세균을 탄생시켰다. 이렇게 해서 억울한 조상 세포는 드디어 명예를 회복했다는 이야기가 이제까지의 이야기다.

그러면 이제는 억울한 조상 세포의 계속되는 성공담을 소개할 차례다. 혐기성세균이 이루어낸 새로운 변화는 참으로 기발했다. 그 변화란 핵의 개발이었는데, 세포 안에 주머니를 만들고 그 안에 유전물질을 넣은 사건이다. 유전물질과 대사 작용하는 물질이 뒤섞여 있으면 세포가 기능을 수행하는 데 그리 효과적이지 못하다. 세포에 핵이 없다는 것은 군대에서 작전사령부와 예하부대 사이가 서로 분리되지 않고 섞여 있는 것과 같다. 세포의 진화에 있어서 세포 내 기능이 구조적으로 분리되어 있는 것은 보다 효과적으로 기능을 수행하게 해주기에, 핵이 있는 생물[진핵생물]은 핵을 갖지 못하고 있는 혐기성세균[원핵생물]이었을 때보다 생존 능력이 뛰어났을 것이다[유전자가 길면 자신을 복제하는데도 시간이 많이 걸려 불편했을 것이므로, 핵의 필요성은 유전자의 양이 많아지면서 더욱 절실했을 것이다.]. 이제 세포의 크기도 훨씬 커졌다. 커다란 세포는 작은 것보다 환경에 대해 훨씬 적응력이 높다. 그러나 핵은 있지만 아직도 혐기성이므로 산소가 없는 물속에 숨어 사는 신세에서 벗어날 수는 없었다.

따라서 이들은 또 다른 지혜를 동원해 돌파구를 마련할 필요가 있었다. 산소를 이용하는 방법이 효과적이기는 하지만 호기성세균처럼 산소를 이용해서 당을 분해하는 단백질 효소를 10여 개나 만드는 기적을 이뤄내기에는 너무나 긴 시간이 필요했다. 핵을 가진 혐기성세균은 전혀 새로우면서도 그리 어렵지 않은 기발한 방법을 생각해냈다. 바로 호기성세균을 자기 몸 안으로 끌어들이는 것이다. 이제부터 혐기성 진핵생물은 산소를 이용하는 호기성세균 덕분에 산소의 독으로부터 자유로울 뿐 아니라 당으로부터 이전보다 18배나 많은 에너지를 얻게 되었다. 게다가 호기성세균은 남의 세포 안에 들어가 살게 됨으로써 환경으로부터 충격을 덜 받으면서 당까지 공급 받을 수 있게 되었다. 이렇게 호기성세균이 혐기성세균 안에 들어와 살게 되면서 서로 유리한 입지를 확보한 사건을 내공생(endosymbiosis)이라고 한다. 그림 1-3

내공생하게 된 세포는 산소가 있는 곳에서 살 수 있게 되었고 그동안 광합성세균이 점령했던 바다를 되찾았다. 게다가 광합성세균까지 세포 속에 공생하도록 함으로써 이보다 더 좋을 수 없는 입지를 확보하게 된다. 세포 안에 광합성세균을 가둬 넣어 유기물을 합성하여 산소를 나오게 하고 호기성세균으로 하여금 유기물을 효과적으로 분해해 많은 에너지를 내도록 한 것이다.

진핵생물 안에 갇혀 내공생하고 있는 호기성세균을 미토콘드리아(mitochondria)라고 하고, 광합성세균을 엽록체(chloroplast)라고 한다. 미토콘드리

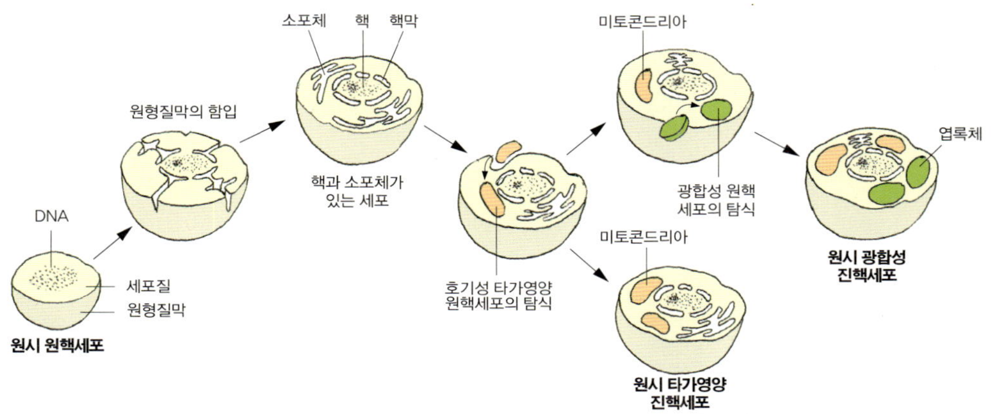

그림 1-3 세포의 내공생과정 모형도

아만 가진 것이 동물세포이고, 여기에 엽록체까지 추가한 것이 식물세포다. 이런 면에서 동물세포는 식물세포보다 먼저 나왔다. 또는 식물세포는 동물세포보다 진화한 상태라고 할 수 있다.

이러한 시나리오대로 실제로 호기성세균과 광합성세균이 내공생하여 미토콘드리아와 엽록체가 나타났다는 사실을 어떻게 입증할 수 있을까? 처음으로 내공생설을 주장한 학자는 마굴리스(Lynn Margulis, 1938~, 미국)로 그가 1967년 제시한 근거는, 미토콘드리아와 엽록체의 여러 가지 특징이 원핵생물과 일치한다는 것이다.^{표 1-1}

여기서 한 가지 짚고 넘어가야 할 중요한 질문이 있다. 약 15억 년 전[1년 스케일로 보면 8월 말]에 처음 진화한 진핵생물, 즉 미토콘드리아와 엽록체를 갖기 이전의 진핵생물은 지구상에 없었던 것일까? 이론적으로는 분명히 핵을 갖게 된 원핵세포가 크기가 커지고 나서 차례로 호기성세균과 광합성세균을 삼켜 공생했으므로 미토콘드리아나 엽록체가 없는 진핵생물도 있음직한데 이런 생물은 그동안 발견되지 않았다. 그러나 람블편모충(Giardia lamblia)^{그림 1-4}이라고 하는, 사람의 소장 특히 십이지장에 기생하는 편모충이 바로 그 예라는 사실이 밝혀졌다. 세포 크기는 4.5~21μm이고, 자라 모양으로 앞부분은 넓고 원형이며 뒤쪽은 뾰족하고, 핵은 2~8개이다. 이 세포가 발견된 건 오래

표 1-1 미토콘드리아와 엽록체의 내공생설의 근거

	원핵생물	진핵생물	미토콘드리아	엽록체
DNA	단백질 없이 나출된 1개의 고리 모양 염색체	단백질을 감고 있는 여러 개의 염색체	단백질 없이 나출된 1개의 고리 모양 염색체	단백질 없이 나출된 1개의 고리 모양 염색체
분열	이분법	유사분열	이분법	이분법
단백질의 첫 아미노산	포밀 메티오닌	메티오닌	포밀 메티오닌	포밀 메티오닌
리보솜	70S	80S	70S	70S
크기	약 1~10미크론	약 50~500미크론	약 1~10미크론	약 1~10미크론
지구에 탄생한 시기	혐기성 세균: 약 37억 년 전 광합성 세균: 약 35억 년 전 호기성세균: 약 25억 년 전	약 15억 년 전	약 15억 년 전	약 15억 년 전

전의 일이지만 이것이 미토콘드리아를 갖지 않는 가장 원시적인 진핵생물이라는 사실을 알게된 것은 최근이다.

1987년 옥스퍼드대학의 카발리에–스미스(Tom Cavalier-Smith, 1942~, 영국)는 미토콘드리아가 없는 동물인 람블편모충이 바로 미토콘드리아를 내포하지 않은 진핵생물이 아닐까 하는 가설을 세워 연구한 결과, 여러 가지 형태적 증거를

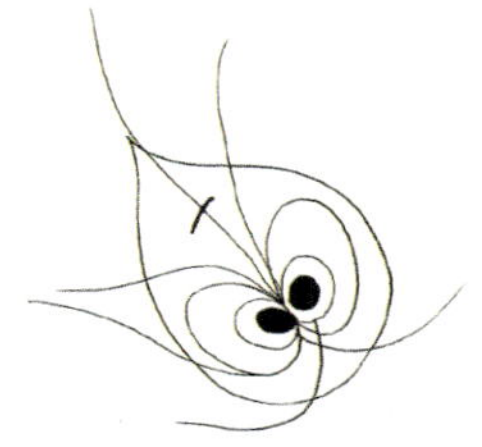

그림 1-4 람블편모충. 두 개의 눈 모양은 핵, 큰 안경 모양은 흡판, 입 모양은 색소체다. 이들은 여러 개의 편모로 움직인다.

제시하여 람블편모충이 바로 잃어버린 고리(missing link)라고 주장했다. 나중에 다른 학자들이 람블편모충을 포함한 여러 가지 생물들의 DNA 염기서열을 분석하여 그 가설을 지지함으로써 앞에 이야기한 세포의 기적 같은 진화 시나리오가 사실임을 밝혔다[Sogin, 1989]. 그 후 여러 학자들의 연구에 의해, 일단 미토콘드리아가 들어갔다가 다시 빠져나간 것으로 밝혀졌지만 아직도 진핵생물 중에서 가장 원시적이며, 진화적으로 원핵생물과 진핵생물 사이의 잃어버린 고리 근처에 위치한다는 사실은 변하지 않고 있다.

세포의 진화 시나리오를 다시 한번 요약하면 다음과 같다.

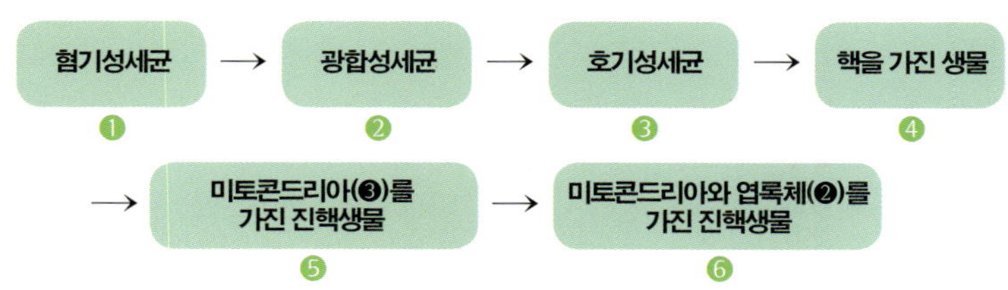

화석의 나이를 어떻게 잴까?

어떻게 화석이나 암석의 나이를 측정할 수 있는가에 대해 살펴보자. 암석의 연대 측정은 방사성 동위원소를 이용하는데 그 원리는 다음과 같다.

방사성동위원소는 방사선을 내면서 붕괴되어 다른 원소로 바뀌는 원소들이다. 예를 들어 방사성 탄소 ^{14}C은 방사선을 내고 ^{12}N로 변한다. ^{14}C의 양이 반으로 줄어드는 반감기는 약 5,730년이고 공기 중에는 ^{14}C이 ^{12}C의 약$1/10^{12}$이 들어 있으므로[공기 중에 새로 생기는 ^{14}C의 양과 붕괴되는 ^{14}C의 양이 같으므로 일정함], 화석에 들어 있는 ^{14}C 양을 비교해서 그 비율을 반감기에 곱하면 식물 화석이나 이것을 먹고 자랐던 동물 화석의 나이를 측정할 수 있는 것이다. 이 방법은 다른 동위원소들도 반감기만 안다면 그대로 적용할 수 있다.

칼륨 ^{40}K은 붕괴되면 아르곤 ^{40}Ar으로 변한다. 용암이 만들어질 때 암석 속에 칼륨은 들어가도 아르곤은 들어가지 못한다. 그리고 정상 칼륨 ^{39}K 속에는 방사성 칼륨 ^{40}K이 $1/10^4$ 정도가 들어 있다. 방사성 칼륨의 반감기는 12억 6천만 년이다. 암석에 들어 있는 아르곤은 칼륨이 붕괴되어 생긴 것이므로 반감기와 암석 속의 ^{40}K와 ^{40}Ar의 양을 알면 언제 생성되었지 측정할 수 있다.

방사성동위원소는 그 종류가 많고 그들마다 각각 반감기가 다르며 일정 연대 범위 이상에서는 전혀 소용이 없다. 따라서 그 암석이나 화석의 생성연대에 맞는 것을 골라서 측정해야 한다. 동위원소를 이용한 연대측정법은 동위원소의 붕괴 속도가 일정하고, 원래의 원소나 붕괴되어 생성된 원소가 밖으로 빠져나가거나 밖으로부터 오염되지 않는다는 전제하에서만 가능하다.

표 1-2 방사성동위원소와 반감기

방사성 원소	붕괴 후 생성 원소	반감기
우라늄 238U	납 206Pb	약 45억 년
토륨 232Th	납 206Pb	약 140억 년
루비듐 87Rb	스트론튬 87Sr	약 470억 년
칼륨 40K	아르곤 40Ar	약 13억 5천만 년
탄소14C	질소 14N	약 5,700 년

4

녹조류, 식물 진화의 신호탄

재미있는 또 다른 사실 하나, 바로 엽록체에 관한 절묘한 시나리오다. 엽록체를 갖고 있어 광합성을 하는 원시적인 진핵생물에는 크게 홍조류, 녹조류, 갈조류, 이렇게 세 가지가 있다. 엽록체에 들어 있는 색소의 종류로 인해 그 색깔이 달라진다. 표 1-3

세 가지 조류의 기원은 무엇일까? 세포 진화과정에 따르면 미토콘드리아를 가진 진핵생물이 광합성세균에 내공생해서 세 가지 조류가 만들어진 것일 텐데 어떻게 해서 색깔이 다를까? 우선 일반적인 광합성세균인 시아노박테리아는 엽록소a와 보조색소로 피코시아닌(phycocyanin)과 피코에리드린 (phycoerythrin)을 갖는데, 세 조류 중 이런 색소를 갖고 있는 것은 홍조류뿐이다. 그렇다면 홍조류의 기원은 말할 필요도 없이 미토콘드리아만 있는 진핵생물에 전형적인 시아노박테리아가 들어와 엽록체로 된 것이다.

녹조류와 갈조류의 기원은 어떻게 다를까? 녹조류는 엽록소a와 엽록소b,

표 1-3 시아노박테리아(Cyanophyta)를 포함한 조류들의 주요 특징

종류	광합성색소	주요 보조색소	광합성 산물	편모	근연 조류
Cyanophyta (남조류)	엽록소 a	피코에리드린 피코시아닌	남조전분	없음	
Rhodophyta (홍조류)	엽록소 a, (d)	피코에리드린 피코시아닌	홍조전분	없음	
Phaeophyta (갈조류)	엽록소 a, c	퓨코잔틴 다이아노잔틴	라미나린 크리소라미나린 (전분)	채찍형 1 깃털형 1	Chrysophyta Pyrrophyta Xanthophyta
Chlorophyta (녹조류)	엽록소 a, b	베타카로틴 안스타잔틴	전분	채찍형 2(1), 다수	Euglenophyta

보조색소로 카로티노이드(carotinoid)와 잔토필(xanthophyll)을, 갈조류는 엽록소a 와 엽록소c, 보조색소로 푸코산틴(fucoxanthin)을 갖는다. 여기서는 우선 녹조류 의 기원에 대해서만 이야기하자. 가능한 시나리오는 두 가지다.

가설1: 엽록소a를 갖는 시아노박테리아가 엽록소b를 진화시킨 다음 미토콘드리아를 가진 진핵세포에 내공생한 것이다.
가설2: 엽록소a를 갖고 있던 홍조류 세포가 진화해 엽록소b를 갖게 된 것이다.

이 두 가지 가설을 입증하려면 어떤 근거가 필요할까? 만약 시아노박테리 아 중에 엽록소b를 갖고 있는 것이 있다면 가설1을 입증할 수 있다. 그런 시 아노박테리아가 없다면 가설2도 똑같이 가능하다. 한편, 녹조류의 많은 성질 이 색소를 제외하곤 홍조류를 닮았다면 가설2가 맞을 것이다.

가설2 즉 홍조류에서 녹조류가 나왔음을 지지하는 증거는 없다. 보조색소 가 전혀 다르고, 광합성 산물로 홍조류는 홍조전분, 녹조류는 전분이 만들어 지며, 엽록체의 전자현미경적 구조도 전혀 다르다. 생식세포의 편모를 보면 홍조류는 없고 녹조류는 있으며, 홍조류는 안점을 갖고 있지 않지만 녹조류 는 갖고 있다. 그러므로 홍조류가 녹조류로 진화했다는 가설은 받아들일 수 없다. 그렇다면 엽록소b를 갖는 시아노박테리아가 있어야 가설1을 지지할 수 있을 텐데 그것 역시 존재하지 않았다. 그래서 단지 가설1이 더 가능성이 있을 것으로만 여겨져 왔다.

그런데 1976년 미국 샌디에이고 스크립스(Scripps) 해양연구소의 르윈(Ralph A. Lewin, 1921~2008, 미국)이 녹조류처럼 엽록소a와 엽록소b를 함께 갖고 있는 시아 노박테리아를 발견했다. 그는 이것을 프로클로론(Prochloron)이라고 이름 붙였 고, 녹조류의 기원에 대한 미스터리는 이로써 풀리게 되었으니 획기적인 발 견이라 할 수 있다.

한편 엽록체를 갖게 된 진핵생물에 홍조류, 녹조류, 갈조류가 있다고 했는 데 육상식물은 이 중 어느 것이 진화한 것일까? 모든 육상식물이 녹색을 띠고 있으므로 정답은 녹조류다.

좀 더 자세히 들어가 보면, 모든 육상식물은 녹조류처럼, 광합성 색소가 엽록소a, 엽록소b, 보조색소는 카로티노이드와 잔토필이고, 광합성 산물은 전분이며, 세포벽은 섬유소(cellulose)로 되어 있다. 또한 원시적인 육상식물은 녹조류와 같은 편모를 갖고 있다. 편모란 세포가 갖고 있는 꼬리인데 이를 흔들어 세포가 앞뒤로 움직이게 하는 것이다[보통 앞으로만 전진하는 동물의 정자를 떠올리지만 조류의 편모운동은 이와 달라 세포가 이리저리 움직인다.]. 세 가지 조류의 편모를 살펴보면 우선 홍조류는 편모를 갖고 있지 않고, 녹조류는 2개 내지 여러 개인데 모두 같은 길이에 같은 모양이다. 그러나 갈조류는 긴 빗살 모양의 편모와 짧은 채찍 모양의 편모를 갖고 있다. 그런데 육상식물은 원시적인 생식세포에서 같은 모양과 길이의 편모만 갖는다[은행나무보다 고등한 식물의 생식세포는 편모가 없다.].

육상식물로 진화하는 데 있어 녹조류가 홍조류나 갈조류보다 유리한 점이 있다면 어떤 것이 있을까? 여러 가지가 있겠지만 무엇보다 색소의 흡수스펙트럼을 들 수 있다. 색소란 특정한 빛을 받아들이는 물질로, 엽록소a와 엽록소b 모두 붉은 파장의 빛을 흡수하고 초록색을 낸다. 엽록소는 보라색 파장도 흡수하지만 붉은 파장을 더 잘 흡수해서 초록색을 띤다. 이 엽록소는 광합성을 일으키는 중심이 된다.

햇빛은 프리즘을 통해서 보-남-파-초-노-주-빨로 갈라진다. 다시 말해 햇빛은 여러 가지 색깔의 파장으로 이루어져 있는데 이 중에서 가장 강한 파장은 보라색이다. 그래서 햇빛이 물속으로 침투하면 빨간색은 윗부분 밖에 들어가지 못하고 보라색은 깊이까지 들어갈 수 있다. 광합성 식물이 깊은 물속에서 살려면 어떤 색소를 가져야 할까? 말할 것도 없이 보라색을 잘 흡수하는 빨간색 색소다. 엽록소는 빨간색 빛은 조금밖에 흡수하지 못하기 때문에 빨간색을 잘 흡수하는 색소가 필요한데 그것이 홍조류가 갖고 있는 피코시아닌과 피코에리드린이다. 그래서 홍조류는 바다 깊은 곳에 살 수 있다.그림1-5 그러나 물 윗부분에서는 이

그림 1-5 **깊은 바다에서 살고 있는 홍조류인 김**

런 색소가 그리 유용하지 않다. 붉은색 파장을 잘 흡수하면 되고 여기에 노란
색을 잘 흡수하는 색소가 있다면 금상첨화일 것이다. 바로 그 보조색소가 녹
조류가 갖고 있는 카로티노이드와 잔토필이다.

　광합성과 관계있는 색소 면에서 이미 녹조류는 육상식물로 진화할 수 있는
기초체력을 갖추고 있고, 이미 물 위쪽에 살기 때문에 육지에 먼저 올라갈 수
있는 우선권도 확보한 셈이다. 하지만 녹조류가 육상식물로 진화하기 위해선
다른 진화가 따라주지 않으면 안 되었다. 땅 위로 올라가면 물이 없으니 말라
죽지 않는 방법의 개발이 필수적인데 무엇을 어떻게 해야 할 것인가? 또 안정
된 환경의 물에서 변화무쌍한 환경의 육지로 옮겨가 살려면 적응력이 뛰어나
야 하는데 어떻게 적응력을 확보할 것인가? 녹조류가 육상으로 올라가는 길
은 험난하고 멀기만 했다.

5

탐색, 바다와 육지 사이에서

우리는 생물의 진화 역사를 크게 고생대, 중생대, 신생대로 나누는데 고생대는 삼엽충이 번성하던 시대, 중생대는 공룡이 살던 시대, 신생대는 포유류와 조류가 번성하던 시대라고 하면 그런대로 잘 요약했다고 할 수 있다. 한편 고생대의 제일 처음은 캄브리아기라고 하는데 그 시작은 지금부터 약 5억 7천만 년 전이다. 지구 역사의 약 7/8이 지난 이 시기[1년 스케일로 보면 11월 중순]에 수많은 동물이 번창해 그 화석이 발견되므로 해양동물이 폭발적으로 진화한 시기라고 한다. 캄브리아기 이전은 선캄브리아기라고 하는데 선캄브리아기 생물에 대해 잘 아는 사람이 많지 않다. 예전에는 선캄브리아기 화석이 별로 발견되지 않아 생물의 진화 역사를 캄브리아기부터 시작한 교과서들이 많았기 때문이다.

그러나 우리가 기억해야 할 것은, 앞서 이야기한 대로 지구 역사의 7/8 기간 동안 정말로 중요한 일들이 많이 일어났다는 것이다. 생명체가 탄생하고, 광합성세균과 호기성세균이 진화되고, 진핵생물이 생기고, 동물과 식물 세포가 진화되는 등 중요한 세포의 진화가 일어났다. 아마도 지구 역사의 2/3가 지난 15억 년 전 진핵생물이 생긴 이래 지구의 바다 속에는 원생동물, 해면동물, 강장동물, 환형동물 같은 것들이 살다가, 7/8이 지난 5억 7천만 년 전인 캄브리아기에 이들이 삼엽충 같은 절지동물과 극피동물 등을 진화시키고 분화시켰다.

또 한 가지 사람들이 간과하기 쉬운 내용은 바로 식물에 대한 것이다. 사실 모든 동물들은 식물 없이는 살지 못하기 때문에 수많은 동물들을 먹여 살릴

식물들이 바다 속에 살고 있었다는 사실이다. 물론 25억 년 전 이전에는 광합성세균이 그 역할을 했겠지만 10억 년 후인 15억 년 전 진핵생물이 출현한 이후에는 분명히 홍조류, 녹조류, 갈조류와 그 밖의 조류들[규조류, 와편모조류, 유글레나류, 황조류 등]이 물속에 번성해서 그 역할을 담당했을 것이다.

이들은 처음에는 단세포였다가 군체(群體, colony)[같은 모양과 크기의 세포 여러 개가 모여 한 덩어리가 된 몸체]로, 다시 사상체(絲狀體, filamentous)[같은 모양과 크기의 세포 여러 개가 실 모양으로 길게 붙어 있는 몸체]와 가지를 친 사상체로, 넓어진 엽상체(葉狀體, thallose)[파래나 우산이끼처럼 같은 모양과 크기의 세포들 여러 개가 평면으로 붙어 있는 몸체]로, 그러다가 경엽체(莖葉體, leafy)[쇠뜨기말이나 솔이끼처럼 줄기, 가지, 잎과 같은 모습의 체제를 갖춘 몸체]로 진화했다. 이런 체제의 진화는 다른 조류들[규조류, 와편모조류, 유글레나류, 황조류 등]에서는 별로 일어나지 않았으나, 홍조류, 녹조류, 갈조류에서는 모두 일어났다.

한편 조류가 진화하는 동안 성(sex)이 분화하여 배우자(配偶子, gamete) 즉 난자(egg)와 정자(sperm)를 내는 쪽으로 발전했다. 동물은 물론 식물에서도 성의 분화는 진화에서 큰 역할을 한다. 감수분열을 해서 만들어진 반수체(1N) 배우자인 정자와 난자가 만나 배수체(2N) 수정란이 되었다가 다시 감수분열하여 배우자(1N)를 만드는 생활환[보통 생물의 염색체는 두 세트로 되어 있다. 사람의 경우 2N=46이다. 그러나 생식세포를 만들 때 감수분열해서 한 세트인 1N=23만 갖게 된다. 한 세트를 갖는 세포를 반수체, 두 세트를 갖는 세포를 배수체

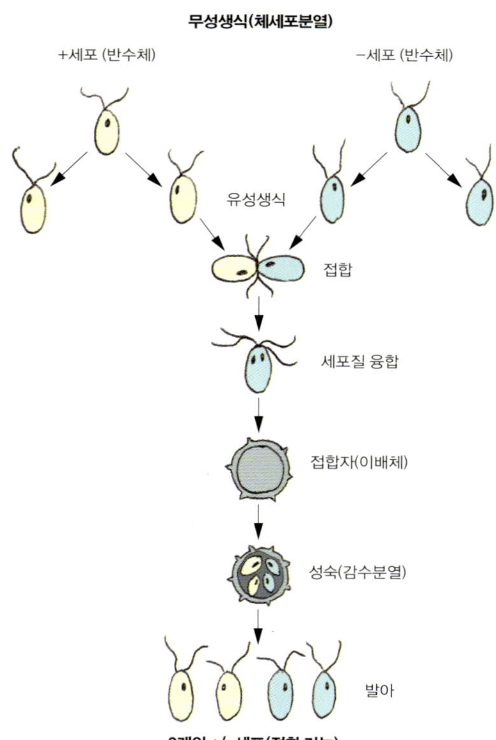

그림 1-6 클라미도모나스의 유성생식 생활환

그림 1-7 육상식물이 될 뻔한 솔이끼(선류)와 우산이끼(타류)

라고 한다.]그림 1-6은, 다양한 유전자 조합을 가능하게 해주고, 다양한 유전자의 조합으로 탄생한 개체들이 환경 변화에도 살아남게 해주며, 다양한 자손들이 주위의 낯선 환경에 적응하게 해준다.

적어도 오르도비스기 말인 4억 년 전[1년 스케일의 11월 말]까지 지구에서 식물은 바다 속에 사는 조류가 전부였다. 땅 위에는 아무런 식물도 살지 못했기 때문에 동물도 없었다. 그래서 그때까지 육지는 아무런 생물도 살지 않는 황량한 대지에 불과했고, 혹 파도에 밀려 땅에 올라간 조류들은 곧 말라 죽을 수밖에 없었다. 초원도 숲도 사막도 없는 대지에, 푸르름도 그늘도 없는 산에, 햇빛이 비치고 비가 오고 바람이 불고 폭풍이 일고 번개가 치고 회오리바람이 불었을 것이다. 물론 연못이나 호수도 있고 개울과 폭포도 있었겠지만 푸른 식물도 아름다운 꽃도 없으니 참으로 삭막한 광경이 아니었을까?

바다 속에 사는 녹조류는 파도에 실려 순간적이나마 높이 올랐을 때 저 멀리 황량한 육지를 볼 수 있었을 것이다. 나름대로 육지에 올라가 푸른 숲을 만들어 사는 꿈을 꿨는지도 모른다. 하지만 현실은 이들이 육지에 오르는 것을 허용하지 않았다. 아직 물 문제가 해결되지 않았기 때문이다. 이런 중에 어떤 녹조류가 선태류로 진화한다. 육지까지는 아니어도 육지와 인접한 물가에는 살 수 있게 된다. 선태류는 선류와 태류의 총칭으로, 선류는 솔이끼, 태류는 우산이끼가 대표적이다.그림 1-7 선류는 경엽체, 태류는 나무 모양이거나 넓은 엽상체인데, 작고 뿌리가 없고, 땅속 물을 잎까지 수송하는 관다발도 없다. 그래서 자기 몸을 축축하게 적셔줄 수 있는 물가에서 살 수 밖에 없었다. 이런 선태류가 어떻게 땅으로 올라갈 수 있었을까? 다른 녹조류와 차이점은 무엇인가? 바로 어린 개체 즉 배(胚, embryo)를 만들어 어미 몸체로 둘러쌀 줄 알았기 때문이다.

배를 동물에서는 태아 또는 배아라고 한다. 그러나 영어로는 모두 embryo다. 번역이야 어떻든 배 또는 식물의 어린 개체는 동물의 태아처럼 환경에 아주 취약하다. 따라서 배를 잘 보호하느냐 못하느냐는 자손의 생사에 엄청난 영향을 줄 수 있는 것이다. 동물도 배를 보호하기 위해 난생에서 태생으로 진화했듯이, 선태류도 미약하긴 하지만 경란기(頸卵器, archegonium)라는 주머니 같은 구조 속에 난자를 만들고 수정란이 일정한 크기가 될 때까지 경란기의 복부(腹部, 배, abdomen) 안에서 배를 보호했다. 복부는 한 층의 세포로 되어 있으니 아주 얇은 홑이불로 새끼를 안아 주는 형상이라고 할까? 그래서 축축한 물가에서 사는 선태류는 배를 갖지 않는 조류의 어린 개체들보다 훨씬 생존 가능성이 높았다. 그렇다면 선태류가 육상식물의 조상인가? 불행하게도 그렇지 않다. 이들이 육지로 올라가기에는 다른 취약점이 있었다.

이들의 생활환을 살펴보면, 식물체는 반수체(1N)이고, 수정해서 만들어진

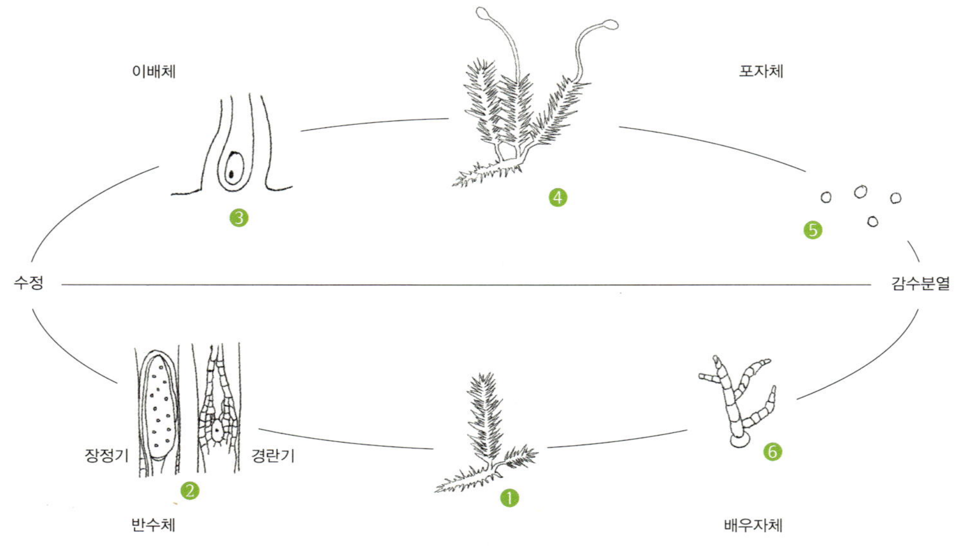

그림 1-8 **선태류의 생활환 : 세대교대**

부분 또는 구조는 배수체(2N)다. 1N짜리 식물체는 체세포분열을 하여 난자와 정자, 즉 배우자를 만들고, 수정으로 만들어진 2N짜리 구조는 감수분열하여 포자(胞子, spore)를 만들기 때문에, 각각 배우자체(配偶子體, gametophyte)와 포자체(胞子體, sporophyte)라고 하는 것이다. 생활환의 대부분을 차지하는 선태류의 배우자체는 물과 영양을 흡수하고 광합성을 하고 배우자를 만든다. 그러나 포자체는 배우자체 위에 기생해서 자라다가 포자낭을 만들고 그 안에 포자를 만들고 사라진다. 그렇다면 배우자체와 포자체 중 어느 것이 환경의 영향을 많이 받고 환경 변화에 잘 적응해야 할까? 말할 것 없이 배우자체다. 그런데 배우자체의 핵상은 1N이다.

선태류의 생활환은 1N짜리 배우자체와 2N짜리 포자체, 즉 1N 세대와 2N 세대가 서로 교대하므로 이를 세대교대(世代交代, alteration of generation)라고 한다. 그림 1-8 종종 세대교번(世代交番)이라고 하는데 교번은 일본어에서 온 말이고 우리나라에서는 이런 말을 쓰지 않으므로 세대교번이란 말 대신 세대교대라는 용어를 사용하고자 한다. 1N 세대가 2N 세대에 비해 훨씬 긴 시간을 환경과 싸워야 한다. 이것이 선태식물의 취약점이다. 생물체에서 1N이 2N보다 적응력이 낮기 때문이다. 조금 더 자세히 들어가 보자.

반수체(1N) 생물에는 염색체가 한 세트뿐이나 배수체(2N) 생물에는 두 세트가 있어 유전자가 상동염색체의 같은 위치에 존재한다. 따라서 반수체 생물의 유전자는 전부 발현되지만 배수체 생물의 유전자는 두 유전자가 상호작용하며 발현된다. 다시 말해 한쪽이 우성이고 한쪽이 열성이면 우성인자가 발현되고, 양쪽이 다 우성이거나 다 열성이면 각각 우성인자와 열성인자가 발현된다.

자연에서 유전자는 우연하게 돌연변이가 일어나는데, 돌연변이 우전자는 늘 열성이고 단기적으로는 그 생물에게 저해요인이 된다[최소한 수세대에 걸쳐서는 유해하다. 그러나 먼 훗날 환경이 변하게 되면 유리할 수도 있다.]. 적게는 발현되는 형질을 정상으로부터 약하게 왜곡시키지만, 크게는 생식세포를 만들지 못하게 하기도 하고, 아예 죽게도 할 수 있다. 다시 말하지만, 돌연변이는 늘 열성이고 유해하다. 따라서 반수체인 경우에는 열성인 유해 돌연변이가 다 발현되지만, 배수체인 경우에는 상동염색체의 양쪽 유전자가 다 열성 유해 돌

그림 1-9 **육상식물의 조상 후보인 쇠뜨기말** (Wikimedia)

연변이가 아닌 이상 발현되지 않는다. 그런데 양쪽 다 돌연변이가 일어날 확률은 매우 낮다. 보통 반수체에서 돌연변이의 자연 발생률이 유전자 10^6~10^8분의 1 정도지만, 양쪽에 돌연변이가 함께 일어날 확률은 10^{12}~10^{16}분의 1이기 때문이다.

그러므로 배수체인 포자체가 반수체인 배우자체보다 적응력이 높고 강건한 것이다. 왜 선태류의 배우자체가 취약한지 이제 이해가 될 것이다. 바로 이 취약성 때문에 육지에 가까운 물가에 머물고 더 이상 육지로 올라갈 기회를 갖지 못한 것이다.

육상식물의 조상으로 가능성 있는 다른 녹조류는 차축조류에 속하는 쇠뜨기말(Chara)이다. **그림 1-9** 차축조류는 녹조류 중에서 가장 발달한 그룹 중의 하나로 간혹 녹조류와 문 또는 강 수준[생물을 분류할 때 전체를 높은 수준에서 낮은 수준으로 계–문–강–목–과–속–종의 범주에 넣어서 분류한다. 필요하면 각 범주 아래에 여러 개의 범주를 사용하기도 한다.]에서 분리하기도 하지만 색소, 광합성 산물, 세포벽, 편모 등 모든 특징이 녹조류, 선태류, 육상식물과 똑같은 계열이다. 쇠뜨기말은 물속에 사는 경엽성 식물로 줄기와 잎은 있으나 모양뿐이고 근본적으로 육상식물의 줄기나 잎과는 다르다. 줄기는 마디가 있고, 선형의 잎 또는 가지가 마디마다 윤생(돌려나기)으로 달려 꼭 쇠뜨기를 닮았다[그래서 쇠뜨기말이라 하고, 차축조라는 말은 줄기 마디에 가지가 돌려 난 모습이 수레바퀴처럼 생겨서 그렇게 부른다.]. 쇠뜨기말이 다른 녹조류보다 진화한 점은, 잎겨드랑이 위쪽에 나선형 무늬가 있는 단지 모양의 장란기[난자를 저장하는 주머니] 속에 난자 하나를, 잎겨드랑이 아래쪽에 방패 모양의 세포 여러 개가 공 모양으로 뭉친 장정기[정자를 저장하는 주머니] 안에 2개의 편모를 가진 정자들을 만든다. 수정란은 조건이 나쁘면 장란기 안에서 휴면 상태에 들어갔다가 조건이 좋을 때 곧바로 감수분열을 하여 식물체를 발아시킬 수 있으므로 물기가 말라도 나중에 다시 살아날 수 있다. 하지만 식물체는 1N의 배우자체다. 배를 만들지 않고 그나마 적응력이 큰

2N짜리 포자체도 만들지 못하니 육상으로 상륙하기에는 선태류보다도 취약하다.

최근의 분자진화학적 연구는 다른 종류의 차축조류인 콜레오키티(*Coleochaete*)라는 식물도 가능성 있는 육상식물의 조상임을 시사하고 있다[Lewis & Mcourt, 2004]. 그림 1-10 이 식물은 매트 모양을 하고

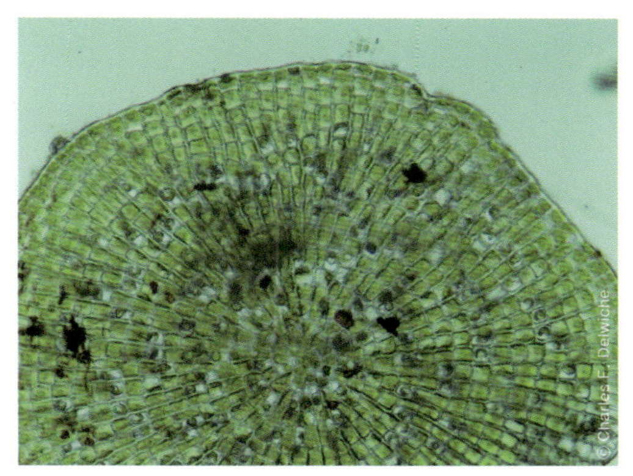

그림 1-10 육상식물의 조상 후보인 콜레오키티

있는 일종의 엽상체인데, 엽상체는 반수체이고 한 개의 세포로 된 장란기를 부착하고 있어서 난자는 수정 후 엽상체에 부착한 채로 있다가 몇 번의 세포분열을 해서 반수체인 배우자체를 만든다. 그러나 무엇보다 중요한 것은 세포분열할 때의 특징이 육상식물과 비슷하다는 것, 그리고 수정란이 분열하는 동안 영양분을 어미의 몸체로부터 흡수할 수 있는 통도세포가 생긴다는 것이다. 또 엽상체에 리그닌이 덮여 있어 건조에 적응성이 높고, 수정란은 스포로폴레닌(sporopollenin)[포자나 꽃가루의 세포벽을 감싸고 있는 물질로 화학적, 물리적으로 아주 단단한 물질이다. 포자나 꽃가루는 이 덕분에 건조에 대한 저항성이 크다.]이라는 물질로 덮여 있어 건조할 때 잘 보호를 받을 수 있다. 이런 특징은 콜레오키티가 선태류나 육상식물의 조상일 가능성을 배제하지 못할 것 같다[선태류나 육상식물의 수정란이 분열해 포자체가 되고 이 포자체가 배우자체에 기생해서 자라는 것처럼……].

또 한 가지 육상식물의 조상일 가능성이 있는 식물이 있다. 녹조류에 속하는 파래(*Ulva*)인데 이들은 배우자체 세대와 포자체 세대의 길이가 같다. 엽상체로 된 배우자체가 자기 몸속에 난자와 정자를 만들고 이들이 밖으로 나가서 수정을 한다. 수정란은 자라서 어미의 몸과 같은 포자체를 만든다. 포자체는 몸속에서 감수분열하여 포자를 만들고 이들 포자가 자라서 배우자체가 된다. 따라서 이미 갖고 있던 배우자체가 훨씬 길어지는 진화만 한다면 포자체의 진화를 설명하는 데는 그리 군더더기 설명이 필요 없다. 그러나 분자진화와 다른 연구[세포, 생화학, 전자현미경적 구조 등]는 이들이 육상식물의 조상 후보와는 거리가 멀다는 것을 시사하고 있다.

　이미 이야기한 세 후보 이외에 직접적인 육상식물 조상의 증거는 찾아볼 수
없다. 그러나 이들과 가까운 녹조류의 생활환에 포자체 세대가 끼어든 것이
라는 점, 그리고 그 포자체에 물을 빨아들일 수 있는 관다발이 진화되었다는
점은 분명하다.

오캄의 면도날

우리는 파래처럼 배우자체 세대와 포자체 세대를 갖는, 즉 세대교대를 하는 식물에서 포자체 세대가 길어져서 육상식물이 되었다는 설을 변형설(transformation theory) 또는 상동설(homologous theory)이라고 한다[Celakovsky, 1874]. 반면에 배우자체만 있고 수정란이 바로 감수분열해서 포자체가 없는 콜레오키티나 차축조 같은 식물이 긴 포자체 세대를 갖게 되어 육상식물이 되었다는 설을, 우리는 포자체가 삽입되었다 해서 삽입설(interpolation theory)이라고 한다[Bower, 1935]. 과거에는 변형설이 더 설득력을 갖고 있었다. 왜냐하면 이미 있던 것이 길어졌다는 것이, 없던 것이 새로 생겼다는 것보다는 가정 또는 진화의 단계를 덜 필요로 하기 때문이다.

이런 방법으로 논리를 추구하는 것을 논리학에서 최소가정의 법(law of minimum assumption) 또는 검약의 원리(principle of parsimony)[진리를 찾는 과정에서 이 원리는 대단히 많이 사용되고 있다.]라고 한다. 이를 오캄의 면도날(Occam's razor)이라고도 하는데, 스콜라 철학자이자 수도사였던 오캄(William of Ockham, 약 1285~1349, 영국)이 교황의 이단을 주장하는 과정에서 많이 사용했기 때문에 얻어진 이름이다. 이 논리는 '설명은 단순한 것일수록 뛰어나다', ' 불필요한 가정을 늘이지 마라' 등의 의미다. 비슷한 정도로 정확해 보이는 가설이 여러 개 있을 경우 가장 적합한 가설을 골라내는 데에도 오캄의 면도날을 사용한다. 무언가를 설명하기 위해 가정을 할 경우 불필요하게 복잡한 가정을 세워서는 안 된다는 것이다.

최근의 분자적 연구는 변형설보다는 오히려 삽입설을 지지해주는 것 같다. 즉, 파래로부터 진화했다는 것보다는, 쇠뜨기말이나 콜레오키티에서 진화했음을 지지해주고, 선태류는 이들로부터 갈라져서 육상식물과 자매관계(sister relationship)를 갖는 것으로 받아들여지고 있다. 진화의 역사를 화석이나 분자적인 증거로 유추하는 과정에서 오캄의 면도날은 생물학의 어느 분야에서보다도 많이 사용된다.

chapter 2

2장

육지로 올라온 식물들

1
녹조류의 상륙작전

녹조류가 육지로 올라오게 된 동기는 무엇일까? 바다의 환경 조건이 변화해서 이로부터 벗어나기 위해서일까? 더 좋은 환경을 찾아 나선 것일까? 광활한 대륙을 점령하려는 포부를 가져서일까?

생물이 새로운 환경을 개척해 정착하고 번성하는 것은 생물학적으로는 특별한 동기가 있어서도, 환경조건이 나빠서도, 포부를 가져서도 아니다. 자신의 환경에 잘 적응해서 살고 있던 식물이 우연한 돌연변이가 일어나, 또는 기존의 여러 가지 형질들이 조합돼 새로운 환경에서 적응할 수 있게 되었을 뿐이다. 녹조류의 상륙작전이라는 어마어마한 사건도 사실 이런 면에서는 맞는 말이 아니다. 육지로 올라갈 수 있는 조건을 충족시켜 올라갔을 뿐이다. 그렇다고 해도 지구의 역사를 돌이켜 볼 때 녹조류의 상륙은 생물의 역사에 새로운 지평을 연 위대한 사건이었다.

생물의 진화는 다양성에 기초한다. 자신이 갖고 있는 다양한 성질 중에 새로운 환경에 들어가 살 수 있는 성질이 있다면 그들은 새로운 환경에서 더 많은 자손을 남기게 될 것이고 그렇지 못하면 자신이 살고 있던 환경에 머물러 살 수밖에 없는 것이다. 이런 진화의 원리를 무엇이라고 하는가? 진화론의 창시자이자 기초를 놓은 다윈(Charles Robert Darwin, 1809~1882, 영국)의 위대한 이론인 자연선택이다. 그렇다면 다양성은 어떻게 갖게 되는가? 다양성의 근원은 돌연변이다. 생물은 오직 돌연변이에 의해서 새로운 성질을 갖게 된다. 그러나 돌연변이를 갖고 있다고 해서 바로 새로운 환경에 적응할 수 있는 것은 아니다. 특히 어려운 환경에 적응하기 위해선 다른 성질도 함께 가져야만 성공적으로 적응할 수 있다. 함께 갖기 위해 가장 좋은 방법은 바로 유성생식이다. 한꺼번에 여러 개의 돌연변이가 동시에 일어날 확률이 낮기 때문이다. 유용한 돌연변이를 갖고 있는 식물들이 유성생식을 통해서 다른 필요한 성질들을 갖춘다면 성공적인 적응이 가능할 것이다. 유성생식은 돌연변이를 섞어주는 믹서라고 할 수 있다. 생물이 새로운 환경에 들어가 적응하는 것은, 유성생식을 통해 섞인 유전자를 갖는 수많은 자손들의 하나가 이루어낼 수 있는 우연한 사건인 것이다.

바다 환경은 육지에 비하면 녹조류에게는 천국이라고 할 수 있다. 물 걱정 없지, 햇빛 걱정 없지, 스스로 광합성을 하니 먹이 걱정도 없다. 설사 다른 동물들이 자신을 먹는다 하더라도 동물의 수는 자신들의 에너지양의 1/10 정도밖에 되지 않으니 사실 육지식물들이 초식동물들 때문에 없어지지 않듯 아무 걱정 없이 생존할 수 있었다. 여기에는 생태계의 원리가 숨어 있다. 생태계에서 먹이사슬의 아래 단계 생물은 위 단계 생물에 의해 절대로 멸망하지 않는다는 것이다. 왜냐하면 바로 위 단계 생물도 그 위 단계 생물에 의해서 먹히므로 약 1/10 선에서 조절되기 때문이다[실제로는 5~20%지만 간단하게 설명하기 위해서 이렇게 요약한다.]. 이런 면에서 먹이단계의 에너지 효율을 자연의 십일조라고도 한다. 10을 벌어서 하나만 위 단계에 바치면 되기 때문이다. 그러므로 식물 간의 경쟁이나 초식동물에게 뜯어 먹히기 때문에 바다로부터 탈출하거나 육지로 올라가야 할 아무런 이유도 없었던 것이다.

쇠뜨기말과 콜레오키티는 배를 조금이라도 보호할 수 있는 구조를, 선태식물은 배(胚, embryo)를 가졌기에 물이 잠깐씩 마르기도 하는 물가에 살 수 있는 가능성이 다른 녹조류보다 높았다. 그러나 변화무쌍한 환경의 육지로 올라가기 위해서는 2N짜리 포자체를 개발해야 했다. 또한 땅속에서 물을 빨아들일 수 있는 관다발이 있어야 했다. 사실 이런 특징을 부분적으로 또는 원시적인 형태라도 가진 식물은 발견되지 않는다. 다시 말해서 배는 없지만 관다발을 갖고 있는 녹조류나 포자체 세대가 긴 녹조류가 있다면 이들과 배를 갖고 있는 위의 식물들이 교배해서 육지를 점령하기 위해 필요한 성질들을 조합해 가질 수 있었을 텐데 이런 녹조류는 존재하지 않는다.

선태류, 차축조, 콜레오키티가 육상식물의 조상에 가까운 식물임은 분명하지만 직접적인 조상이란 증거는 없다. 배 또는 배와 비슷한 구조를 갖고 있으면서 혹 포자체와 관다발이 있다 하더라도 이들은 관다발이나 긴 포자체 세대를 가지고 있기에 이미 육상식물이지 그 조상은 아니다. 이런 면에서 육상식물의 직접적인 조상을 찾으려는 시도는 헛된 일일 지도 모른다.

조상이 어떤 것이든지 간에 육지에 올라가 살 수 있는 식물이 우연히 그리고 자연선택에 의해서 탄생했다면 이들은 육지에 올라가 살게 되면서 어떤 득실이 있었을까? 어렵사리 육지에 올라올 수 있었지만 아직 효과적인 수분 흡수를 하지 못했다. 왜냐하면 관다발이 뿌리까지 뻗어 있지 못하고 오직 줄기에만 존재했기 때문이다. 그래서 물가를 완전히 탈출할 수는 없었다. 한편 막 상륙한 육상식물의 조상이 살게 된 습지엔 다른 녹조류들이 살지 못하니 무기영양이나 서식처를 차지하기 위한 경쟁자가 없었을 것이다. 따라서 쉽게 번식해 퍼져 나갈 수 있었을 것이다. 또한 환경이 다양하고 변화가 심하므로 생물의 특성인 다양성과 자연선택이라는 방법을 활용해서 적응할 수 있는 가능성을 열게 되었을 것이다. 사실 바다라는 환경은 이런 면에서 매우 안전하고 좋은 환경인데 반해 육지는 정반대의 환경이다.

그렇다면 조상 녹조류를 찾는 것보다는 도대체 어떤 육상식물이 가장 원시적일까, 이들이 어떻게 어려운 난관을 극복했을까 하는 문제가 더 중요할 것이다.

2

드디어, 육지에 상륙하다

제일 먼저 육지로 올라온 식물은 현재의 솔잎란(*Psilotum*)과 비슷한 식물이었을 것이다. 왜냐하면 현존하는 육상식물 중에 솔잎란이 가장 원시적이기 때문이다. 식물의 생김새를 보고 왜 솔잎란이라고 이름 붙여졌는지는 모르겠으나 한자 이름인 송엽란(松葉蘭)에서 온 것은 분명하다. 흔히 알고 있는 난(蘭, orchid)과는 아무런 관련이 없다.

솔잎란그림 2-1의 식물체는 다년생(多年生, 여러해살이)이고 상록성(常綠性, 늘푸른)으로, 키는 약 30cm이고 굵기는 5mm 정도, 관다발이 들어 있는 줄기가 Y자로 갈라진다. 이렇게 같은 굵기로 Y자로 갈라지는 것을 차상분지(叉狀分枝, dichotomous branching)라고 하는데, 이는 우리가 보는 보통 식물 줄기의 주축에서 가느다란 가지를 뻗는 단축분지(單軸分枝, monopodial branching)와 대조된다. 차상분지는 원시적인 육상식물의 특징이다. 나중에 보겠지만 이 원시적인 특징은 식물이 진화하면서도 계속 따라다닌다. 여하튼 솔잎란의 줄기는 차상분지를 하는데 잎도 뿌리도 없다. 그래서 초록색 줄기에서 광합성이 일어난다.

줄기에는 가시 같은 돌기가 나 있는데 이를 가짜 잎 또는 가엽(假葉, enation)이라고 한다. 그리고 땅속의 줄기 끝에는 뿌리 같은 게 나 있는

그림 2-1 솔잎란의 포자체

데 이를 가짜 뿌리 또는 가근(假根, rhizoid)이라고 한다. 왜 가엽, 가근이라고 하는가? 이들은 고등식물의 잎이나 뿌리와 달리 관다발을 갖지 않기 때문이다. 뿌리는 뿌리 모양을 하고 있지만 관다발이 없으니 땅속으로부터 물을 빨아들이지 못하고 단지 줄기를 땅속에 고정시켜주는 역할을 할 뿐이다. 가엽은 우선 작기도 하거니와 역시 물을 빨아들이는 관다발이 없으니 효과적인 광합성을 할 수가 없다. 하지만 바로 이 식물 또는 이와 가까운 식물 하나가 상륙을 감행해 모든 육상식물의 선조가 된 것이다.

이 식물체는 배우자체일까 아니면 포자체일까? 즉, 염색체가 1N일까 아니면 2N일까? 앞에서 1N짜리 배우자체로는 육지의 열악한 환경에 적응하기 어렵다고 한 것을 기억한다면 이 식물체가 포자체이고 염색체는 2N이라는 것을 유추할 수 있을 것이다. 그러면 포자는 어떻게 만들까? 솔잎란은 가엽의 겨드랑이 위쪽에 포자낭을 만든다. 포자낭은 방이 3개로 갈라진 구형인데 그 안에서 감수분열이 일어나 1N짜리 포자를 만든다. 포자의 모양은 보트 모양 또는 미식 축구공 모양이고 길이를 따라 긴 단지형(單枝型, monolete) 발아구 한 개가 있다.

포자낭 속 수많은 포자는 성숙하면 바람에 날려 습한 곳에 떨어져 발아해

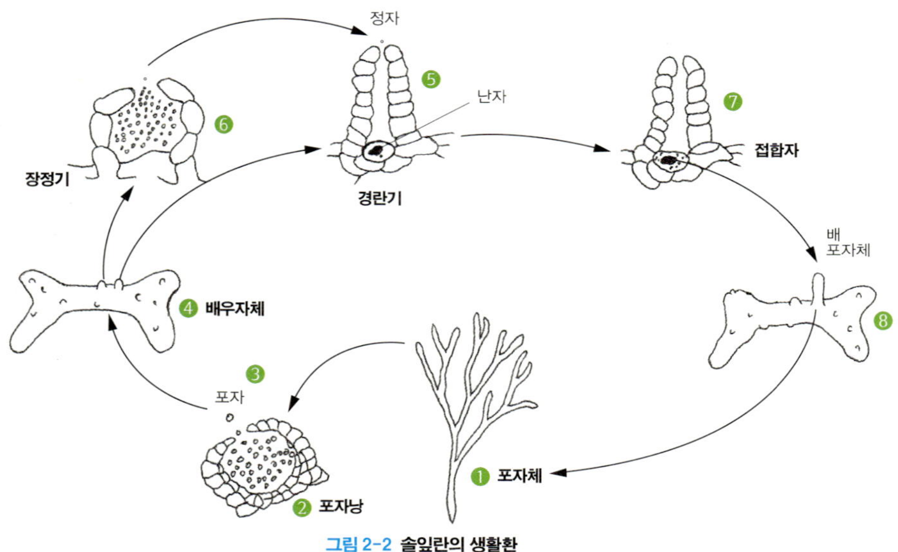

그림 2-2 솔잎란의 생활환

배우자체를 만든다. 솔잎란의 배우자체는 약 2cm 정도 자라는데 모양은 Y 자형인 차상분지이며 진짜 뿌리는 없고 가근을 갖는다. 습하고 그늘진 곳에 살지만 초록색이고 광합성을 한다. 배우자체의 여러 곳에는 경란기(頸卵器, archegonium)[1개의 난자를 만드는 주머니로, 긴 목을 갖고 있고 목의 홈을 통해 정자가 들어간다. 보통 녹조류에서 난자를 만드는 주머니는 둥근 주머니 모양이고 목이 없어 그냥 장란기라고 한다.]와 장정기(藏精器, antheridium)[많은 정자를 만드는 주머니인데 구형이다.]를 만들고 각각에서 난자와 정자를 만든다. 정자는 편모를 갖고 있어 헤엄쳐서 난자를 찾아가 수정을 한다. 수정란은 배우자체에서 자라기 때문에 크기가 커지기 전 당분간은 배우자체에서 영양을 빨아 먹고 성장한다. 다시 말해 포자체가 배우자체에 기생한다[이런 모습은 콜레오키티와 선태류에서 이미 보았다.].

솔잎란의 생활환그림 2-2은 긴 2N짜리 포자체 세대와 아주 짧은 1N짜리 배우자체 세대가 이어져 돌아가는 세대교대를 보여준다. 이들은 줄기에 관다발이 있어 습한 곳에 살면서 줄기 끝까지 물을 끌어올린다. 그래서 식물의 크기가 이전의 어느 식물보다 클 수 있었다.

솔잎란속은 세계의 열대와 아열대 지역 습한 곳에 9종이 나는데 우리나라에는 솔잎란(Psilotum nudum) 1종이 제주도와 남해안에 자란다. 이곳이 솔잎란의

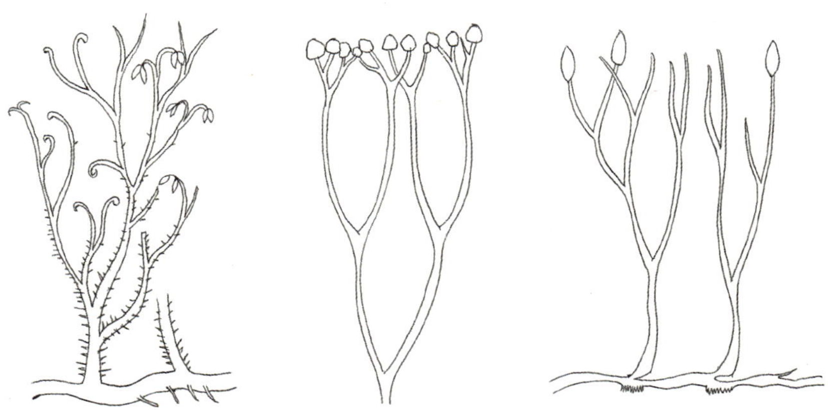

북방한계에 해당한다.

　그림에서도 볼 수 있듯이 솔잎란은 적당한 크기에 녹색 줄기가 Y자로 차상분지하며 모여 사는 모습이 아름다워 관상가치가 높다. 사람들이 이를 캐다가 관상용으로 심으려고 하는 데다 환경도 오염되고 변화가 심하여 점점 사라지고 있는 형편이다. 환경부는 솔잎란을 우리나라 멸종위기야생식물 2급으로 지정해 보호하고 있다.

　솔잎란은 지금부터 약 4억 년 전 데본기에 나타나지만 그 조상은 이미 실루리아기[약 4억 4천만 년 전, 1년 스케일로 보면 11월 하순]에 육지로 올라온 것으로 보인다. 실루리아 전기 지층에는 솔잎란이 보이지 않고 솔잎란과 비슷한 여러 형태의 식물그림 2-3만 보이는데 이들도 잎과 뿌리는 없고 포자낭을 잎겨드랑이가 아닌 줄기 끝에 달고 있는 모습을 보이고 있으며 가지의 모습이 다양하다.

　얕은 물에 녹색 솔잎란 종류들이 모여서 사는 모습을 상상해 볼 수 있는가? 모양은 다양하지만 솔잎란과 비슷한 종류로 사일로피톤(*Psilophyton*), 라이니아(*Rhynia*), 쿡소니아(*Cooksonia*), 그리고 데본기에 나타난 후손들[*Agalophyton*, *Horneophyton*, *Zosterophyllum* 등]이 있다. 육지엔 아직도 아무런 식물이나 동물도 없어 황량한데 이들은 얕은 물과 물가에 옹기종기 모여 자라고 있었다니 얼마나 아름다운 광경이었을까? 그러나 이들이 육지를 점령하기 위한 도전은 이제부터 시작이다.

3

침묵 속의 진화 (1) 줄기에서 잎을

솔잎란 종류들은 Y자형으로 차상분지를 하는 줄기와 그 안에 특별히 제작된 관다발이 자랑할 만한 특징이었다. 이런 특징은 이전의 어느 식물들도 갖지 못한 것이었다. 그러나 생물들은 늘 자신의 위치와 능력에 머물러 있지 않고 성장과 번식을 위해 더 나은 방향으로 끊임없이 변화해 간다. 솔잎란에게 있어 '광합성 능력의 향상'이 가장 시급한 문제였을 것이다. 왜냐하면 에너지를 더 많이 합성해야만 다른 개체들보다 더 빨리 자라고 포자도 많이 맺고 번식을 잘 하지 않겠는가? 광합성 능력을 높이기 위해 이들은 잎을 갖고 있지 않은 점에 착안했다. 줄기로만 광합성을 하다 보니 광합성을 하기 위해 빛을 받아들이는 면적이 제한되어 있었다. 이들은 자신이 갖고 있는 가시같이 생긴 가엽을 생각했다. 이것을 좀 더 넓히고 그 수를 늘린다면 어떨까?

그런데 면적을 넓히려다 보니 광합성에 필요한 물을 공급하는 데 문제가 있다. 결국 이들이 채택한 방법은 잎까지 관다발을 끌어들이는 것이었다. 우리는 이렇게 작고 관다발 한 가닥이 들어간 잎을 작은잎 또는 소엽(小葉, microphyll)이라고 한다. 크기도 작지만 관다발이 한 가닥만 들어간 소엽은 분명히 하나의 커다란 진전이었다.

이렇게 해서 생겨난 식물이 바로 데본기의 아스테록실론(*Asteroxylon*)을 비롯한 석송류(Lycopodiophytes)다. 석송류는 줄기에 많은 소엽을 달고 열심히 광합성을 했다. 풍부한 에너지는 자신을 좀 더 잘 키우고 강건하게 할 수 있었다. 사실 석송류는 재빨리 그리고 크게 자라서 키가 20m나 되었다. 굵기도 당연히 굵어져야 했으니 풍부한 에너지로 이것도 문제없이 달성했고 빠르게 번식해

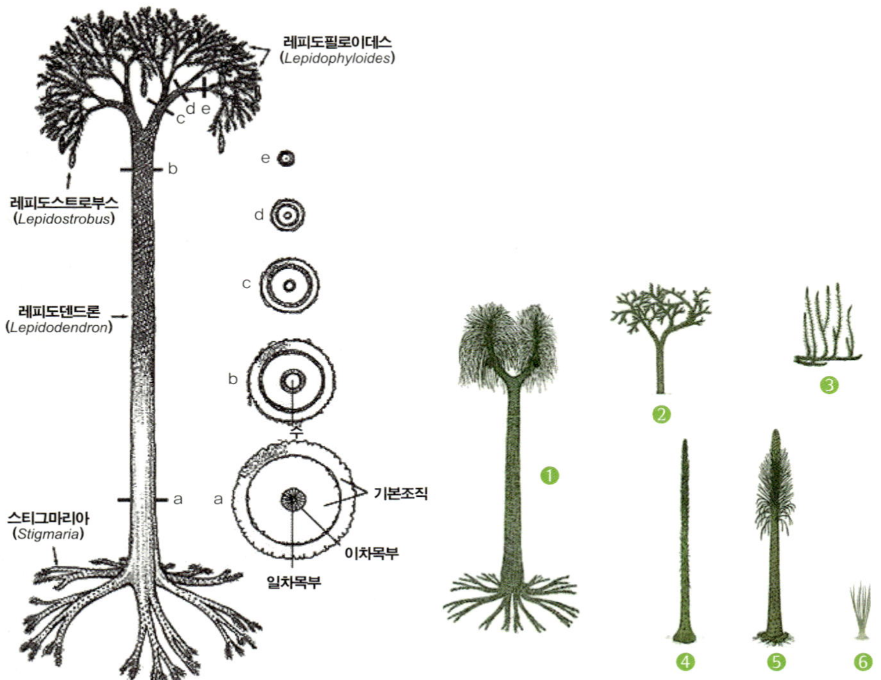

그림 2-4 **석탄기에 번성한 레피도덴드론의 포자체와 줄기 단면도.** *Lepidophylloides*는 잎, *Lepidostrobus*는 포자이삭, *Stigmeria*는 뿌리의 학명이었으나 이제는 줄기의 학명인 *Lepidodendron*에 통합되어 유효하지 않은 이름이다. (M. Alan Kazlev, 2002)

그림 2-5 **석탄기에 번성한 석송류: 1** *Sigillaria,* **2** *Valmeyerodendron,* **3** *Protolepidodendron,* **4** *Chaloneria,* **5** *Pleuromeia,* **6** *Isoetes* (Dennis C. Murphy, 2006)

서 석송류 숲을 이루었다. 이전의 솔잎란류는 비교도 할 수 없는 크기인데다 분포도 광범위해 육지의 모든 습지를 점령한 바야흐로 지구상에 처음으로 숲을 형성하게 된 것이다.

석탄기의 석송류에 대해 살펴보자. 이들 중 석송과 비슷한 종류로는 이름도 복잡한 레피도덴드론(*Lepidodendron*)그림 2-4을 비롯하여 아스테록실론(*Asteroxylon*), 레피도카폰(*Lepidocarpon*), 레피도플로이오스(*Lepidophloios*), 보트로덴드론(*Bothrodendron*), 파라라이코포다이티스(*Paralycopodites*), 시질라리아(*Sigillaria*), 발메이에로덴드론(*Valmeyerodendron*), 프로톨레피도덴드론(*Protolepidodendron*), 찰로네리아(*Chaloneria*), 플루로메이아(*Pleuromeia*), 라코피톤(*Rhacophyton*), 아이소이티스(*Isoetes*) 등이 있다.그림 2-5 이들은 키가 20~40m[현재의 우리나라 숲의 나무들과 키가 같다.]에 지름도 큰 것은 2m나 되었다. 그중 레피도덴드론은 우리나라에서도 화석이 발견되는데, 줄기에 다이아몬드 모양의 잎이 붙었던 자국, 즉 엽흔

(葉痕, leaf scar)이 남아 있어 영어로는 scale tree, 우리말로는 인목(鱗木)이라고
한다. 그림 2-6

석송류는 거의 가지를 치지 않고 자라다가 끝 부분에서 차상분지를 해서 수
관을 이루었다. 얼마나 아름답고 장엄했을지 상상이 가는가? 사실 아름답다
는 말이 잘 어울리는데 우리가 흔히 아름답다고 여기는 나무 중에 야자나무,
나무고사리, 소철이 있다. 이들은 늘씬한 나무 둥치 끝에 가지가 치고 잎이
달려 수관(樹冠, crown)[나무의 윗가지와 잎 부분]을 형성하고 있는데 시원스러워 보
이고 멋이 있어 이들이 자랄 수 있는 도시에 가로수로 많이 심는다. 아마도 석
송류들이 지금도 살고 있다면 가로수로 인기가 높으리라. 이들은 뿌리 같은
가지를 갖고 있는데 역시 차상분지를 한다. 포자낭은 줄기 끝에 모여 달려 포
자이삭 또는 포자수(胞子穗, strobilus)를 만들고, 포자낭에서 생산되는 포자들은
둥근 삼각뿔 모양이고 발아구는 세 갈래로 갈라진 삼지형(三枝型, trilete)이다.

고생 석송류의 지름이 직경 2m나 되었다는데 왜 이렇게 굵을 필요가 있었
을까? 나무 둥치 속에 가느다란 관다발(중심주)이 있는데 이 부분만 단단하고
나머지 대부분은 거의 부드러운 조직, 즉 유조직으로 되어 있었기에 바람이
불면 부러질 위험이 컸다. 따라서 줄기를 굵게 유지하지 않으면 안 되었는데
이것은 현생 나무고사리나 소철도 레피도덴드론처럼 유조직이 많아서 크게
자라지 못하는 이유와도 일맥상통한다.

습하고 따뜻한 기후가 허락하는 한 이들은 빠르게 분포 지역을 넓힐 수가 있
었는데 포자낭을 높은 줄기 끝에 달아 놓았기 때문이다. 현생 솔잎란이나 석
송도 포자를 내지만 문제는 키가 작
다. 그렇다면 아무리 바람이 불어도
포자들은 그리 널리 퍼지지 못한다.
그러나 40~50m 되는 나뭇가지 끝
에 포자낭이 달렸다면 이야기는 전
혀 다르다. 포자는 발아해서 바로
배우자를 만들고 난자가 수정해서
포자체를 만들기 때문에 그 영역을
빨리 넓힐 수 있었던 것이다.

그림 2-6 레피도덴드론의 엽흔 화석

또 다른 진화 이야기가 있는데 바로 포자의 분화다. 레피도덴드론이나 현생 바위손을 보면 포자가 큰 것과 작은 것, 즉 대포자(大胞子, megaspore)와 소포자(小胞子, microspore)가 있는데 각각 대포자낭(megasporagium)과 소포자낭(microsporangium)에서 만들어진다. 그리고 대포자는 발아해서 암배우자체를, 소포자는 수배우자체를 만든다. 그래서 각각에서 경란기와 장정기를, 그리고 그 안에서 난자와 정자를 만든다. 이것은 같은 포자만 만드는 것과 어떤 차이가 있을까? 같은 포자만 만드는 것을 동형포자성(同型胞子性, homospory)이라고 하고, 대포자와 소포자 두 가지를 만드는 것을 이형포자성(異型胞子性, heterospory)이라고 한다. 동형포자성 배우자체는 한 배우자체에서 난자와 정자를 다 만들어 근친교배 가능성이 높고, 이형포자성 배우자체는 서로 다른 배우자체에서 난자와 정자가 만들어지니 근친교배 가능성이 낮다. 이것은 유전자의 다양성이 이형포자성이 되면서 더욱 확대될 수 있다는 것을 뜻한다. 또한 동형포자성일 때에는 자가교배가 일어날 확률이 높으니 유전적 다양성도 떨어질 뿐만 아니라 동형접합자 열세현상이 일어나기 쉽다.

동형접합자 열세현상(同型接合子 劣勢現象, homozygosity inferiority)이라니 대체 무슨 뜻일까? 자가교배가 일어나면 염색체에 있는 열성 돌연변이 유전자끼리 만날 확률이 높아진다. 그런데 돌연변이 유전자는 유해하다고 하지 않았던가? 따라서 자가교배 자손들은 돌연변이 유전자가 발현될 확률이 높아져 적응력이 떨어지고 환경에서 도태되기 쉽다. 일찍이 우리 조상들이 근친결혼을 피하도록 한 것도 다 이런 원리를 알았기 때문이다. 반대로 먼 친척 또는 서로 관계가 없는 개체끼리 교배하면 어떻게 되는가? 이것은 이형접합자 강세현상(異型接合子 强勢現象, heterozygosity superiority) 또는 잡종강세(雜種强勢, heterosis)라고 해서 훨씬 강건한 자손을 만든다. 그래서 집에서 재배한 식물의 종자를 심으면 수확량이 떨어지고 병도 잘 걸린다. 반면, 종묘회사에서는 계속 이형접합자를 만들어 좋은 씨앗을 만들어 내는 것이다.

따라서 석송류에서 이형포자성의 진화는 더욱 강한 자손을 만들며 종류를 늘리고 분포 범위를 확대시켰고, 지구의 온난하고 습한 지역을 점령한 뒤 땅속에 묻혀 석탄이 되었다. 그렇다면 이전 또는 이후 식물들도 석탄이 되었을까?

그림 2-7 우리나라의 원시 관속식물들 : 1 솔잎란 2 석송 3 뱀톱 4 부처손 5 바위손 6 물부추

① 그 전후에도 만들어졌을 것이다.

② 석탄기 때만 만들어졌다.

③ 다른 때도 만들어졌지만 석탄기 때 가장 많이 만들어졌다.

이 중 ③번에 손을 들겠다. 그 이유는 석탄이 만들어지는 과정이 다른 시기라고 없을 리 없으니 ①번이 맞을 것 같으나 석탄기라는 말이 고생대의 펜실베니아기와 미시시피기에만 붙여졌기 때문이다. 아마도 석탄이 만들어질 수 있는 조건이 석탄기 때 가장 좋았던 것이 아닐까 짐작할 수 있다. 아니면 초식동물이나 이를 분해하는 미생물이 없었기 때문일 수도 있다.

그렇다면 현생하는 석송류에 대해 잠깐 소개하고 넘어가자. 최초의 상륙자 솔잎란류는 세계적으로 10종 정도밖에 남아 있지 않다. 그래도 최초의 진정한 육상식물이란 명예는 어느 누구도 찬탈할 수 없을 것이다. 석송류는 석탄기 때는 찬란했지만 페름기에 들어가면서 지구가 건조해지자 갑작스럽게 소멸하기 시작해 중기에는 거의 멸종하고 현재는 일부 작은 석송류들이 남아서 다양성 면에서의 위세를 그런대로 유지하고 있다. 우선 소엽이 줄기에 호생(互生, 어긋나기)하는 석송속(*Lycopodium*)에 세계적으로 약 180여 종, 소엽이 호생이지만 2+2줄로[큰 소엽이 마주보며 2줄, 작은 소엽도 마주보며 2줄] 달리는 바위손속(*Selaginella*)에 700여 종이 있는데 우리나라엔 둘 다 10여 종이 난다. 소엽이 길고 짧은 줄기에 모여 달려 부추같이 생긴 물부추속(*Isoetes*)은 60여 종이 나는데 우리나라엔 물부추(*I. japonica*) 1종이 난다. 그림 2-7

배우자체의 형태는 포자형과 관련이 깊은데 앞에 언급한 바와 같이 석송은 동형포자성이고 바위손과 물부추는 이형포자성이다. 석송의 배우자체는 잎을 잘라낸 무처럼 생겼는데 솔잎란의 배우자체와는 달리 광합성을 하지 않고 무같이 생긴 구조에 균이 들어 있어 이들이 영양을 공급한다. 경란기와 장란기는 잎을 잘라낸 부분 쪽에 난다.

그러나 바위손과 물부추의 배우자체는 대포자와 소포자 안에서 만들어져(內胞子性, endosporic) 현미경적인 크기다. 배우자체가 이렇게 작다 보니 오래 자랄 필요도 없고 광합성할 틈도 없이 곧바로 난자와 정자를 만들어버린다. 이것이 적응 면에서 의미하는 건 무엇일까? 1N짜리 배우자체의 축소화라고 보면 된다. 1N은 적응력이 낮다는 것을 상기해보면 석탄기에 우점했던 석송보다는 바위손이 더 많이 남게 된 것으로 추측할 수 있다. 그러나 물부추는 수생식물이라는 점이 문제다. 물에서 자라면 물이 마를 때 말라 죽지 않는 적응력을 필요로 한다. 그래서 석탄기 때도 그리 주목을 받지 못했지만, 요즘 들어 물 생태계가 많이 오염돼 우리나라 물부추도 멸종위기에 처해 있다. 사실 물부추는 1960년 평택 근처에서 채집된 이래 거의 발견된 적이 없어 멸종된 것으로 알았다. 그러나 근래 한강 상류와 제주도에 남아 있는 개체들이 발견되었다.

4

침묵 속의 진화 (2) 줄기에서 가지를

최초의 육상식물이 솔잎란류였다는 사실로 다시 돌아가자. 이들의 가지치기 방법은 차상분지다. 차상분지는 가지를 낼 때 줄기 제일 끝에 있는 세포가 두 개로 분열해서 이들이 각각 가지로 분화하는 것이다. 차상분지한 두 가지가 같은 굵기이다 보니 굵은 둥치에 잔가지가 나오는 단축분지에 비해 나무 전체를 지탱하는 힘이 약하다는 문제가 있다. 단축분지는 끝세포 바로 밑에 있는 세포들의 일부가 자라서 가지가 되므로 끝세포는 계속 주축으로 남고 가지보다 굵어 지상부를 지탱하는 힘이 더 강하다. 따라서 같은 부피의 수관을 지탱하려면 레피도덴드론처럼 둥치의 굵기가 훨씬 굵어야 한다.

이런 문제를 극복하기 위해 차상분지를 버리고 단축분지를 개발한 식물이 있었으니 바로 쇠뜨기류(Eguisetophytes)다. 이들도 소엽을 갖고 있는 걸 보면 석송류로 진화되는 초기 단계에서 진화된 것이 아닌가 생각된다. 많은 특징들이 석송류와는 완전히 다르므로 석송류로 분화된 다음 이로부터 진화된 것이라고 보기는 어렵다.

우리나라에 많이 나는 쇠뜨기를 살펴보자. 그림 2-8 소가 잘 뜯어 먹는다고 해서 쇠뜨기라 이름 붙여진 이 식물의 영양경(營養莖)[번식을 목적으로 하지 않고 영양을 축적해, 생식경이 포자를 생산할 때 에너지를 공급해 주는 역할을 하는 줄기]은 초록색으로 크기가 30cm 정도[열대지방엔 1.5m나 되는 것도 있다.] 되고, 마디마다 윤생하는 가지가 있고 가지에도 마디가 있다. 소엽은 마디마다 8~12개가 윤생하는데 서로 손을 잡듯 붙어서 줄기와 가지를 감싸고 있다. 줄기의 마디 사이에는 수직으로 나란히 8~12개의 능선이 있는데 그 바깥쪽 각진 부분에 꺼끌꺼끌한

그림 2-8 쇠뜨기속의 쇠뜨기와 속새

미세 돌기가 나 있다. 이 돌기는 실리콘으로 되어 있어 조그만 초식동물[예: 곤충의 애벌레]에게 뜯어 먹히는 걸 막는다. 영양경은 여름이 되면 싹이 나서 가을까지 자란 후 시들어 버린다.

다음해 이른 봄 땅속에 있는 뿌리줄기에서 생식경(生殖莖)[번식을 목적으로 나온 줄기로 포자낭을 생산한다.]이 나오는데 20cm 정도 키에 가지는 없고 색깔은 녹색이 아닌 옅은 고동색이다. 마디에 소엽이 윤생하며 줄기를 감싸고 있는 모습은 생식경에서도 마찬가지다. 하지만 색깔이 검은색이다. 따라서 생식경은 광합성을 하지 않고 뿌리의 영양을 먹고 자라는 기생식물인 셈이다. 줄기 끝에는 포자낭을 잔뜩 달고 있는 이삭이 달리는데 그 이삭에 둥근 방패나 우산을 꽂아놓은 것 같은 구조(포자낭 자루)가 질서정연하게 달려 있고, 그 방패 안쪽(아래쪽)에 포자낭이 8개 내외로 달린다. 포자는 공 모양인데 탄사(彈絲, elator)라고 하는 탄력이 있는 실이 감고 있어서 포자낭이 성숙해 포자낭이 열리면 튀어나가는 역할을 한다. 탄사는 4개. 그러니까 네발 달린 문어가 다리로 머리를 감싸고 있다가 마르면서 도저히 못살겠다는 듯이 다리를 사방으로 내뻗으며 포자낭으로부터 튀쳐나가는 형상이다. 이런 현상을 흡습성(吸濕性, hygroscopic)이라고 하는데 포자를 조금이라도 더 멀리 퍼지게 하려는 적응이다.

쇠뜨기류는 차상으로 가지치기해온 벽을 뛰어넘은 면에서 위대한 업적을 달성했다고 해야겠다. 불행하게도 지구의 우점 식물 면에서는 그리 두각을

그림 2-9 3억 9천만 년 전 숲의 모습. 크리스마스트리 모양의 키 큰 식물이 칼라미테스,
바닥에 둥글게 말려 있는 식물이 아스테록실론이다.

나타내진 못했다. 게다가 후손들도 크게 번성하지 못해 전 세계에 현생 쇠뜨
기류라야 고작 20여 종뿐이다. 쇠뜨기속(*Equisetum*)은 크게 상록성인 속새류와
낙엽성인 쇠뜨기류로 나뉜다. 쇠뜨기에 대해서는 앞에서 설명했으니 속새에
대해 조금만 설명하기로 하자. 그림 2-8 속새는 쇠뜨기와는 달리 영양경과 생식
경이 분리되지 않고 영양경 끝에 포자이삭을 달고 있어 생식경을 따로 구별할
필요가 없다. 상록성이고 줄기는 굵고 강건하고 진한 녹색인데 쇠뜨기처럼
마디에 윤생하는 가지를 치지 않는다. 대신 줄기 밑부분에서 줄기가 갈라져
모여 나서 속새 군락에 가면 상당히 보기가 좋다. 좀 그늘지고 습한 곳에 나니
이런 환경의 정원 조경에 좋을 것만 같은데 조경 소재로 사용하는 걸 보지 못
해 아쉽다.

쇠뜨기의 화석식물로 가장 유명한 건 석탄기의 칼라미테스(*Calamites*)다. 그림
2-9 이 식물은 30m 정도까지 자라는 교목으로, 윤생하는 소엽은 쇠뜨기처럼

줄기에 붙어 있지 않고 펼쳐져 있었다. 물론 굵기가 굵다보니 줄기의 능선도 수십 개는 된다. 아스트로미엘론(*Astromyelon*)의 주 가지는 윤생이 아니라 호생으로 달리고 잔가지는 차상분지를 해서 칼라미테스와는 다른 모습이었다. 이 외에도 아스로피티스(*Arthropitys*), 아스테로필리테스(*Asterophylites*) 등의 목본 쇠뜨기류 화석들이 발견되었다.

그림 2-10 석탄기에 나타난 칼라미테스의 잎 화석

　화석 중에 애뉼라리아(*Annularia*)라는 것이 있는데 칼라미테스 잎의 화석으로 상당히 아름답고 우리나라에서도 출토되었다. **그림 2-10** 처음에 둘이 같은 것인 줄 모르고 따로 이름을 붙였는데 이제는 유효하지 않은 학명[학계에서 공식적으로 사용하는 라틴어 이름으로 화석의 학명 중에는 이런 것이 많다. 이처럼 화석 조각만 발견돼 이름을 붙였다가 이미 발견된 다른 식물의 일부라는 것이 밝혀져 버려진 학명이다.]이다. 고생 쇠뜨기류도 석송류처럼 페름기 초에 멸망하고 초본성 쇠뜨기류만 남아 이제까지 명맥을 유지하고 있다.

　지금까지의 내용을 잠시 정리해보면 쇠뜨기류의 영양경과 생식경은 핵상이 2N으로 포자체다. 쇠뜨기의 배우자체는 2~3cm 정도의 부정형 엽상체로, 솔잎란의 차상분지형이나 석송류의 잎 잘린 무우형이 아니다. 그렇다고 바위손이나 물부추처럼 대포자와 소포자 안에서 만들어지는 것도 아니다. 그래서 여러 가지 면에서 쇠뜨기류가 솔잎란류에서 바로 진화한 것이지 석송류에서 진화한 것이 아닌 것으로 보고 있는 것이다.

　쇠뜨기류의 줄기 가운데가 비었다는 사실을 짚고 넘어가자. 쇠뜨기류는 주축을 더 굵게 만드는 단축분지를 개발한 식물인 동시에 줄기의 가운데를 비워서 지상부를 지탱하는 효과를 높일 수 있다는 걸 보여준 구조역학의 귀재였다. 같은 재료로 원기둥을 만들었다고 하자. 속이 빈 것과 찬 것을 비교하면 속이 빈 것이 역학적으로 훨씬 강하다. 비슷한 굵기의 유리 막대와 유리관을 다뤄본 경험이 있는 분은 쉽게 이해할 수 있을 것이다. 콘크리트 전신주도 속이 비어 있다. 그 속을 채워도 되지만 비워놓는 것이 재료도 덜 들면서 더 강하다.

5

침묵 속의 진화 (3) 더 넓은 잎을

이제까지 다룬 세 종류의 육상식물, 즉 솔잎란류, 석송류, 쇠뜨기류는 배를 갖고 있다는 것 말고도 또 한 가지 공통점을 갖고 있다. 무엇일까?

① 광합성을 주로 줄기가 맡아서 한다.
② 과거에는 목본이었으나 현재는 초본류만 남아 있다.
③ 석탄에서 많이 볼 수 있다.

②번은 정답이 아니다. 과거에도 초본이 있었기 때문에 완전한 정답은 아니다. ③번도 맞다고 할 수 있지만 정확한 답은 아니다. 솔잎란류는 숲을 이룬 주요 구성원이 아니었고, 나중에 중생대 숲에서 만들어진 석탄에는 석탄기에 주종을 이루던 식물들은 거의 사라지고 다른 식물들로 대치되었다. 그렇다면 정답은 '① 광합성을 주로 줄기가 맡아서 한다.'가 맞다. 나름대로 광합성을 할 수 있는 면적을 늘려보겠다고 잎을 만들긴 했으나 크기가 작아서 그렇게 크게 기여하진 못했다. 그래도 식물을 크고 굵게 자랄 수 있도록 하여 육지에 숲을 이루게 해줬다. 하지만 줄기의 광합성량이 잎의 광합성량에 비해서, 이제 이야기하려는 고사리류보다 상대적으로 상당히 작았다는 것이다. 에너지를 더 많이 합성할 필요성이 아직도 충족되지 못했다.

고사리의 잎은 대엽(大葉, megaphyll)이라고 하는데 조상 때부터 우상복엽(羽狀複葉, pinnately compound)[여러 개의 작은 잎들이 깃털 모양으로 배열한 잎]에 크기도 크고 줄기에서 수많은 관다발이 물을 공급해줘서 광합성량이 엄청났다. 그렇다면 대

그림 2-11 석탄기 숲의 상상도

엽은 어떻게 해서 진화된 것일까? 잎이 가엽(假葉) → 소엽(小葉) → 대엽(大葉) 순으로 진화했을 거라는 가설을 가엽설(假葉設, enation theory)이라고 하는데 이는 '최소가정의 법'에도 맞는다[Bower, 1908]. 사실 가엽은 가장 원시적인 육상식물인 솔잎란이나 솔잎란류 일종인 메시프테리스(*Tmesipteris*)에서 나타나고, 소엽은 대엽으로 가는 전이과정이라고 볼 수 있기 때문에 가엽설은 충분히 설득력이 있다.

그러나 대엽이 석송류이나 쇠뜨기류의 소엽으로부터 진화된 게 아니라는 견해도 있다. 원시적인 고사리 잎을 보면 잎맥[잎 속에서 펼쳐지는 관다발]이 공통적으로 차상분지를 하고 잎 가장자리까지 가면서 서로 융합하지 않는다. 발달한 잎을 보면 갈라진 잎맥이 서로 융합해서 그물 구조를 이루는 것과 대조가 된다. 우리는 원시적인 잎에서 Y자로 갈라져 잎 가장자리까지 평행으로 가는 것을 개방차상분지(開放叉狀分枝, open dichotomous branching)라고 한다. 개방차상분지를 하는 잎은 소엽이 변한 것이 아니라 바로 차상분지를 하는 가지 끝이 오리발에 물갈퀴가 만들어지듯 융합했다고 보는 것이다. 이를 텔롬설(telome theory)이라고 한다[Zimmerman, 1930]. 최근의 분자연구[Pryer 등, 2004]는 솔잎란류가 석송류와 고사리류의 중간에 위치하고 있음을 보여주고 있다. 따라서 텔롬설이 더 설득력을 얻고 있다. 또한 가엽설이 맞는다면 원시적인 대엽의 잎맥이 한결같이 개방차상분지인 점을 어떻게 설명할 것인가? 가엽이나 소엽은 차상분지를 한 적이 없다.

솔잎란이 가장 원시적이지 않다는 사실은 화분학(花粉學)적인 면에서도 볼 수 있다. 솔잎란의 포자는 단지형(短枝型, monolete)[긴 일자형] 발아구를 갖고, 석송은 삼지형(三枝型, trilete)[세 갈래진 Y자형], 원시적인 고사리는 삼지형, 발달한 고사리는 단지형을 가지고 있다. 즉, 포자의 발아구 진화방향은 삼지형 → 단지형이므로 아무래도 단지형 포자를 갖고 있는 솔잎란이 모든 육상식물보다 원시적이란 사실에 의심이 간다.

그림 2-11은 석탄기의 숲을 재현한 그림인데 레피도덴드론으로 보이는 석송류가 제일 많고 왼쪽에 선 개체와 앞부분에 쓰러진 개체는 어마어마한 굵기를 과시하는 걸 볼 수 있다. 그리고 오른쪽에 칼라미테스가 한 그루, 그리고 여기저기 나뭇가지에 늘어져 자라는 것은 솔잎란류로 보인다. 현생 메시프테리스와 솔잎란의 어떤 종들은 착생[다른 식물 위에 장소만 빌려 자라는 것으로, 기생근을 줄기에 뻗어 영양분을 흡수해 자라는 기생과는 다르다.]하여 자라므로 이들의 조상으로 여겨진다. 오른쪽 아래에 보이는 잠자리는 메가네우라(Meganeura)라고 하는 지구상에 존재했던 가장 큰 곤충이다. 화석에 의하면 날개를 편 길이가 무려 70cm에 달했다.

이 그림에서 눈여겨봐야 할 식물이 있다. 나무 밑에 여러 그루 자라는 대엽 식물인 나무고사리들이다. 다른 식물들보다 늦게 출연하고 보니 그림에서는 그리 별 볼일 없어 보이지만 이들이 야심찬 행보를 시작하여 그 후 번성하기 시작했고 그 후손들이 중생대를 휩쓸게 된다.

솔잎란류, 석송류, 쇠뜨기류

솔잎란류가 가장 원시적이라는 사실이 부정된다면 앞에서 이야기한 시나리오, 즉 솔잎란류 → 석송류 → 쇠뜨기류의 순서는 어떻게 되는 것일까? 현생 솔잎란류[솔잎란속과 메시프테리스속]와 고생 솔잎란류의 고리를 끊어버리면 쉽게 해결된다. 그래서 고생 솔잎란류는 조상으로 놔두고 거기서 석송류, 쇠뜨기류가 나오고 현생 솔잎란류는 그 후 어딘가에 갖다 붙이는 것이다[최근 분자분류의 결과 그림 3-7가 현생 솔잎란류를 고사리의 어느 그룹에서 파생된 것임을 보여 주고 있다.]. 그동안 나온, 그리고 앞으로 나올 많은 진화 시나리오가 모두 논리에서 짜인 것이므로 새로운 연구 결과가 나오면 당연히 변할 수 있는 것이다. '최소가정의 법'에 따라 육상식물의 기원에 대해 변형설이 맞는 것으로 보아오다가 최근 분자 증거에 의해 삽입설이 더 유리해진 것과 같다.

chapter 3

3장

대엽식물들의 잔치

1

결과를 예측할 수 없는 게임

대엽식물인 고사리류를 크게 진정포자낭군(眞正胞子囊群, eusporangiates)과 박벽포자낭군(薄壁胞子囊群, leptosporangiates)으로 나눈다. 물론 진정포자낭군이 원시적이다. 포자낭이 만들어질 때, 진정포자낭은 여러 개의 시원세포로부터 기원이 되고, 포자낭의 자루가 없으며, 포자낭의 벽이 두 층이다. 박벽포자낭은 한 개의 시원세포로부터 기원이 되고, 자루가 있으며, 벽이 한 층이다. 이런 면에서 그간의 육상식물들, 즉 솔잎란류, 석송류, 쇠뜨기류는 모두 진정포자낭군에 속한다. 그림 3-1, 표 3-1

가장 처음 나타난 진정포자낭군은 데본기[데본기는 식물 진화 역사에 중요한 시기다. 실루리아기에 육상한 솔잎란류가 이 시기에 소엽을 내고, 대엽을 내고, 또 나중에 종자를 내

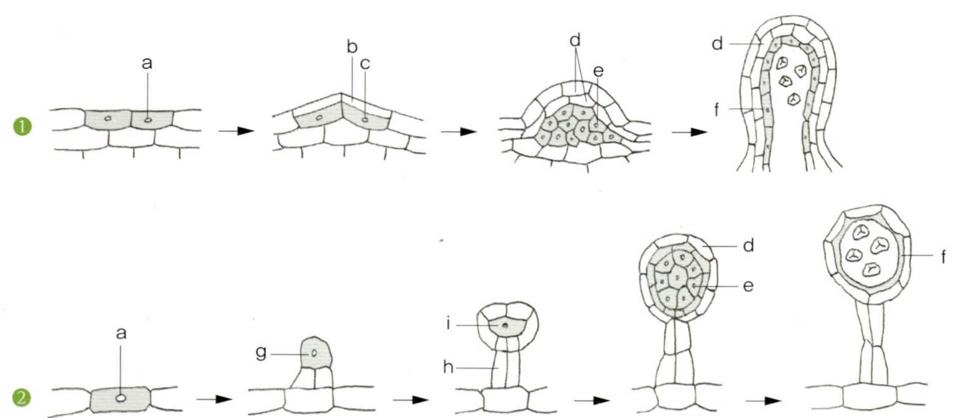

그림 3-1 **1 진정포자낭의 발생과정, 2 박벽포자낭의 발생과정** a:포자낭 원시세포, b:일차벽세포, c: 포자원세포, d: 포자낭벽, e: 포자세포, f: 융단세포, g: 정단세포, h:어린 낭병세포, i: 내부세포

는 식물들로 진화했다.]에 나타난 나무고사리류로 현생 나무고사리류인 마라티아(*Marattia*), 안지오프테리스(*Angiopteris*) 그림 3-2 등이다. 이들은 줄기가 곧고 가지를 치지 않으며, 우상복엽의 잎맥은 개방차상분지를 하며, 진정포자낭은 잎 밑쪽 가장자리에 달리고, 어린잎은 고사리손처럼 펴져 자란다. 마라티아목(Marattiales)에 속하는 나무고사리류로서 열대지방에 아직까지도 생존하고 있다.

　우리나라에 나는 현생 진정포자낭군은 크게 고사리삼(*Botrychium*), 나도고사리삼(*Ophioglossum*), 제주고사리삼(*Mankyua*) 세 가지가 있다. 그림 3-3 고사리삼은 잎이 보통 고사리처럼 우상복엽[우상은 깃털 갈라진 모양, 복엽은 여러 개의 작은 잎이 모여서 이루고 있는 잎]인데 잎은 한 장이다. 그리고 잎자루 밑 부분에서 생식엽이 나오는데 우상으로 잘게 분지된 가지로만 되어 있고[이렇게 영양엽과 생식엽으로 갈라지는 것도 차상분지의 변형이라고 볼 수 있다.] 잔가지를 따라서 수많은 포자낭이 달린다. 나도고사리삼도 잎이 2장인데 영양엽은 긴 난형으로 가장자리는 밋밋하고, 생식엽은 두툼한 창 모양으로 끝에 두 줄로 여러 개의 포자낭이 달린다. 제주고사리삼의 영양엽은 5개로 갈라진 장상복엽이고, 생식엽은 나도고사리삼과 비슷하나 포자낭이 잎 기부에 자루 없이 1~3개가 달린다.

　제주고사리삼(*Mankyua chejuense*)은 2001년 전북대 선병윤 교수와 동료들이 발표한 신속(新屬)으로 제주 한라산 남쪽 곶자왈에서 발견되었다. 제주고사리삼은 한국인이 발표한 첫 그리고 유일한 특산 속으로, 이 속의 발견은 근래 한국 식물분류학계의 쾌거라 할 수 있다. 그러나 제주고사리삼의 분류학적인 처리에도 문제가 있는데 바로 동남아와 오스트레일리아에 나는 종(*Helminthostachys zeylanica*) 때문이다. 그림 3-3 이 종은 제주고사리삼처럼 장상복엽이나, 잎 모양이 서로 달라 같은 속으로 보는 것이 타당하지 않을까 하는 의심이 든다. 물론 확

표 3-1 진정포자낭과 박벽포자낭의 주요 특징 비교

특징	진정포자낭	박벽포자낭
포자낭의 크기	비교적 크다	비교적 작다
포자낭 벽의 두께	두껍다(여러 세포 층)	얇다(한 세포 층)
포자의 수	많다(수백~수천)	적다(흔히 64개)
포자낭의 자루	없다	있다
시원세포의 수	여러 개	한 개

실한 결론을 내기 위해서는 자세한 연구가 필요하다.

진정포자낭군에 속하는 우리나라 종들은 마라티아 나무고사리와 같은 조상에서 갈라져 나온 식물로 나도고사리삼목(Ophioglossales)에 속하는데 세계적으로 약 80종 정도가 있고 우리나라에는 8종이 난다. 나도고사리삼목에 속하는 고사리는 잎이 날 때 고사리손처럼 펴지지 않는 점에서 마라티아 나무고사리를 비롯한 다른 모든 고사리류와는 구별이 된다[나무고사리목의 어린잎은 감겨져 있지 않다.].

마라티아류는 세계적으로 약 200종이 있고, 나중에 박벽포자낭을 갖는 고사리류로 진화해 수많은 종들을 분화시켜 박벽포자낭군에 속하는 고사리는 현재 약 300속에 10,000종 이상이 있다. 다시 말해 이제까지 설명한 육상식물 중에선 가장 많은 종들이 남아 있다. 이런 사실은 이들이 자연에 더 잘 적응할 수 있음을 의미한다.

그렇다면 박벽포자낭을 가진 고사리가 진정포자낭을 가진 마라티아 나무고사리보다 더 유리한 점은 무엇인가? 한 가지 해답은 수명 그 자체에 있다.

식물이든 동물이든 수명이 긴 생물은 진화가 더디다. 한 세대가 바뀔 때마다 유전자 재조합이 일어나는데 다년생 생물들은 생식 가능한 나이가 될 때까지는 재조합된 자손을 만들지 못하기 때문이다. 따라서 환경이 변하거나 새로운 환경에 적응하려면 세대가 짧을수록 유리하다. 이건 고사리에서 뿐만이 아니어서 석송류나 쇠뜨기류도 처음엔 목본성이었다가 초본성이 되고 대개 이것들이 현재까지 남아 있는 것이다.

진정포자낭 고사리의 주류는 마라티아 나무고사리→ 박벽포자낭 고사리로 이어지지만, 사라진 그룹으로 프로토프테리스(Protopteris), 시노프테리스(Coenopteris), 노

그림 3-3 고사리손처럼 어린잎이 감기지 않는 나도고사리삼목에 속하는 현생 속들 :
1 고사리삼 2 제주고사리삼 3 나도고사리삼 4 *Helminthostachys*

이게라티아(*Noeggerathia*), 아키오프테리스(*Archeopteris*)와 근연식물들이 있다. 대엽을 만들어 출발한 고사리들은 여러 가지 방법으로 육상을 점령할 방법을 모색했다고 할 수 있다. 그중에서 마라티아 나무고사리와 아키오프테리스 나무고사리는 성공해 뭍에서 최초로 큰 숲을 형성했지만 나머지들은 화석만 남기고 역사 속으로 사라졌다.

박벽포자낭군의 생존 비밀

초본성인 나도고사리삼목(Ophioglossales)이나 마라티아목(Marattiales)이 사라지고 박벽포자낭에게 바통을 넘겨준 이유는 무엇일까? 정확한 이유는 알 수 없지만 어쩌면 염색체 때문이 아닌가 생각된다. 마라티아목도 2N=80, 160 정도 되어 다른 고사리나 종자식물에 비해 많지만 나도고사리삼목은 이보다 훨씬 많다. 육상식물은 물론 모든 생물 중에서 염색체가 가장 많다. 나도고사리삼의 염색체는 대개 2N=240~300이고 어떤 것은 2N=1,400이나 된다. 고사리삼은 이보다는 적지만 기본적인 것이 2N=90이고 어떤 것은 2N=270이나 된다[Wagner, 1981].

많은 학자들은 이들의 염색체수가 이렇게 많은 이유로 오래된 진화 역사를 보고 있다. 염색체가 이렇게 많은 것은 배수체현상(倍數體現象, polyploidy)[염색체 세트 전체가 배가되는 현상] 때문인데 염색체가 많으면 하나의 형질을 발현시키는 데 수많은 유전자가 관여한다. 어느 유전자에 돌연변이가 일어났다 하더라도 거의 발현되지 않고 유해한 형질이 나타나지 않는다. 즉, 이들 유해 열성 돌연변이들은 배수체현상 때문에 환경에 민감하게 반응하지 않는다.

초본성 진정포자낭 고사리들이 어떻게 배수체로 늘어나는 재주를 갖게 되었는지 모르지만 이들은 염색체가 많아진 덕분에 습하고 따스한 곳에 현재까지 살아남았다고 보아도 그리 무리한 추측은 아니다. 오래 살았기 때문에 배수체현상이 있는 게 아니라 배수체현상 때문에 오래 살 수 있지 않았는가 하는 뜻이다. 또 이것이 종 분화를 많이 하지 못한 이유도 될 수 있을 것이다.

2
다양한 고사리로의 초대

이제까지 살펴본 육상식물들은 비교적 간단했으나 박벽포자낭군은 너무나 다양하기 때문에 과 분류가 쉽지 않고, 어떤 과는 너무나 다양하여 같은 과인지 의심스럽기까지 하다. 분류학자들에게도 골치 아픈 그룹이다. 과연 어떤 과나 속들이 있는지 주로 우리나라에 나는 것들을 중심으로 특징을 살펴보자. **그림 3-4**

맛이 좋은 고비: 박벽포자낭군에서 가장 원시적인 과는 고비과(Osmundaceae)다. 포자낭이 낭퇴(囊堆)[포자낭이 한데 모여 그룹을 이루고 있는 것]를 형성하지 않고 동시에 발달하며 여러 개의 세포로부터 기원되는 점은 진정포자낭군과 같아 박벽포자낭군으로 진화하는 중간 위치에 있는 고사리다[그래서 잎의 모양도 마라티아나무고사리와 비슷하다.]. 온대지방에 나는데 우리나라에서는 고비(*Osmunda*)를 나물로 먹는다. 고사리 중에서는 어린 순이 가장 통통하게 살이 쪄서 고사리나물 중에서는 최고로 친다. 잎이 우상복엽이고, 잎 가장자리는 결각[크게 갈라지거나 파임]이나 거치(톱니)가 없어 매끄러우며, 잎맥은 전형적인 개방차상분지를 한다. 우상복엽이 영양엽이고 일부가 생식엽으로 되기도 하는데 전체가 생식엽이 되기도 한다.

아스파라가스 같은 실고사리: 실고사리과(Lygodiaceae)는 난대-열대지방에 나는 덩굴성 고사리로 잎은 우상복엽 또는 장상엽인데 결각, 잎의 모양과 넓이, 갈라지는 정도가 같은 식물체 안에서도 천차만별이다. 잎맥은 개방차상분지를 하고 포자낭은 잎 끝에 모여 달린다. 덩굴성이므로 여러 개체가 함께 나면 지지대를 따라 올라가 아치형이나 다른 모양을 만들 수 있어 원예식물로 각광을 받고 있다.

두 갈래 지는 잎이 예쁜 풀고사리: 풀고사리과(Gleicheniaceae)는 난대-열대지방에 나는 반덩굴성 고사리로, 잎이 정확하게 Y자형으로 2~3회 갈라지는 우상복엽이다. 그러나 이를 차상분지라 하지 않는데 끝세포가 둘로 나뉘는 것이 아니라 끝세포가 죽고 그 밑의 세포가 둘로 나뉘어 자라기 되기 때문에 가차상분지(pseudodichotomous branching)라고 한다. 잎맥은 개방차상분지를 한다. 포자낭은 잎의 주맥과 가장자리 사이에 뭉쳐나는데 포막[낭퇴를 덮고 있는 우산 모양의 덮개]으로 덮이지 않는다.

잎이 투명한 처녀이끼: 처녀이끼과(Hymenophyllaceae)는 온대-열대지방의 습한 곳에 나는데 특히 열대지방에 많이 난다. 잎이 얇아서 투명한 점이 다른 모든 고사리와 잘 구별된다. 학명에서 hymen은 얇은 막 또는 처녀막을, phylla는 잎을 뜻하기 때문에 붙여졌고, 영어로는 filmy fern이라고 하고 한다. 잎맥은 개방차상분지를 한다. 포자낭은 잎 끝 쪽에 종 모양 주머니 속에 모여 달린다.

공작 꼬리 같은 공작고사리: 고사리과(Pteridaceae)의 공작고사리속(*Adiantum*)은 잎자루와 줄기가 철사처럼 둥글고 검은색이며, 작은 잎은 공작의 꼬리처럼 심장형이거나 긴 알 모양이고, 잎맥은 개방차상분지다. 중국에서도 공작고사리(孔雀蕨) 또는 철사고사리(鐵線蕨)로 부르고 영어로는 소녀의 머리가 예뻐서 그런지 maidenhair라고 한다.

잎이 늘씬한 봉의꼬리: 봉의꼬리속(*Pteris*)은 1회 우상복엽인데 작은잎이 선형이고 거치나 결각이 없다. 흔히 고사리 잎은 우상으로 결각이나 거치가 있는데 봉의꼬리에는 없어 늘씬한 느낌을 준다. 중국에서는 화살잎고사리(箭葉蕨) 또는 는 봉꼬리고사리(鳳尾蕨)라고 한다.

그림 3-4 특징적인 고사리들: 1 고비 2 봉의꼬리 3 우드풀 4 실고사리 5 물고사리
6 콩짜개덩굴 7 괴불이끼 8 박쥐란

잎 뒷면의 흰털 부싯깃고사리: 부싯깃고사리(*Cheilanthes*)는 햇빛이 잘 드는 바위 위나 돌담에 나는데, 잎은 손바닥 비슷한 우상복엽으로 뒷면이 백색이라 부싯깃[부싯돌로 불을 붙일 때 돌과 함께 불이 붙도록 잡고 있는 섬유로, 흔히 마른 쑥잎을 잘게 찢어서 만든다.] 같은 느낌이다. 포자낭은 잎 끝 아래쪽에 달리고 잎 가장자리가 이를 감싼다.

어항에 잘 자라는 물고사리: 물고사리과(Parkeriaceae)의 물고사리(*Ceratopteris*)는 완전히 물속에 사는 고사리로, 영양엽은 2~3회 우상복엽이고 넓고 망상맥을 가지나 생식엽은 길게 갈라진다. 포자낭은 잎맥 위에 나는데 모여 달리지 않는다. 어항이나 수족관에 많이 심는다.

줄기가 밧줄 같은 넉줄고사리: 넉줄고사리과(Davalliaceae)의 넉줄고사리(*Davallia*)는 뿌리줄기가 3~5mm로 굵고 흰 털이 나 있어 특이한 모양이다. 그래서 영어로는 squirrel's-foot fern라고 하고, 여기에 3회 우상복엽의 잎들이 달린 모습은 상당히 예술적이어서 석부작[돌에 식물을 올려 실내에서 감상하도록 만든 작은 정원] 소재로 많이 사용된다.

잎이 콩알만한 콩짜개덩굴: 고란초과(Polypodiaceae)에 속하는 콩짜개덩굴(*Lemmaphyllum*)은 나무에 착생해 살고 있는데 영양엽과 생식엽이 따로 있다. 영양엽은 둥글거나 타원형이고 육질이고 상록성이나, 생식엽은 주걱형으로 주맥 양쪽에 포자낭을 달고 낙엽성이다. 영양엽만 보면 피자식물 난초과에 속하는 콩짜개난과 비슷하나 전혀 다른 식물이다.

낙화암의 전설이 어린 고란초: 고란초과의 고란초(*Crypsinus hastatus*)는 충청남도 부여읍 고란사(皐蘭寺) 뒤 절벽에 자라고 있어 붙여진 이름이지만 전국적으로 분포한다. 뿌리줄기에 잎은 피침형 내지 선형이고 결각이 없거나 또는 기부에서 세 갈래로 갈라진다.

미역 같은 미역고사리: 고란초과의 미역고사리(*Polypodium*)는 우상복엽인데 아래 위의 작은잎 기부가 서로 붙어 복엽 같지 않고 단엽 같다. 거치가 없어 잎 모양이 전체적으로 깔끔하다. 미역이 이런 모양은 아니지만 미역과 비슷한 느낌을 주고 있다.

줄을 선 일엽초: 일엽초(*Lepisorus*)는 잎이 긴 주걱형 또는 피침형이고, 결각이나 거치가 없다. 잎이 뿌리줄기에 차례로 달려 꼭 보초를 서고 있는 모습인데 나무나 기와에 많이 난다.

셔틀콕 같은 관중: 면마과(*Aspidiaceae*)에 속하는 관중(*Dryopteris*)은 뿌리줄기에서 우상복엽이 둥글게 모여 달려 꼭 셔틀콕 같은 모습이라 영어로는 shuttlecock fern이라고 한다. 중국에서는 잎자루에 인편이라고 하는 비늘 같은 털이 있어서 인모고사리(鱗毛蕨)라고 한다. 그늘에서 꽤 크게 자라 화려한 왕관 모양을 자랑하는 성숙한 개체도 멋있지만 고사리손이 함께 펴질 때 모습은 정말 예쁘다. 잎맥은 개방차상분지를 하고 포자낭은 잎맥 중간에 달린다.

일찍 시드는 야산고비: 고비가 영양엽과 생식엽이 따로 달리는 것처럼 면마과의 야산고비(*Onoclea*)도 그렇다. 그러나 잎은 우상복엽이 아니라 우상으로 결각이 지는 단엽이라 다른 고사리와 쉽게 구별된다. 야산이나 들에 많이 나는데 서리에 민감하고 늦가을이면 낙엽으로 변해 영어로는 sensitive fern이라 한다.

앙증맞은 우드풀 고사리: 면마과의 우드풀(*Woodsia*)은 잎이 전형적인 1회 우상복엽이지만 잎 크기가 고사리류 중에서는 작은 편에 속한다. 잎은 짧은 뿌리줄기에 여러 개가 모여 달려 예쁘다.

사슴뿔 같은 박쥐란: 박쥐란(*Platycerium bifurcatum*)은 습한 열대지방에 나는 착생식물로 영어로 staghorn fern이라고 한다. 영양엽은 둥근 모양으로 겹겹이 나무에 붙어 있고 그 중간에서 사슴뿔처럼 2개로 갈라져 결각이 지는 생식엽이 여러 개가 나와 밑으로 처져 있다. 너무나 멋있어서 열대식물원에서 빼놓지 않고 심고 있다.

잎 끝의 무성아로 번식하는 고사리들: 꼬리고사리과(*Aspleniaceae*) 꼬리고사리속(*Asplenium*)의 거미고사리, 숫돌담고사리, 깃고사리, 개차고사리 등은 잎이 단

엽이거나 1회 우상복엽인데 많은 종에서 잎 끝에 무성아로 생겨나서 땅에 닿으면 어린 싹이 나서 새로운 개체가 된다. 마치 딸기의 기는줄기가 껑충껑충 뛰어서 어린 딸기순을 내는 듯해서 영어로는 walking fern이라고 한다.

파초 같은 파초일엽: 꼬리고사리과의 파초일엽(*Asplenium antiquum*)은 제주도 서귀포 남쪽 삼도 숲 속 바위틈에 자생하였으나 남획으로 멸종되어 1978년 이후 복원 식재했다. 난대식물의 북방한계에 해당해 식물지리학적으로 중요하고, 남획이 우려되어 천연기념물 18호로 지정해 보호하고 있다. 파초일엽은 커다란 잎이 주걱형으로 단엽이고, 결각이나 거치 없이 뿌리줄기에 모여난다. 잎이 파초처럼 커서 아주 보기 좋아 관상용으로 많이 재배하고 있다.

가장 크고 풍성한 나무고사리: 박벽포자낭군에 속하는 나무고사리는 키아테아목(Cyathaeales)으로 동남아와 오스트레일리아의 습한 곳에 난다. 잎은 다개 1~2회가 아니라 다수 우상복엽으로 엄청나게 커서 잎 하나의 길이가 3~4m이고 키는 20m 가량 자란다. 그림 3-5

3

다시 물속으로

고사리류는 넓은 대엽으로 육지를 개척하며 번성한 식물이지만 앞의 다른 관속식물들인 솔잎란, 석송, 쇠뜨기처럼 물을 떠날 수는 없었다. 포자가 발아해 배우자체를 만들고 정자가 난자에 수정하는 동안은 물이 필수적이기 때문이다. 따라서 1N 배우자체 세대만은 땅이 촉촉하고 물기가 흥건해야만 한다. 그러나 일단 포자체가 독립해서 뿌리를 뻗고 잎을 내서 광합성을 하게 되면 땅이 말라도, 심지어 사막이라도 상관이 없다. 땅속 깊은 곳의 물기를 빨아들일 수 있으니까…….

이 중 육상에서 다시 물속으로 돌아간 고사리가 있으니 바로 수생고사리류다. 이들은 단순히 물속에서 살게 된 물고사리와는 차원이 다른, 너무나도 다른 진화를 연출해내 이들에 대해 잘 모르는 사람은 전혀 고사리인 줄 모를 정도이다[물고사리는 물에서 살지만 고사리 모양의 잎을 유지하고 있다.]. 수생고사리류의 세계로 들어가 보자. 그림 3-6

네가래(*Marsilea*)는 물 밑 땅속에 뿌리줄기가 있고, 긴 잎자루 끝에 달리는 잎은 네 갈래로 갈라져서 우리말로는 네가래, 영어로는 네잎클로버 모양이라 water clover, 중국에선 밭 전(田)자 모양이어서 전자초(田字草)라고 한다. 누가 이 잎을 보고 고사리라고 하겠는가? 이뿐 아니다. 땅속 뿌리줄기에 콩알만 한 알갱이가 달려 있는데, 이것은 포자낭열매(胞子囊果, sporangiocarp)라고 해서 포자엽(胞子葉, sporophyll)이 변해서 만들어진 희한한 구조다. 이것이 발아할 때면 알갱이 끝이 열려 우무질로 된 포자엽이 나오고 그 주축에 포자낭이 대생으로 달리는데 모두 우무질이어서 꼭 도롱뇽의 알 같은 느낌이 든다. 포자

그림 3-6 수생고사리류: 네가래, 생이가래, 물개구리밥

는 대포자와 소포자가 있어 그 안에서 암배우자체와 수배우자체가 만들어진다. 즉, 포자체의 성숙이 포자 안에서 이루어지는 내포자성(內胞子性, endosporic)이다[동형포자를 가진 식물들은 외포자성(外胞子性, exosporic)이다.].

생이가래(*Salvinia*)는 물 위에 떠서 사는데 기다란 줄기에 대생으로 잎이 달린다. 그 모습이 지네 같아서 중국에서는 오공평(蜈蚣萍)이라 한다. 잎은 열린 조개껍질 모양으로 줄기에 대생으로 짧은 엽병(葉柄, 잎자루)에 의해 달려 있는데 그 안쪽에 털이 나서 안으로 물이 들어가면 도르르 굴러 떨어진다. 한편 마디마다 뿌리 같은 게 물 밑쪽으로 나 있으나 실제로는 뿌리 모양을 한 잎이다. 그래서 잎은 대생이 아니라 윤생이라고 볼 수도 있다. 뿌리가 아니라 잎인 이유는 그 자루에 작은 구슬 같은 포자낭 열매가 달리기 때문이다. 포자낭열매가 발아해서 우무질의 포자엽을 내는 것은 네가래와 같다.

물개구리밥(*Azolla*)은 생이가래와 비슷하나 줄기가 훨씬 많은 가지를 치고 작은 잎이 다닥다닥 붙어 있다. 잎 표면은 붉어지며 가을에는 그 색이 짙어 만강홍(滿江紅)이라 하고, 수면을 빽빽하게 덮도록 자라나 모기 유충이 숨을 못 쉬게 하

표 3-1 원시 관속식물들의 주요 형질 비교

형 질	송엽란	석송	바위손	속새	고사리
줄기분지	차상분지	(아)차상분지	(아)차상분지	단축분지	단축분지
잎	가엽	소엽	소엽	소엽	대엽
뿌리	가근	가근	가근	가근	뿌리
포자낭	진정	진정	진정	진정	진정→박벽
포자	동형	동형	이형	동형	동형→이형
포자발아구	단지형	삼지형	삼지형	없음	삼→단지형
배우자발생	외포자성	외포자성	내포자성	외포자성	외→내포자성

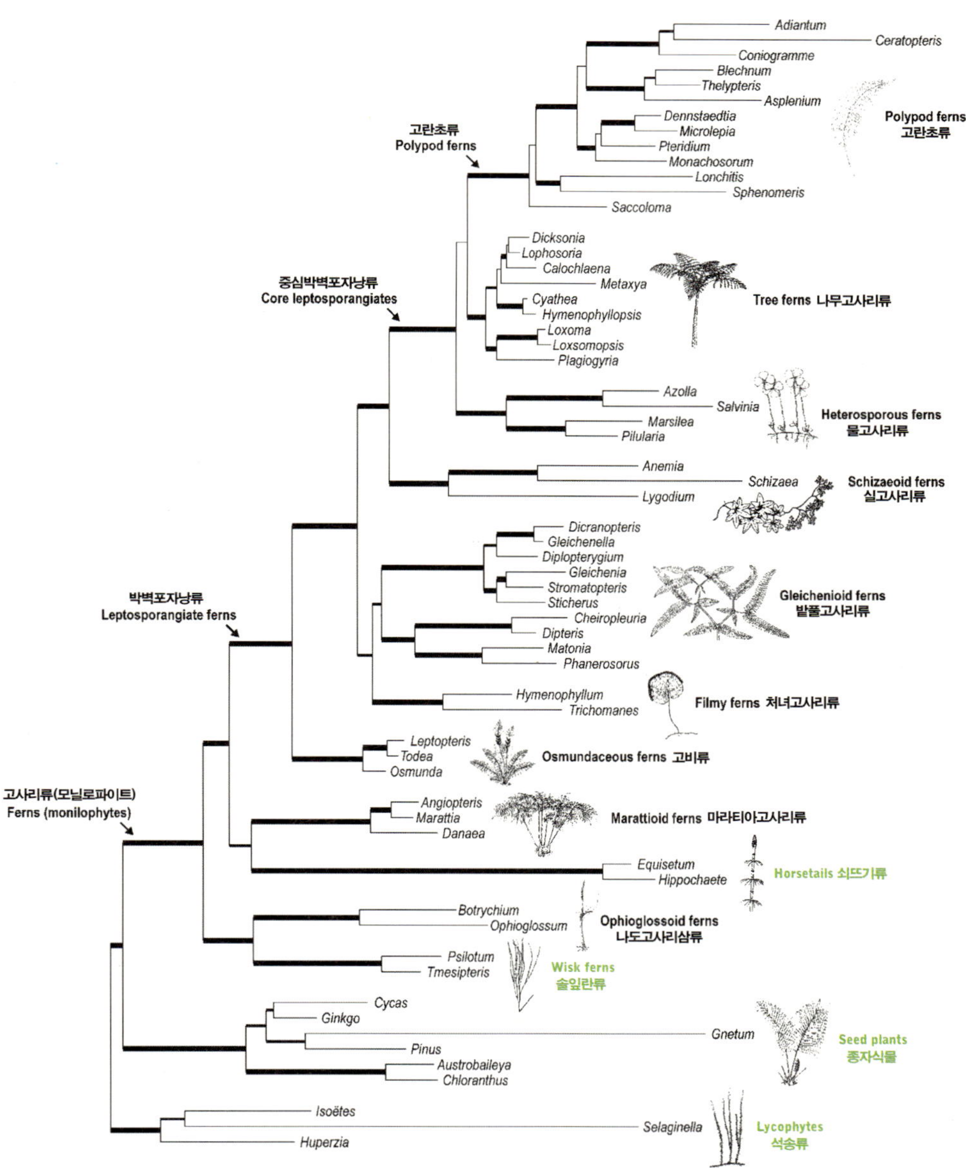

그림 3-7 **원시 관속식물의 *rbcL, atpB*. n18s rDNA에 의한 분자분류학적 분계도.** 솔잎란류(*Psilotum, Tmesipteris*)가 나도고사리류와 자매군을 형성하고 있고, 대신에 전체의 가장 기부에 석송류가 위치하고 있다. 종자식물은 고사리류와 자매군을 형성하고 있어 고사리류가 분지하는 초기에 이미 종자식물의 조상이 존재했던 것으로 보인다. (Pryer et al., 2004)

거나 성충이 알을 낳기 어렵게 하기 때문에 mosquito fern이라고 한다. 뿌리 같은 잎에 구슬 같은 포자낭열매가 달리는 것은 생이가래와 비슷하다.

이들 수생 고사리류는 모두 생김새가 특이해서 고사리와 다른 모습을 하고 있지만 사실 이보다 크게 변한 것은 우무질의 포자엽이 콩알 같은 열매 속에 싸여 있는 점이다. 포자 역시 대포자와 소포자가 있는 것, 그리고 포자의 발아구가 삼지형이 아니라 단지형인 것 등 많은 특징으로 보아 다른 박벽고사리류보다 훨씬 진화했다. 이들의 진화 정도는 유전자 서열 분석에서도 잘 나타난다. 진화의 끝이 어디까지인지 가늠할 수 없음을 보여주는 실례라 하겠다.

이상 포자식물, 비종자식물, 또는 원시 관속식물의 주요 특징들을 표 3-1에 정리한다. 표를 보아도 알 수 있겠지만 석송, 속새, 고사리는 모두 송엽란에서 기원했고, 바위손은 석송에서 기원했음을 알 수 있을 것이고, 이는 분자분류학적 연구로도 지지되고 있다. 그러나 송엽란은 조금 문제가 있다. 단지형 발아구를 갖는 것은, 이 분류군이 원시 관속식물의 조상이 아니라 최소한 고사리보다 발달하지 않았나 하는 추측을 하게 한다. 그림 3-7 그렇다면 현재의 송엽란은 과거 원시 관속식물의 조상으로 여겨진 라이니아, 쿡소니아, 자일로피톤 같은 조상에서 갈라져 나온 그룹이 아닌가 판단된다.

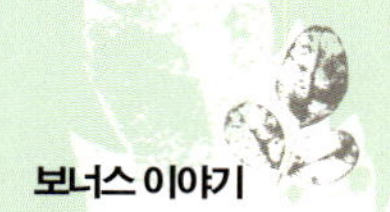

쇠뜨기류가 고사리류에 속하나?

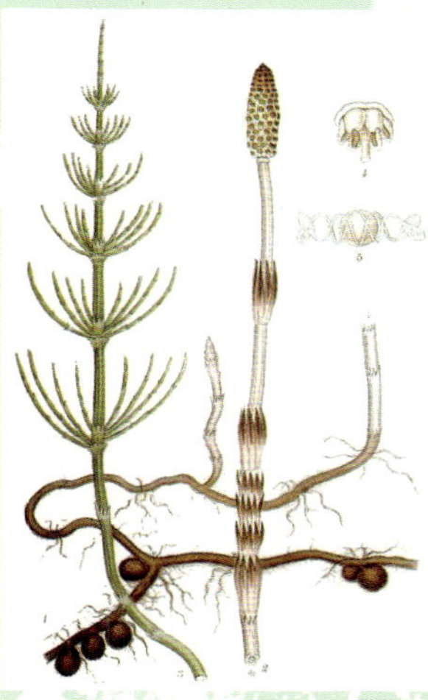

그림 3-8 쇠뜨기 (Wikimedia)

최근의 분자분류학적 연구에 의하면 **그림 3-7** 쇠뜨기류가 고사리류인 마라티아 고사리류와 자매군으로 나와 있어, 이것을 분류에 적용한다면 쇠뜨기류도 고사리류에 포함시켜야 한다[Pryer et al. 2004]. 그러나 쇠뜨기류와 고사리류는 이미 설명한 바와 같이 형태적으로 많은 차이가 있다. 쇠뜨기는 소엽성인데 고사리는 대엽성이고, 포자낭도 쇠뜨기는 포자이삭에 방패 모양으로 달리는데, 고사리류는 포자이삭이 없고 잎 끝이나 잎 뒤에 모여 달린다. 포자의 모양도 쇠뜨기는 공 모양이고 발아구가 없으며 탄사가 있는데, 고사리는 원추형 포자에 삼지형 발아구 또는 보트형 포자에 단지형 발아구를 갖는다. 쇠뜨기의 줄기는 원통형이고 마디가 있으나 고사리에서는 이와 비슷한 형태가 절대로 나타나지 않는다.

생물의 형태는 수많은 유전자가 발현되어 만들어지므로 저자는 여러 유전자를 연구한다면 분명히 쇠뜨기류와 고사리류는 서로 다른 그룹으로 분리될 것이라고 믿는다. 몇 개의 유전자를 연구해서 나온 결과를 가지고 형태적으로 뚜렷한 차이가 있는 두 그룹을 하나로 묶는다는 것은 위험한 일이다. 앞으로 수많은 연구가 이런 분자적 결과를 지지하지 않는 한, 저자는 쇠뜨기류는 고사리류와 구별된 그룹으로 처리하는 것이 맞는다고 생각한다.

4장

달라진 2세의 탄생과정

1

배를 보호하기 위한 특단의 조치

이상 설명한 육상식물들, 즉 솔잎란류, 석송류, 속새류, 고사리류의 배[포자체의 태아 상태]는 한 층의 세포인 홑이불 같은 경란기 벽에 싸여 보호를 받은 덕분에 물가이긴 하지만 바다로부터 상륙했고, 그중 석송류와 속새류는 석탄기에 이르러 지구상에 처음으로 울창한 숲을 형성했다. 그러나 이들이 번성하기 이전인 데본기에 나온 고사리들은, 잎은 크지만 줄기가 크게 자라지 못해 석탄기 주인공 역할은 하지 못했다. 그런데 데본기 말에 출현한 어떤 나무고사리는 배를 보호하는 특별한 구조를 개발했는데 바로 종자(씨, seed)라는 것이었다.

가장 오래된 종자식물 화석은 웨스트버지니아(West Virginia)의 데본기 말 지층(Famennian)에서 출토된 엘킨시아 종자고사리(*Elkinsia polymorpha*)인데 작은 화석이지만 보존 상태가 좋아 바로 종자라는 것을 알 수 있다. 또 다른 화석은 네 개의 배주(胚珠, ovule)[종자식물의 암배우자체]가 발톱 같은 가지로 둘러싸인**그림 4-1** 아키오스퍼마 종자고사리(*Archaeosperma arnoldii*) 화석이다[Stewart & Rothwell, 1993]. 배주의 껍데기를 주피(珠皮, integument)라고 하는데, 성숙해서 종피(種皮, seed coat)를 만든다. 주피는 배주를 둘러싸고 있는 바로 이 발톱 같은 가지가 융합되어 만들어진 것으로 추정되고, 융합되다가 마지막에 남은 구멍이 주공(珠孔, micropyle)인데 이를 통해 꽃가루 즉 수배우자체가 들어가 정자를 암배우자체의 난자에 수정시키게 된다.

데본기 말 종자고사리는 다양했다. 스피노프테리스(*Sphenopteris*)는 종자와 이를 싸고 있는 컵 모양의 구조(cupule)을 갖고 있었고, 석탄기의 메듀로사

(*Medullosa*)는 최근의 나무고사리와 비슷했으며코다이티스(*Cordaites*)는 열대 바닷가에 사는 홍수림처럼 자라는 나자식물의 친척이었다. 그러나 이들은 모두 석탄기의 숲 속을 우점하고 있는 석송류나 쇠뜨기류에 비해 그리 크게 자라지 못해 우점종으로서 주목할 만하지는 못하다. 이러던 중 석탄기 말(Westphalian) 볼트지아목(Voltziales)이 출현했는데 이들은 현생 송백류[소나무류와 측백나무류]와 비슷해서 어떤 고식물학자들은 나자식물로 분류하고 있다. 고생대 말 페름기에 와서야 종자식물들은 커다란 나무로 성장하여 중생대 초 삼첩기에는 나자식물이 우점하기 시작했다.

우리는 종자가 어떻게 진화되었고 어떻게 고사리 잎에 달리게 되었는지에 대해서는 전혀 알 길이 없다. 그러나 종자가 배를 보호하는 데 있어 혁신적으로 진화한 것임은 틀림없다. 이전의 배는 경란기의 복부(배)와 경부(목) 세포한 층으로 둘러싸였고, 암배우자체는 대포자가 날려 물가에 떨어져 발아하여 만들어졌다. 따라서 배우자체는 포자체와 독립되어 있었는데, 종자의 진화로 대포자낭은 적응력이 강한 포자체에 달려 있는 채로 바로 대포자를, 그리고 대포자가 암배우자체를 만들고 나니 적응력이 약한 1N짜리 암배우자체는 2N짜리 포자체에 의해 보호를 받게 되었다. 또한 소포자는 꽃가루 형태로 바

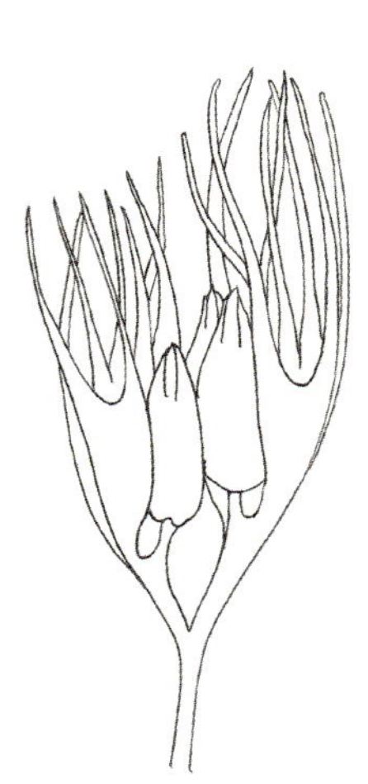

그림 4-1 종자고사리인 아키오스퍼마의 배주 화석 복원도

그림 4-2 종자고사리인 메듀로사의 상상도
(Foster & Gifford, 1974)

람에 날려 수정하기 전 수배우자체를 만들고 정자를 만들게 됨으로써 암수 배우자체 모두 물을 떠날 수 있었다.

물이 필요 없는 배우자체와 배우자의 수정, 종피 속에 안전하게 보호되고 있는 배, 그리고 배에 영양을 공급해주는 조직인 암배우자체는 식물의 적응에 어떤 영향을 줬을까? 이제 물을 떠나서도, 즉 건조한 곳이나 산에서도 생존하고 번식할 수 있게 되었다. 그런데 왜 석탄기에 주도권을 차지하지 못했을까?

여러 가지 이유가 있겠으나 그중 한 가지는 지구의 기후가 전반적으로 고온 다습했기 때문일 수 있다. 요즘도 종자를 갖지 않는 육상식물[솔잎란, 석송, 쇠뜨기, 고사리]이 열대와 난대 지방의 습한 곳에 많이 나는 것을 볼 때, 그리고 강우량이 높을 때는 늪지에도 많아진다고 볼 때 이들이 번성한 건 납득이 간다. 한편 종자식물은 고온 다습한 곳보다는 건조하거나 추운 곳 또는 사계절이 있는 곳에서 유리하다. 왜냐하면 조건이 나쁘면 일단 휴면 상태에 들어갔다가 좋을 때 발아할 수 있기 때문이다.

페름기에 들어서 빙하가 빈번해졌다는 건 고온 다습했던 곳이 선선해지고 사계절이 있는 지역이 적도 쪽으로 그리고 산 밑 쪽으로 옮겨갔다는 걸 의미한다. 따라서 종자를 갖는 식물이 유리해지는 건 당연하다. 그래서 원시적인 종자식물인 소철류와 은행류가 번성하기 시작했던 것이다. 바야흐로 페름기에 들어서며 종자를 맺지 않는 포자식물이 종자를 맺는 종자식물에게 주도권을 빼앗기기 시작한 것이다.

석탄기 지층에서 발견되는 화석은 비종자식물이 대부분이니 추위나 건조에 잘 적응된 종자식물은 정말 주도권을 차지하지 못했던 것일까? 석탄기 전인 데본기에 종자고사리가 출현했다면 분명히 석탄기에 그 몫을 했을 수도 있었을 텐데 정말 그렇게 오랜 기간을 아류로 남아서 명맥을 유지했단 말인가? 이에 대해 가능한 답은,

① 맞다. 기후가 고온다습해서 종자고사리에게는 맞지 않았다.
② 번성했지만 증거가 없을 뿐이다.
③ 증거가 없으므로 번성했다고 할 수는 없다.

상당히 가능성이 큰 해답은 ②번이다. 화석이 만들어지는 과정에 대해 이야기하면 이해될 수도 있다. 즉, 화석은 호수, 연못, 늪지, 바다같이 물이 있는 곳에서 만들어진다. 식물이든 동물이든 화석이 되려면 물에 그 몸체가 가라앉아야 하고, 계속 다른 동식물의 시체가 쌓여가며 굳어져 퇴적암이 되어야 한다. 그런데 물이 없는 곳에서는 동식물의 시체가 공기 중에 노출되어 풍화작용에 의해 화석화되지 못하는 것이다. 따라서 종자고사리 또는 원시 나자식물이 석탄기에 세력이 미약했던 데는 그들이 고산과 사계절이 있는 습하지 않은 땅에 살았기 때문이라는 설명이 설득력을 얻고 있다.[Stebbins, 1974]

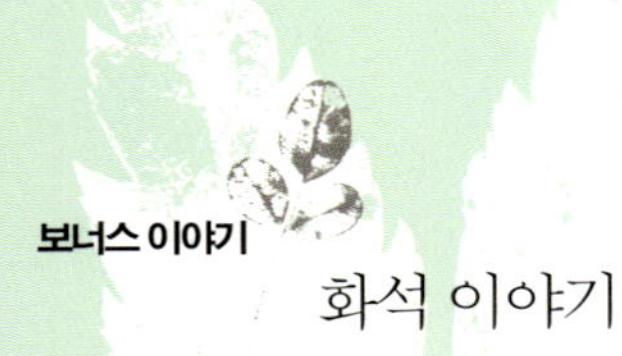

화석 이야기

화석은 과거에 생물이 살았던 증거가 남아 있는 돌이다. 화석은, 생물이 바다, 호수, 연못, 늪지 바닥에 떨어진 다음, 분해되지 않은 상태에서 그 위에 계속 다른 생물과 먼지, 흙, 모래, 돌이 쌓이게 되면서 압력에 의해 굳어진 이른바 퇴적암에서 만들어진다. 그러나 꼭 퇴적암에 의한 것이 아닌 경우도 있다.

1. 제일 완전한 화석은 시베리아의 매머드 화석처럼 얼음 속에 시체가 남아 있다가 그대로 발굴되는 것인데 이런 경우는 그리 흔하지 않다.

2. 다음으로 완전한 화석은 호박(琥珀) 속 곤충의 화석처럼 수지(樹脂, 송진) 속에 들어간 생물이, 수지가 호박이 되면서(resin fossil) 그대로 남아 있게 되는 것이다[영화 '쥬라기 공원'을 보면 호박에서 공룡의 피를 빨아 먹은 모기 화석이 발견돼 여기서 공룡의 DNA를 추출, 현생 파충류에 유전자를 접합시켰는데 이론적으로 전혀 불가능한 이야기는 아니다.].

3. 그 다음으로 완전한 화석은 석화(石化, permineralization) 화석이다. 분해되지 않은 부분에 탄산칼슘, 규소 등이 스며들어가 돌로 변한 것으로 공룡의 뼈나 이빨, 암모나이트, 조개껍질, 석화목 등이 있다.

4. 다음은 생체는 없어지고 그 모양만 남는 경우다. 생물의 몸체나 부분[예: 나무, 물고기, 공룡의 껍질 등]을 둘러싼 진흙이 돌로 변하는 동안 그 내부는 분해되어 없어지고 다른 돌 성분이 그 사이를 채우는 것이다. 주형(鑄型, mold)을 만들어 원하는 물질을 부은 다음 굳혀서 주물(鑄物, cast)을 만드는 것과 유사하다. 이런 주형이 생체 주위에 붙어사는 다른 딱딱한 생물 때문에 만들어지는 경우도 있는데 이를 생흔화석(生痕化石, bioimmuration)이라 한다.

5. 위와 비슷하게, 얇은 몸체 또는 일부가 퇴적층 사이에 남아 눌려 있다가 흔적은 있으나 몸체는 거의 없어진 경우다. 이를 압착화석(壓搾化石, compression fossil)이라 하는데 고사리 잎이나 곤충과 시조새의 날개가 좋은 예다.

6. 역시 위와 비슷하나 조금 다른 성격으로 새나 공룡의 발자국과 같은 흔적화석(痕跡化石, trace fossil)도 있다. 진흙에 찍혀진 발자국이 햇빛에 마른 다음 퇴적암이 되어 나중에 위의 지층이 풍화작용으로 분해되어 없어져 남게 되는 것이다.

7. 끝으로 미세한 생물이 화석화되는 것인데 사실 작다는 것 빼놓고는 3번과 비슷하다. 이들은 미화석(微化石, microfossil)이라 하는데, 규조, 유공충, 방상충, 화분, 포자 등과 같이 남아 있는 껍질 부분이 그대로 보전되어 있거나 석화된 것으로 현미경으로만 볼 수 있다. 이런 의미에서 앞의 모든 화석은 거화석(巨化石, macrofossil)이다.

2
정교하게 설계된 2세의 탄생과정

　대엽식물인 나무고사리의 출현은 육상식물 진화에 새로운 장을 연 위대한 사건이었다. 앞에 이야기한 대로 분명히 석탄기의 고온 다습한 환경에서 그리 주류를 이루지는 못했지만 아마도 춥고 건조하고 사계절이 있는 곳에서는 상당히 성공을 거뒀을 것이다.

　그렇다면 종자를 만들어낸 나무고사리 조상에 대해 좀 더 알아보자. 화석 증거에 의하면 이들은 현존하는 나무고사리와 같은 모양이었다. 그리고 이들은 분명히 대포자와 소포자를 만들었을 것이고, 이들 포자가 습한 곳에 떨어져 각각 암배우자체와 수배우자체를 만들었을 것이다. 왜냐하면 종자란, 대포자낭이 대포자를 만들고 대포자가 암배우자체를 만드는 과정이 하나의 주머니 안에서 이루어지는 것이고, 그것이 포자체의 잎에 달리기 이전의 일이기 때문이다.

　이런 이형포자성 식물의 생활환은 일부 석송류와 고사리류 같은 종자를 갖지 않는 식물에서 이미 존재했던 것으로 그리 새로울 것은 없다. 단지 대포자낭이 잎에서 떨어지지 않았을 뿐이다. 그렇다면 이런 모습은 현생 식물 어디에서 볼 수가 있을까? 가장 원시적인 종자식물인 소철류에서 볼 수 있다. 소철류 잎은 나무고사리와 질감만 다를 뿐 우상복엽이고, 무엇보다도 어린잎은 고사리손처럼 오므라진 것이 펴지면서 자라고, 어떤 종들의 잎맥은 개방차상분지를 한다. 또한 암수딴그루[암포자체와 수포자체가 따로 남]이다. 따라서 종자고사리의 모습은 소철류 잎 대신 나무고사리 잎으로 대치하면 실제에서 그리 벗어난 모습은 아니다.

따라서 종자의 출현은, 암포자체의 잎에 암포자낭이 떨어지지 않고 붙어 있는 상태로 매달려 있을 수 있기 때문에 가능했다는 이야기이고 보니, 그리 많은 유전자 돌연변이가 필요한 일은 아니라는 이야기다. 이렇게 되면서 적응력이 약한 1N짜리 배우자체가 강한 포자체에 싸여 보호 받게 되었으니, 습지에 비해 환경이 매우 열악한 육지를 향해 나아갈 잠재력을 확보하게 된 것이다.

실고사리나 처녀고사리처럼 원시적인 고사리에서 포자낭은 잎 가장자리에 달리고 잎이 변해서 이를 감싼다. 종자의 원형은 이런 대포자낭을 잎이 감싸고 있는 모습을 상상하면 된다. 그리고 바로 이런 모습을 갖고 있는 화석이 앞에서 이야기한 아키오스퍼마의 배주다.

배주에 대해 다시 한 번 살펴보기 위해 일단 현생 종자식물[실제로 나자식물에 대한 설명이다. 처음 진화된 것이 나자식물이고 이로부터 피자식물이 나왔다.]의 배주(胚珠, ovule)를 보자. 배주는 대포자낭을 주피(珠皮, integument)라는 껍질이 싸고 있는 구조로, 주병(珠柄, funiculus)이라는 자루가 달려 있고 주피가 감싼 끝 쪽 즉 주병의 반대쪽이 열려 주공(珠孔, micropyle)이라는 구멍이 나 있다. 대포자낭 속의 세포들을 주심(珠心, nucellus)이라고 하고 그 가운데 있는 한 세포인 대포자모세포(大胞子母細胞, megaspore mother cell)가 감수분열을 해서 네 개의 대포자를 만든다. 다시 아키오스퍼마의 배주로 돌아가 대포자낭을 감싸고 있던 갈라진 갈고리 형태의 구조가 융합해 완전히 감싸게 되었다면 바로 이것이 주피, 그 전체가 배주가 된다.

배주 속 대포자모세포가 감수분열해서 네 개의 대포자를 만들면 이제 암배우자체를 만들 차례다. 이를 위해서는 대포자 중 하나, 아마도 가장 크고 잘생긴 대포자가 세포분열을 계속해서 암배우자체가 된다. 암배우자체는 암배우자(난자)를 만드는 경란기를 만든다. 그러나 이 경란기는 주피라는 두꺼운 이불로 싸여 있으니 고사리와 그 이전의 육상식물의 경란기와는 좀 다른 모습이다. 즉, 긴 목(경부)이 없어졌다. 단지 목의 밑 쪽 세포인 경부세포만 남아 있고 나중에 정자가 이를 통해 들어가는 건 목이 있을 때와 마찬가지다. 경란기는 암배우자체 안에서 보통 2개가 만들어진다.

배주에서 주피가 만들어지고, 마지막으로 주공을 남기며 봉합될 때 주공과 대포자낭 사이에 공간을 남긴다. 이를 화분방(pollen chamber)이라고 해서 나중에 화분이 들어와 머물다가 수정을 하게 된다. 화분방이 하는 일이 또 있는데 바로 끈적끈적한 액체를 만들어 주공 밖으로 내보내 액적(액체 방울)을 형성하는 것이다. 그러면 이 액적이 바람에 날리는 화분, 또는 곤충들이 묻혀 옮겨 다니던 화분을 붙잡아 두었다가 액적이 마르면 꽃가루방 안으로 끌어들이니, 수줍은 신랑을 용감한 신부가 방안으로 끌어들이듯 하는 것이다. 이 정도면 정교하게 설계되었단 말이 실감나지 않는가?

정교함은 여기서 끝나지 않는다. 소포자낭에서 만들어진 각 소포자들은 몇 번의 세포분열을 통해서 정자 2개와 화분관핵 1개를 만들고 영양세포 몇 개를 갖게 된다. 이렇게 성숙한 소포자를 화분이라고 하는데, 작지만 이것이 정자를 만드는 수배우자체다. 화분은 매개체에 의해 배주의 주공에 있는 끈끈한 액적에 닿게 되는데 여기에도 엄청난 설계상의 비밀이 숨어 있다. 고사리 때는 수배우자체가 만든 운동성 정자가 물을 헤엄쳐 난자와 수정하게 되지만 새로 탄생한 종자식물은 그럴 필요가 없다. 왜냐하면 배주가 물이 아니라 공중의 잎에 달려 있어 화분(수배우자체)을 매개체가 옮겨줘야 하기 때문이다.

매개체 중에는 바구미와 삽주벌레 같은 작은 곤충들이 있다. 이들을 매개체로 이용하려면 식물은 이들에게 무언가 보상을 해줘야 한다[세상에 공짜는 없고, 이건 생물의 세계에서도 마찬가지다.]. 우선은 살 장소와 먹이를 제공해야 한다. 사실 이들은 포자이삭[수많은 포자낭을 달고 있는 이삭] 안에 살면서 당, 전분, 지방 등을 섭취한다. 또 한 가지는 바람을 이용하는 것이다. 곤충에게 주었던 보상 같은 것은 필요 없으나 여기에도 공짜는 없다. 화분이 바람에 잘 날 수 있도록 작게 그리고 뽀송뽀송하게 만들어야 하고 그 수가 엄청나게 많아야 한다. 식물로서는 처음 경험하는 일이니 얼마나 많은 시행착오를 겪지 않으면 안 되었을까? 배주의 액적과 마찬가지로 화분의 생성에도 이에 걸맞는 노력이 숨어 있는 것이다.

화분에 실려 배주의 주공에 도착한 정자는 화분관에 실려 경란기의 경부세포로 들어가 난자와 수정하게 되드로 정자가 편모를 가질 필요는 없다. 그러나 과거에 갖고 있던 성질을 버리지 못해[버리는 데도 진화가 필요하다.] 나자식물 진화 초기 식물인 소철과 은행의 정자에는 편모가 있다.

　이렇게 수정해서 만들어진 수정란은 2N짜리 배가 되고, 배는 1N짜리 암배우자체 안에서 영양을 공급 받으며 자라나 성숙하게 된다. 암배우자체는 2N짜리 주피에 둘러싸여 있고 주피는 나중에 종피가 된다. 이것이 바로 종자다.

　한편 종피 안쪽은 목질, 바깥쪽은 육질로 되어 있다. 동물이 종자를 먹게 되면 육질종피(肉質種皮, aril)는 소화되어 동물의 영양분이 되고, 암배우자체가 딱딱한 목질종피 때문에 소화되지 않고 동물의 배설물과 함께 땅에 떨어지면 배설물은 배가 자라는데 필요한 영양을 공급한다. 먹히지 않은 종자에서는 육질종피가 영양을 공급하는 역할을 할 수 있다. 그리고 종피 안에 있는 암배우자체도 영양분을 함유해 배가 자라는데 필요한 영양을 공급한다. 배를 보호하고 배가 잘 자라도록 하기 위한 다중 적응이다.

3
살아 있는 화석들

소철목(Cycadales)은 앞에서도 언급했듯이 나자식물 중 가장 원시적인 현생 식물이다. 그래서 종종 이들을 살아 있는 화석이라고 한다. 300여 종이 주로 아프리카, 동남아시아와 오스트레일리아, 그리고 중남미의 열대지방과 난대지방에 자라고 있는데, 전반적으로 몸체와 잎은 과거의 종자고사리와 너무나 닮았다. 즉, 상록성이고 암수딴그루으로, 줄기는 가지가 없이 굵은 둥치만 있고, 잎은 우상복엽으로 대부븐 개방차상분지를 하거나 간혹 망상의 잎맥을 가지며, 어릴 때 고사리손처럼 펴지면서 자라고, 여러 개가 둥치 끝에 왕관 모양으로 둥글게 모여 달린다. 줄기의 관다발은 발달했지만 그 사이에 유조직이 많아 힘이 약하고 높게 자라지 못한다. 이런 점에서, 현생 나무고사리에서도 볼 수 있는 원시적인 특징들의 원형을 그대로 보존하고 있는 것이다.그림 4-3

그림 4-3 소철류의 줄기 끝에 총생하는 잎 가운데 난 암포자이삭과 수포자이삭

그러나 바로 앞 절에서 이야기한 것처럼 잎에 종자가 될 배주를 갖고 있고, 주피와 주심 사이에 화분방을 갖고 있는 점이 비종자고사리와 차별화된다. 하지만 아직도 화분관을 통해 전달되는 정자가 수많은 편모를 갖고 있는 점역시 조상의 특징이다.

뿌리의 위쪽 부분에서 나는 잔뿌리는 위를 향해 자라며 산호 모양(coralloid)이고, 시아노박테리아가 공생해서 질소고정을 해준다. 그리고 잎은 나무고사리 잎과는 달리 대부분 두껍고 질기며 거치가 없다.

멕시코소철아목(Zamiineae)[아목은 분류계급에서 목과 과 사이에 위치한다.]에서는 대포자낭이 솔방울 같은 포자이삭의 이삭비늘 향축면[주심축을 향한 면]에 달리고, 그 크기가 어떤 종에서는 35kg이나 된다. 소철아목(Cycadineae)에서는 우상으로 갈라지는 포자엽에 달린다.

이들은 석탄기(3억~3억 2,500만 년 전)에 꽤 다양해졌으며 많은 화석을 남기지는 않았지만 쥐라기에는 크게 번성했다. 이들은 육지가 판게아(Pangea)라는 한 덩어리였을 때 생긴 것이 분명하다. 어떤 과(Stangeriaceae)는 나중에 둘로 갈라진 남초대륙 곤드와나(Gondwana)이었던 아르헨티나에서, 어떤 과(Zamiaceae) 화석은 초대륙이 갈라지기 직전의 남북미, 유럽, 남극에서 발견되기 때문이다. 그러나 소철과(Cycadaceae)는 대륙이 갈라지고 난 후 북초대륙 라우라시아(Laurasia)에서 분화된 것 같다. 중국과 일본에서 발견되기 때문이다. 현재 소철과는 아프리카와 오스트레일리아에도 분포하는데 최근의 분자분류학적 연구는 이들이 나중에 분화되어 퍼져 간 것임을 보여주고 있다.

소철강은 소철목에 3과 10~12속에 약 300여 종을 포함한다. 고사리류의

표 4-1 소철아목과 멕시코소철아목의 주요 형질 비교

형질	소철아목 Cycadineae	멕시코소철아목 Zamiineae
리그닌	syringaldehyde 없음	syringaldehyde 있음
털	투명	유색
잎 펴짐	고사리손 모양	편평 또는 드물게 고사리손
주맥	있음	1종을 빼곤 없음
대포자엽	솔방울 형성하지 않음	솔방울 같은 이삭 형성
배주	(1-)3-8개 직립(바로 선)	2(-3)개 도생(뒤집힌)
종자	편평형	방사형
염색체	n = 12	n = 8, 9, 13

1만여 종에 비하면 비교할 수도 없을 만큼 미약한 존재다. 소철목은, 100여 종을 포함하는 소철아목과 200종을 포함하는 멕시코소철아목으로 나뉘는데 소철아목이 멕시코소철아목으로부터 진화된 것으로 보인다[Stevenson, 1990]. 표 4-1

소철강 이외에 또 다른 살아 있는 화석으로 은행강이 있다. 은행강에는 은행나무(*Gingko biloba*) 1종뿐이어서 강, 목, 과, 속이 각각 은행강, 은행목, 은행과, 은행속이 하나뿐이다[이런 분류군, 즉 종 위 계급의 어느 분류군 바로 아래 계급의 분류군이 하나뿐인 것을 단형군(單型群, monotypic taxon)이라 한다. 은행의 경우는 단형강, 단형목, 단형과, 단형속이다.]. 은행나무는 원래 중국 원산이지만 우리나라를 비롯하여 전 세계에 많이 퍼져 우리에게도 상당히 친숙한 식물이다.

은행나무는 암수딴그루이고, 낙엽성 교목(큰키나무)으로 큰 것은 50m까지 자란다. 이 말은 관다발 사이에 유조직이 없어져 줄기가 몸을 지탱하는 힘이 커졌다는 것을 의미한다. 그래서 은행나무는 현생 목본류 중에서도 상당히 크고 오래 사는 식물에 속한다. 수형은 가지를 많이 뻗어 전체적으로 아름다운 데다가, 줄기 곳곳이 울퉁불퉁 나오고(knot), 가지가 밑으로 자라나 긴 혹을 형성하고(burl), 둥치가 옆으로 튀어나와 흐르거나(butress), 노출된 뿌리가 위쪽으로 자라 나와(knee) 괴목(怪木)의 느낌이 든다.

잎은 부채꼴인데 잎 끝이 살짝 갈라져 이름에 *biloba*가 붙여졌다[종의 학명은 속명과 종소명으로 이루어진다. 그 뒤에 명명자의 이름이 붙는다. 그래서 은행의 학명은 *Ginkgo biloba* L.이며 *Gingko*는 속명, *biloba*는 종소명, L.는 명명자인 Linne의 약자다. 이 책에서는 명명자까지 쓰는 건 너무 복잡해서 생략했다.]. 잎맥은 개방차상분지를 하고, 잎은 가지에 호생으로 달리거나 짧은 가지(短枝, spur shoot)에 총생(叢生, 모여나기)으로 달린다. 은행잎은 여름에는 풍성한 녹색으로 시원한 그늘을 만들어 주고 가을엔 노란색 단풍으로 물들어 장관을 연출한다. 은행잎에서는 징코민이라는 혈액순환장애 억제제가 들어 있는데, 이는 독일의 과학자가 발견했고 우리나라 동방제약이 세계에서 처음으로 상품화시켜 유명하다.

은행나무의 배주는 암그루 단지의 어린잎 사이에 긴 자루가 나와 그 끝에 두 개씩 달리고, 소포자낭은 수그루 단지의 긴 자루에 여러 개가 이삭을 이루며 달린다. 그림 4-4 화분은 바람에 날려 수분되는데, 미식 축구공 또는 배(ship)

그림 4-4 **은행나무의 단지에 총생하는 잎 사이에 난 배주와 수포자이삭**

모양이고 발아구는 1자형으로 길고(單溝型, monosulcate) 그 안의 정자는 소철처럼 수많은 편모가 달린다. 은행나무의 정자가 편모를 갖고 있다는 사실을 발견한 것은 1896년 일본 동경대학의 히라세(平懶)다. 동경대학 부속식물원인 고이시까와(小石川)식물원에 가면 그가 운동성 정자를 발견한 은행나무가 있고, 그 앞에 이를 기념하는 설명문이 있다. 히라세가 은행나무에서 운동성 정자를 발견하기 전까지는 비슷한 종자를 가진 주목(Taxus)과 근연으로 생각돼 송백강(Coniferopsida) 안에 포함시켰으나 그 후 분리돼 새로운 은행강(Gingkopsida)으로 처리하기 시작했다.

은행나무의 종자[흔히 열매라고 하는 사람이 있지만 식물학적으로는 종자다.]는 안에 배가 있고 이를 둘러싼 암배우자체가 있다. 바로 우리가 맛있게 먹는 부분이다. 그리고 암배우자체를 둘러싸고 있는 얇은 한 층의 막이 있는데 이것이 주심이고, 그 밖을 종피가 감싸고 있다. 종피의 안쪽은 목질이지만 바깥쪽은 육질이다. 은행 종자가 떨어지면 바로 육질종피 때문에 고약한 냄새가 난다. 그래서 가로수로 은행나무를 심을 때는 가급적 암나무는 피하려 하지만 일찍 알아낼 수 있는 쉬운 방법이 없다 보니 가로수에 암나무가 섞여 골칫덩어리가 되고 있다.

은행나무 화석은 2억 7천만 년 전인 페름기 지층 이상에서 발견된다. 은행속(Gingko)은 그 후 분화되어 쥐라기 중기부터 백악기에 널리 분포하였으나 신생대에는 갑작스럽게 멸종되어 은행나무 1종만 남아 있다. 은행나무는 종자식물 초기의 형태를 갖고 있기도 하지만 화석 기록으로도 지구상에 가장 오래전부터 살았던 식물의 하나로 '살아 있는 화석(living fossil)' 이란 호칭이 무색하지 않다.

은행나무 자생지와 학명

은행나무는 여러 면에서 재미있는 역사를 갖고 있다. 우선 은행나무는 자생지가 없어 수세기 동안 자연에선 사라진 식물로 여겨 왔다. 그러나 최근에 중국의 제쟝성(浙江省)에서 1,000년이 넘는 개체가 발견되어 자생지라고 생각했으나 은행나무가 오래 사는 식물이다 보니 의심을 받고 있다. 우리나라에서도 서울 성균관대학교 명륜당에 약 600년 된 개체 두 그루를 비롯하여 전국에 수백 년 된 은행나무가 많이 있고, 용문산 것은 높이 60m로 우리나라에서 가장 크고 나이도 정확한지는 모르지만 약 1,100년이 되다 보니, 제쟝성의 오래된 개체도 자생한 것인지 옮겨다 심어 놓은 것인지 확실하지 않다.

또 한 가지 재미있는 비하인드 스토리는 *Ginkgo*라는 속 이름의 유래이다. Gingko도 아니고 Kinggo도 아니고 도대체 이런 이름은 어디에서 온 것일까? 은행(銀杏)의 일본식 발음인 ginkyo를 캠퍼(Engelbert Kaempfer)라는 사람이 그의 책(Ameontitates Exoticae, 1712)에 철자를 잘못 표기하여 ginkgo라고 한 것을 린네(Linne, 1771)가 채택함으로써 잘못된 이름이 그대로 학명이 되어 버린 것이다. 학명은 처음에 발표된 것만 인정되니 처음부터 신중하게, 그리고 정확하게 붙여야 할 일이다.

4
제2의 정복자

　　나자식물의 다음 그룹은 더 이상 필요 없는 운동성 정자를 과감히 없애버렸다. 이들은 잎이 길고 뾰족해서 침엽수라고도 하고 대개 솔방울을 가지고 있어 구과식물(conifers)이라고도 하는 송백강(松柏綱, Coniferopsida)이다. 이들은 전 세계에 널리 분포하고 있어 현재에도 상당한 우점종들이지만 과거 쥐라기와 백악기에는 남북반구를 막론하고 도처에 우점한 종들이었다. 따라서 이들이야말로 석탄기의 석송류와 쇠뜨기류에 나무고사리가 섞인 숲을 대치한 제2의 정복자다. 그림 4-5

　　송백강은 주목목(Taxales)과 소나무목(Pinales)으로 나뉜다. 표 4-2 주목목은 종자가 낱개로 달리고 종피는 목질이거나 육질이다. 그중 주목(*Taxus cuspidata*)의 종자는 외종피가 빨간색의 육질이고 내종피가 목질이다. 주목은 나무껍질에 택솔(taxol)이란 항암성분을 함유하고 있어 유방암 치료제로 개발되었다. 비자나무(*Torreya nucifera*)의 종자는 홍자색 육질종피로 둘러싸여 있는데 회충약으로 쓰이기도 한다.

　　소나무목의 소나무과(Pinaceae)는 2개의 배주가 솔방울 실편(實片, cone scale)의 향축면에 달린다. 측백나무과(Cupressaceae)에서는 2~8개의 배주가 육질화된 실편 향축면에 달리는데 인편수가 적어서 얼른 보면 솔방울 같지 않다.

　　소나무과의 솔방울은 크고 난형 내지 피침형이고 실편은 대개 이삭 주축에 끝까지 붙어 있지만 전나무속(*Abies*)에서는 일찍 떨어진다. 소나무속(*Pinus*)의 잎은 2~5개가 묶여 나고 잎갈나무속(*Larix*)이나 개잎갈나무속(*Cedrus*)은 낱개로 호생하든지 단지(짧은 가지)에 속생한다. 대부분 상록성이지만 잎갈나무속

그림 4-5 우리나라의 주요 나자식물들 : 1 소나무   2 곰솔   3 구상나무   4 노간주나무

은 낙엽성이다. 전나무속과 가문비나무속(*Picea*)은 울창한 숲을 이루며 유럽, 아시아, 알래스카, 캐나다를 가로지르는 한대지방에 많이 난다. 전나무속과 가문비나무속 식물들은 줄기가 곧고 단단해 건축재와 가구재로 중요하게 쓰인다. 소나무속은 온대지방에 많이 나는데 다른 속들과 차이는, 잎이 묶여 나는 것 외에도 실편 바깥쪽에 가시가 있는 점이다. 소나무속은 잎이 2~3장인 소나무류와 5장인 잣나무류로 나뉘는데 잣나무류는 잎의 뒷면에 백분이 있어 흰빛을 띠기 때문에 영어로는 white pine이라고 한다. 우리나라에서는 소나무가 내륙에, 곰솔이 해안가에 우점하고 있다. 소나무과의 화분은 두 개의 기낭을 갖고 있어서 공중으로 잘 날아 수분된다. 그 양도 엄청나서 이들 화분이 날리게 되면 근처 바다나 호수의 파도 빛깔이 노랗다.

측백나무과는 종자의 실편이 육질화되어 있거나 목질이다. 잎은 가시 같은 침엽을 갖고 있거나[노간주나무], 비늘 같은 인엽으로 되어 있고[측백나무, 편백, 화백], 또는 둘을 함께 갖기도 한다[향나무]. 이들은 대개 관목 또는 키가 작은 교목의 상록성 식물로 수형도 예뻐 관상용으로 많이 심고 있다.

표 4-2 송백강에 속하는 과들의 주요 특징 비교

과	잎	실편과 포편, 배주	구과와 종자	화분 모양 발아구형
주목과	상록성,선형, 호생	실편과 포편 없음. 1배주	육질 종피가 씨를 일부 둘러쌈	구형 단구형
개비자나무과	상록성,선형, 호생	실편 끝 쌍치상. 2배주	육질 종피가 씨를 완전히 둘러쌈	구형 단구형
소나무과	상록/낙엽성, 침형/ 선형, 호생/속생	실편과 포편 구별됨. 2배주	목질 구과 씨에 날개 유/무	구형, 기낭 유/무 단구형/무
낙우송과	상록/낙엽성, 침형 /선형, 호생/대생	실편과 포편 부분적 합 착. 2-9배주	목질 구과 씨 옆에 날개 발달	구형 발아구 유두상
측백나무과	상록성, 인편/ 침형, 대생/윤생	실편과 포편 완전 합착. 2-8배주	목질/혁질/다육질 구과 씨 옆 날개 유/무	구형 단구형 또는 무

　낙우송과(Taxodiaceae)는 실편이 포개져 있지(복와상) 않고 서로 붙어 있어(섭합상) 구별하나 잎이 선형이다. 종종 측백나무과에 합치기도 한다. 우리나라에는 자생하지 않지만 난대지방 우점종으로, 일본에 삼나무(*Cryptomeria*), 미국 플로리다에 낙우송(*Taxodium*), 중국에 메타세콰이아(*Metasequoia*), 그리고 미국 서부 캘리포니아에 세콰이아(*Sequoia*)와 자이언트 세콰이아(*Sequoiadendron*)가 울창한 숲을 이루고 있다.

　이렇듯 분포면에서 온대-난대지방에 우점하는 나자식물은 낙우송과, 북반구 온대-한대지방은 소나무과, 남반구는 남방소나무과(Araucariaceae), 그리고 종이 많지 않지만 열대-아열대지방은 소철과로 구분할 수 있다.

5

송백류의 세계기록 보유자들

세계에서 가장 오래된 나무 : 세계에서 가장 오래된 나무는 미국 캘리포니아주 화이트마운틴(White Mountain)에 사는 '므두셀라(Methuselah)'라고 이름 붙여진 브리슬콘소나무(Bristlecone pine, *Pinus longaeva*)로 약 4,800살이다. 그림 4-6 이보다 더 오래된 나무가 1964년에 발견돼 '프로메테우스(Prometheus)'라고 이름 붙여졌는데 발견 후 얼마 안 돼 4,950살의 나이로 사망했다. 또 다른 장수목은 오스트레일리아의 태즈메이니아섬에 사는 삼나무과에 속하는 후온소나무(Huon pine, *Lagarostrobos franklinii*)로 약 3,500살이나 된다. 어떤 나무는 1만 년이 넘었다는 보고도 있지만 진위가 의문스럽다. 어떤 기록에는 스웨덴 달라르나(Dalarna Province)에서 2004년에 발견된 가문비나무(the lone Norway spruce)로 9,550살이 넘는다. 크기는 4m밖에 되지 않지만 뿌리의 나이를 측정해보니 그렇게 오래되었다는 것이다. 그러나 이때는 빙하가 덮였다가 걷혔던 때이므로 나이의 추정에 의심이 간다.

세계에서 가장 덩치 큰 나무 : 지구상에서 가장 큰 나무는 무엇일까? 바로 낙

그림 4-6 **미국 캘리포니아의 브리슬콘소나무**

우송과에 속하는 자이언트 세콰이아(*Sequoiadendron giganteum*)다. 미국 세콰이아국립공원을 중심으로 엄청난 숲을 이루고 있는데, 거대한 나무는 수령이 3,000~5,000년으로 추정되고, 어떤 나무는 키가 100m나 된다. 세계에서 부피가 가장 큰 나무는 공원 내에 있는 셔먼장군(General Sherman)이라고 이름 붙여진 나무인데, 높이가 83.8m, 지름이 11.1m에 이르고, 수관폭이 32.6m이며 전체 부피가 무려 1,487m^{3}나 되지만 중요한 것은 이 나무가 지금도 계속 자라고 있다는 것이다. 그림 4-7

그림 4-7 **셔먼장군(자이언트 세콰이아)** (Wikimedia)

세계에서 가장 키 큰 나무 : 자이언트 세콰이아와 사촌벌인 세콰이아(*Sequoia sempervirens*)라는 식물은 캘리포니아 해안 쪽에 나는데[주로 레드우드국립공원(Redwood National Park)에 난다.] 자이언트 세콰이아에 버금가는 크기를 자랑한다. 그러나 키는 더 커서 세계에서 가장 키 큰 나무의 기록을 갖고 있다. 미국 캘리포니아 몽고메리주립보존지역에 자라는 나무가 1998년에 키 112m, 지름 3.14m로 기네스북에 올라 있다. 사실 오스트레일리아 빅토리아주 바우바우산(Mt. Baw Baw)에 사는 유칼리나무(*Eucalyptus regnans*)가 143m나 되었으나 안타깝게도 1885년에 측정된 얼마 후에 죽었다.

화석보다 나중에 발견된 식물 : 자이언트 세콰이아와 세콰이아의 사촌벌인 식물이 중국에 나는데 메타세콰

그림 4-8 **1994년 오스트레일리아에서 발견된 울레미소나무**

그림 4-9 **울레미소나무의 화석** (Wikimedia)

이아(*Metasequoia glyptostroboides*)다. 키나 크기는 이들의 반도 못 미치지만 속 이름만 봐도 친척임을 알 수 있다. 이 식물은 화석으로 먼저 알려졌다가 나중에 실제 식물이 학계에 보고된 재미있는 역사를 갖고 있다. 메타세콰이아는 1941년에 일본 학자인 미끼 신게루(Miki Shingeru)가 중생대 화석에서 처음 발견하고, 1944년에 잔왕(Zhan Wang)이라는 중국 학자가 이 식물의 살아 있는 개체를 발견했다. 그러나 2차대전 중이었기 때문에 조사를 못한 채로 있다가 1948년에 완춘청(Wan Chun Cheng)과 후센수(Hu Hsen Hsu)라는 학자에 의해 메타세콰이아임이 밝혀졌다. 이 식물의 종자는 즉시 하버드대학교의 아놀드수목원으로 보내져 증식되었으며 세계적으로 퍼져 나가게 되었다. 메타세콰이아는 우리나라에서도 가로수와 정원수로 많이 심고 있다.

　최근 발견된 울레미소나무(*Wollemia nobilis*)는 25~40m 크기의 상록수로, 특징적인 것은 수피가 울퉁불퉁하고, 원줄기는 밑에서 여러 개로 갈라지며, 원줄기에 난 가지는 다시는 가지를 치지 않는다는 것이다. 2차로 가지를 치지 않는 이유는 가지가 자라 솔방울을 단 다음에 바로 죽어버리기 때문이다. 잎은 비자나무 잎 모양이고 솔방울은 둥그스름하며 길이가 12cm 정도이다. 이 식물은 1994년 9월 10일 오스트레일리아의 시드니 서쪽 200km에 있는 블루마운틴(Blue Mountain) 울레미(Wollemi)국립공원에서 근무하는 데이비드 노블(David Noble) 씨에 의해 깊고 습한 계곡에서 발견되었다. 그림4-8 시드니왕립식물원의 캐릭 챔버스(Carrick Chambers) 교수는 남방소나무과(Araucariaceae)의 현생 및 화석식물과 비교한 결과 아라우카리아(*Araucaria*)와 아가티스(*Agathis*)의 중간 위치에 해당하고, 이 식물의 화석은 쥐라기[약 1억 5천만 년 전]에 발견되며 오스트

레일리아, 뉴질랜드, 남극에 널리 분포했던 식물임을 밝혔다.^{그림 4-9} 그래서
이 식물을 살아 있는 화석이라고 한다. 이 식물은 모두 39그루밖에 없기 때문
에 세계에서 가장 적은 개체수를 가진 식물이었다. 물론 그 후 많이 증식되어
세계적으로 중요한 식물원에서 키우고 있고 판매도 되고 있다.

배를 만드는 삼나무와 소나무 : 일본의 삼나무(*Cryptomeria japonica*)는 줄기가 곧아서
배, 집, 다리, 가구, 큰 통, 장식용 조각품을 만드는 데 쓰인다. 우리나라도
제주도에서 방풍림 또는 가로수로 심고 있다. 재미있는 이야기는, 임진왜란
때 거북선을 비롯한 우리나라의 배는 소나무로 만들었고 일본은 삼나무로 만
들었는데, 소나무로 만든 우리 배가 훨씬 재질이 단단해 충돌했을 때 일본 배
를 부서뜨려 침몰시켰다는 것이다. 거북선의 재질을 증명하진 못했지만 우리
나라에서 흔히 쓰는 선박재로 소나무, 그것도 태백산 일대에서 곧게 자라는
금강송을 썼을 것이라는 게 학계의 의견이다. 금강송은 춘양목(春陽木)으로도
불리는데, 경북 봉화군 춘양면, 울진군 서면 일대에 많이 나서 춘양역에서 집
하되어 전국으로 운반되었기 때문이다. 금강송은 성장이 더디기 때문에 나이
테가 조밀하고 송진 함유량이 많아 잘 썩지 않고 갈라지지 않아 조선시대부터
우수한 목재로 인정받아 왔다. 그 나라에 자라는 나무 중에 곧고 단단한 것을
사용했다고 추정할 때 거북선의 재료가 금강송이었다는 설은 충분히 납득할
만한 일이다.

자이언트 세콰이아의 장수 비결

미국의 자이언트 세콰이아는 왜 오래 살까? 환경이 비교적 습한 온대기후라는 점도 있겠지만 무엇보다도 산불에 대한 적응을 들 수 있다[와 냐하면 같은 지역의 다른 나무들은 이렇게 오래 살지 않는다.]. 미국 서부지역은 산불이 자주 발생하기 때문이다.

저자도 미국 여행 때 거대한 국립공원의 숲에 산불이 나는 것을 목격한 적이 있다. 1990년에 요세미티국립공원을 가기 전날 산불이 나서 여행 코스를 바꿨고, 그 여행 중에 옐로스톤국립공원에 갔더니 바로 한두 해 전에 산불이 나서 엄청난 나무들이 타 죽은 것을 보게 되었다.

자이언트 세콰이아는 요세미티국립공원에도 살고 이들이 많이 사는 세콰이아국립공원도 그리 멀지 않은 곳에 있다. 수피가 두껍고 불에 타지 않는 좋은 단열효과가 있어 아무리 큰불에도 끄떡없을 뿐 아니라, 오히려 산불이 나야 솔방울이 열려 씨가 발아하고 재가 있어야 잘 성장한다. 여러모로 불에 잘 적응한 식물이 아닌가 한다.

그림 4-10 산불의 흔적이 남아 있는 자이언트 세콰이아 숲

6

변화와 진화의 끝

나자식물 진화의 마지막에 해당하는 식물은 매마등강(Gnetopsida)에 속하는 매마등목, 마황목, 벨비치아목이다. 이들 세 목은 모두 하나의 과, 하나의 속만 있다[단형군에 해당한다. 즉, 단형목, 단형과다. 단형속은 벨비치아속뿐이고 나머지는 여러 종을 포함하고 있어서 단형속이 아니다.]. 이들은 나자식물 중에서 너무 많이 변화를 해서 전문가가 아니면 도저히 나자식물로 보기가 힘들 정도다. 마치 고사리류에서 수생고사리로 변화했듯이 말이다.

무엇이 얼마나 변했는지 잠깐 살펴보자.

① 꽃과 비슷하게 생긴 포자이삭이 가지를 치고 있다[이전의 것은 곧은 포자이삭일 뿐 가지는 치지 않는다.].
② 물관의 가도관이 원시적인 도관으로 발달했다.
③ 수지선이 없다.
④ 배주를 두 층의 주피가 둘러싼다.
④ 중복수정을 한다.

이런 특징은 모두 피자식물에서도 볼 수 있어 이들을 나자식물과 피자식물을 잇는 징검다리 식물이라고 보았었다. 화석으로도 피자식물이 발달하고 다양화된 신생대 이전에는 볼 수 없었던 식물이다.

매마등(買麻藤)목 매마등과의 매마등속(Gnetum)은 종종 그니툼[라틴어식 발음] 또는 니텀[영어식 발음]으로 불리기도 하지만 국명은 저자가 중국 식물명에서 따

그림 4-11 **매마등의 잎과 암포자이삭** (Wikimedia)　　　그림 4-12 **수포자이삭을 달고 있는 마황**

왔다. 매마등은 약 40종이 동남아시아와 서부 아프리카, 그리고 아마존강 유역의 열대우림지역에 분포한다. 덩굴성 목본식물로 암수딴그루이고, 잎은 긴 난형으로 넓고 대생하며, 잎맥은 망상맥이다. 잎을 보면 전형적인 쌍자엽식물 같아 아무도 나자식물이라고 생각하지 못할 정도로 넓고 잘 생겼다. 그림 4-11 용도가 다양하여 잎은 채소로 먹고, 껍질은 섬유(그물)로 쓰고, 열매는 볶아서 먹거나 약용한다니 하나도 버릴 게 없는 식물이다.

마황(麻黃)목 마황과의 마황속(Ephedra)은 아메리카, 아시아, 아프리카 열대 및 아열대 지방의 건조한 곳에 약 42종[분류학에서는 이런 표현이 종종 나온다. 학자에 따라 두 종을 합치기도, 한 종을 여러 종으로 나누기도 하기 때문에 42종이라고는 하지만 약간 차이가 날 수도 있다는 뜻이다.]이 분포하는데 마황이란 이름은 중국명에서 왔다. 마황은 줄기의 마디가 뚜렷하고 녹색이며, 잎은 대생 또는 3개가 윤생하는데 비늘 모양으로 줄기를 감싸고 붙어 있다. 얼른 보면 속새와 비슷하고 사실 크기도 그리 크지 않아 큰 쇠뜨기와 비슷하다. 그림 4-12 대개 암수딴그루이고, 암수 포자이삭은 난형으로 3~4개가 묶여 잎겨드랑이에 대생 또는 윤생으로 달린다. 배주는 두 층의 주피로 되어 있는데, 안쪽은 2개, 바깥쪽은 4개의 비늘조각 모양으로 싸고 있어 피자식물의 꽃잎이나 꽃받침 모양이다. 역시 피자식물의 조상이라 여겨질 만한 특징이다. 씨는 둥글거나 원주상이고, 가죽질로 싸여 있고, 성숙하면 주피 조각이 붉게 변한다. 배의 떡잎도 쌍자엽식물처럼 2개이고, 수정도 피자식물처럼 중복수정을 한다. 이런 사실이 밝혀졌을 때 피자식물의 잃어버린 고리라고 생각하는 건 당연했을 것이나 그렇지는 않다.

벨비치아목 벨비치아과의 벨비치아속(Welwitschia)은 아프리카 남서부 사막에

그림 4-13 아프리카 사막의 벨비치아 (Wikimedia)

한 종(*W. mirabilis*)이 나는데, 암수딴그루다. 줄기는 동체(둥치)로 납작하고 잎은 평행맥을 갖는 띠 모양으로 2개가 대생하는데, 자라면서 줄기가 굵어지고 잎의 수가 늘어나 해바라기 모양으로 펼쳐지며 둥치는 높낮이가 생긴다.^{그림 4-13} 한편 뿌리는 직근(곧은 뿌리)으로 땅속 깊이 수직으로 자라서, 처음에 어린 묘를 온실에서 키울 때는 온실 흙이 깊지 않기 때문에 죽는 경우가 흔했다. 그래서 파이프를 수직으로 세워 모래흙을 담고 그 위에 키워 성공한 예가 많다. 잎은 큰 것이 폭 90cm, 길이 270m가 된다니 얼마나 기이하게 느껴질까? 그래서 사실 종소명의 *mirabilis*도 '경탄스럽다', '놀라움을 금할 수 없다'는 뜻으로 붙여진 것이다. 속명은 오스트리아의 의사이며 식물학자인 벨비치(Friedrich Martin Josef Welwitsch)가 1859년에 발견하여 영국의 식물학자 후커(J. D. Hooker)에게 보냈고, 후커가 이 식물을 연구해 이름을 지을 때 그를 기념해서 붙인 것이다. 암수 포자이삭은 줄기의 가장자리 잎의 기부에 둘러가며 나는데 가지를 치며 곧추선다.

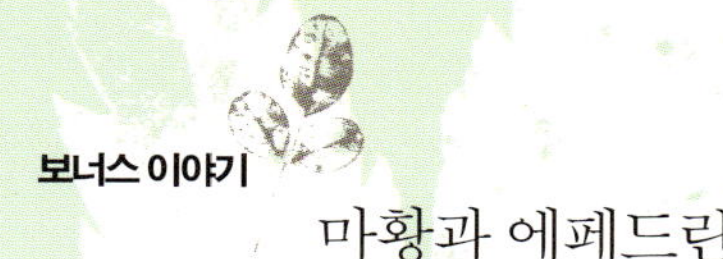

마황과 에페드린

마황이란, 동서양을 막론하고 세계적으로 사용되던 교감신경 흥분제로 발한제, 지사제 및 기침약으로 사용되어 왔다. 마황에서 추출한 유효성분을 에페드린(ephedrine)이라고 부르며, 마황은 에페드린, 슈도에페드린[에페드린의 광학 이성질체] 외에도 수많은 알칼로이드를 포함하고 있다. 에페드린은 교감신경 흥분제이기 때문에 특히 카페인과 함께 사용되었을 때 신경을 극도로 흥분시켜 식욕을 떨어뜨림으로써 살을 빼는 효과가 있다.

그러나 중독성이 있고 과다복용하면 심장발작을 일으켜 죽음을 불러오기도 한다. 볼티모어 오리올스 팀의 투수였던 23세의 베클러(Bechler)가 2003년 봄, 오프시즌 중에 불어난 몸무게를 줄이기 위해서 에페드린을 포함한 살 빼는 약을 먹었는데 갑작스런 뇌졸중으로 쓰러진 후 병원에서 사망했다. 우리나라에서 에페드린은 의사의 처방으로만 구입할 수 있는 전문의약품으로 비만클리닉에서의 사용은 불법이다.

에페드린 자체도 중독성이 있는 약물이지만, 더 큰 문제는 에페드린, 혹은 독성이 덜해서 감기약에도 사용되는 슈도에페드린에서 두 단계의 반응만 거치면 쉽게 만들 수 있는 것이 메스암페타민(methamphetamine) 즉 필로폰이다. 잘 알려진 대로 필로폰은 흥분제이고 에페드린보다 더 강력하다. 그러므로 필로폰을 살 빼는 약이라고 속여 투약하게 하고 중독시켜 마약의 노예로 만드는 것은 오직 돈을 벌기 위한 사악한 짓일 뿐이다.

chapter 5

5장
최후의 승자

1

배를 보호하기 위한 끝없는 도전

생물의 자손 보존을 위한 도전은 끝이 없다. 동식물을 막론하고 수정란을 밖에서 자라게 놔둔다면 종족 보존 가능성이 희박하다. 어린 생명체는 적응력이 엄청나게 낮기 때문이다. 따라서 어린 개체를 보호하는 쪽으로 진화하다 보니, 동물은 배아를 어미의 뱃속에서 키워 세상에 내보내게 되었고, 식물에서는 종피라는 껍질 속에 싸서 암배우자체에 영양분까지 마련해놓고 배를 세상에 내보내는 종자라는 것을 탄생시켰다. 이 식물이 종자식물이고, 다음에 진화시킬 피자식물(被子植物, angiosperm)처럼 종자가 자방벽(子房壁, ovary wall)에 둘러싸여 있지 않은 것이 나자식물(裸子植物, gymnosperm)이다. 나자식물은 데본기 말에 출현했으나 석송류에 가려져 있다가 페름기에 다양화되어 중생대의 숲을 이루며 지구를 점령했고, 이들이 당대를 지배한 공룡류를 비롯한 그 이하 동물들을 먹여 살렸다.

아무리 조건이 좋아 생물들이 잘 자라고 번성하고 환경에 잘 적응할 수 있는 특징을 갖고 있다 하더라도 어느 집단이나 돌연변이체가 나타나기 마련이다. 돌연변이체가 그 환경에 정상적인 개체들보다 더 잘 적응할 수 있다면 환경은 이들을 선택하는 것, 바로 이것이 자연선택이다.

나자식물은 종자를 갖고 있어 배를 잘 보호할 수 있는데도 우연히 배주(암포자체)가 이를 부착하고 있는 잎, 즉 암포자엽에 의해 둘러싸이는 사건이 일어났다. 둘러싸인 배주를 심피(心皮, carpel)라고 하는데, 심피의 벽, 즉 대포자엽(大胞子葉, megasprophyll)은 나중에 자방벽이 된다. 자방벽에 둘러싸인 배주는 종자가 되고, 그 속의 배는 추가로 보호를 받게 되니 더욱 안전해졌다. 이것이

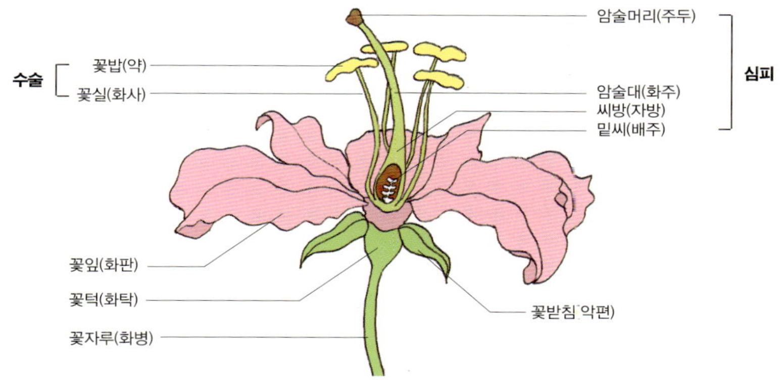

그림 5-1 일반적인 꽃의 구조와 명칭

바로 자방(子房, ovary)이다. 그러나 이것으론 부족했다.

서로 떨어져 있던 심피가 융합되어 하나가 된 것이다. 이에 대해 설명하려면 꽃의 구조에 대해서 짚고 넘어가는 것이 좋겠다. 그림 5-1 꽃은 네 부분, 즉 밖에서부터 안쪽으로 꽃받침 또는 악편(蕚片, sepal), 꽃잎 또는 화판(花瓣, petal), 수술 또는 웅예(雄蘂, stamen), 암술 또는 자예(雌蘂, pistil)로 이루어진다. 꽃의 각 부분들의 낱개는 서로 그리고 각 부분끼리 떨어져 있다. 꽃의 네 부분은 이를 구성하고 있는 낱개의 단위가 있어 용어상 전체와 낱개를 구별하고 있다. 즉 꽃받침(악편)이 모여 악(蕚, calyx)을, 꽃잎(화판)이 모여 화관(花冠, corolla)을, 수술(웅예)이 모여 웅예군(雄蘂群, androecium)을, 심피 또는 암술(자예)이 모여 자예군(雌蘂群, gynoecium)을 이룬다. 따라서 이런 용어를 사용하지 않으면 우리가 꽃잎이라고 이야기할 때 낱개를 이야기하는지 전체를 이야기하는지 알 수가 없다.

꽃의 네 부분을 구성하는 낱개 단위들은 꽃자루 또는 화병(花柄, pedicel) 끝의 꽃턱 또는 화탁(花托, receptacle)에 붙어 있다가 시들거나 물리적인 충격이 가해지면 떨어져 나간다. 화탁은 목련꽃에서는 볼펜 뚜껑처럼 끝 쪽이 뾰족하고 길쭉하지만 많은 꽃들은 짧아서 면봉처럼 생겼다. 바깥쪽 꽃잎부터 차례로 하나씩 떼어낸 다음이나 꽃잎이 떨어진 다음에 관찰해보면 된다.

낱개의 단위들은 서로 떨어져 있는데 이들이 서로 융합하게 되면 화탁에 더 잘, 그리고 오래 붙어 있을 수 있다. 뭉치면 살고 흩어지면 죽고, 백지장도 맞들면 낫지 않은가? 그래서 꽃의 각 부분들의 구성체(낱개 단위)는 진화를 하면서 서로 융합하게 된다[이런 융합을 동합(connation)이라 함]. 꽃잎은 이판화(離瓣花, apopetalous)에서 서로 떨어져 있다가, 합쳐져서 합판화(合瓣花, sympetalous)가 되고, 암술도 서로 떨어져 있다가(離生心皮, apocarpous) 붙는다(合生心皮, syncarpous).

이렇게 서로 떨어져 있던 심피가 붙어 합생심피가 되면 심피들은 성숙할 때까지 화탁에 더 잘 붙어 있을 수 있고 그 속에 있는 배주는 더 잘 보호 받게 되는 것이다. 배를 보호하려는 식물들의 끈질긴 노력이 신기할 따름이다.

꽃의 각 부분의 낱개 단위들은 서로 융합하여 화탁에 더 잘 부착하게 되지만, 각 부분들도 서로 융합하게 되면 더욱 더 힘을 받게 된다[이런 융합을 이합(adnation)이라 함]. 그래서 수술이 화관에 붙거나, 화관과 악이 서로 융합해 악통(萼筒, hypanthium)을 만든다. 이런 원리로 합생심피가 악통과 융합된 것이 하위자방(下位子房, inferior ovary)이다. 반면에 융합하지 않은 이생심피 또는 합생심피는 상위자방(上位子房, superior ovary)이다. 즉, 상위자방이 하위자방으로 진화했다. 그림 5-2

이상이 식물이 배를 보호하기 위한 노력의 과정을 요약한 것이다. 다시 정리해보면,

① 배는 선태류, 솔잎란류, 석송류, 쇠뜨기류, 고사리류에서는 얇은 경란기에 둘러싸이다가,

② 나자식물이 되면서 종자를 만들고, 주피에 둘러싸여 성숙하면서 주피가 종피로 변해 배를 보호한다.

③ 피자식물에서는, 대포자엽이 배주를 감싸 심피가 되고,

④ 심피는 서로 합쳐져 합생심피가 되고,

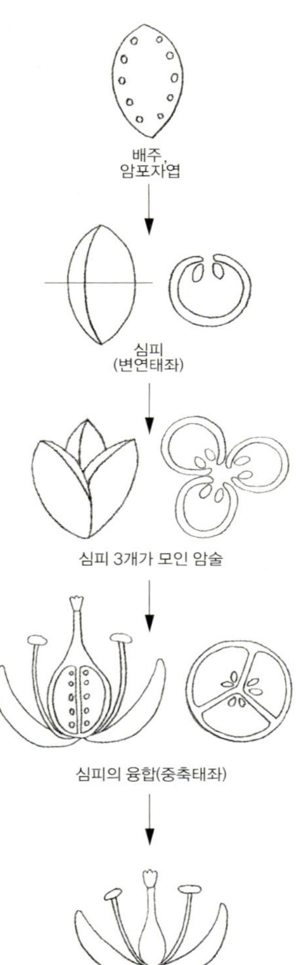

그림 5-2 배주 보호의 진화과정

⑤ 합생심피는 악통에 둘러싸여 융합해 하위자방이 된다.

모든 과정이 자손을 조금이라도 더 많이 번식하려는 식물들의 투쟁의 결과
이다. ④번과 ⑤번의 진화는 특정한 그룹에서 이루어지는 것이 아니라 피자
식물 여기저기서 일어난다. 즉, 쌍자엽식물과 단자엽식물의 원시적인 식물
들이 이생심피를 갖는다. 그러나 각각 따로 진화하여 합생심피를 갖게 되고,
합생심피를 갖는 그룹 중에서 어떤 것들은 자방상위에서 하위로 진화한다.

2

피자식물의 특징

피자식물의 진화는 배를 보호하기 위한 심피의 탄생만이 아니었다. 무슨 이유인지 몰라도 신기하게도 심피뿐 아니라 여러 가지 특징을 한꺼번에(아니면 같은 식물이 조금씩 여러 가지 특징을) 변화시킨 이상한 식물이 출현했으니, 이들이야말로 앞으로 더욱 험난한 환경에서 승리하기 위한 발판을 마련한 선구자들이다.

피자식물의 조상은 하나의 식물이었을 것으로 추정된다. 그 이유는 모든 피자식물이 하나의 선구자가 변화시킨 여러 가지 특징들을 다 소유하고 있기 때문이다. 그러면 무슨 특징을 갖고 있는지 보자.

① 앞에 이야기한 대로 배주(대포자낭)를 대포자엽이 둘러싸고 심피를 형성한다.

② 기본적으로 꽃이라는 구조를 갖는다. 제일 안쪽에 심피(암술)를, 그 바깥쪽에 소포자낭(수술)을, 그 바깥에 꽃잎을, 제일 밖에 꽃받침을 갖고 있다.

③ 대포자가 세 번 분열하여 8개의 핵 또는 세포가 된 다음, 주공 쪽의 한 개는 난자, 난자 옆의 2개는 조세포(助細胞, synergid), 가운데 2개는 극핵(極核, polar nucleus), 난자 반대쪽 3개는 반족세포(反足細胞, antipodal cell)를 갖는 암배우자체 또는 배낭(胚囊, embryo sac)을 형성한다.

④ 수배우자체(화분)의 화분관에 실려 들어온 2개의 정자는 중복수정(重複受精, double fertilization)을 한다[나자식물에서는 1개만 수정한다.]. 즉, 하나는 난자

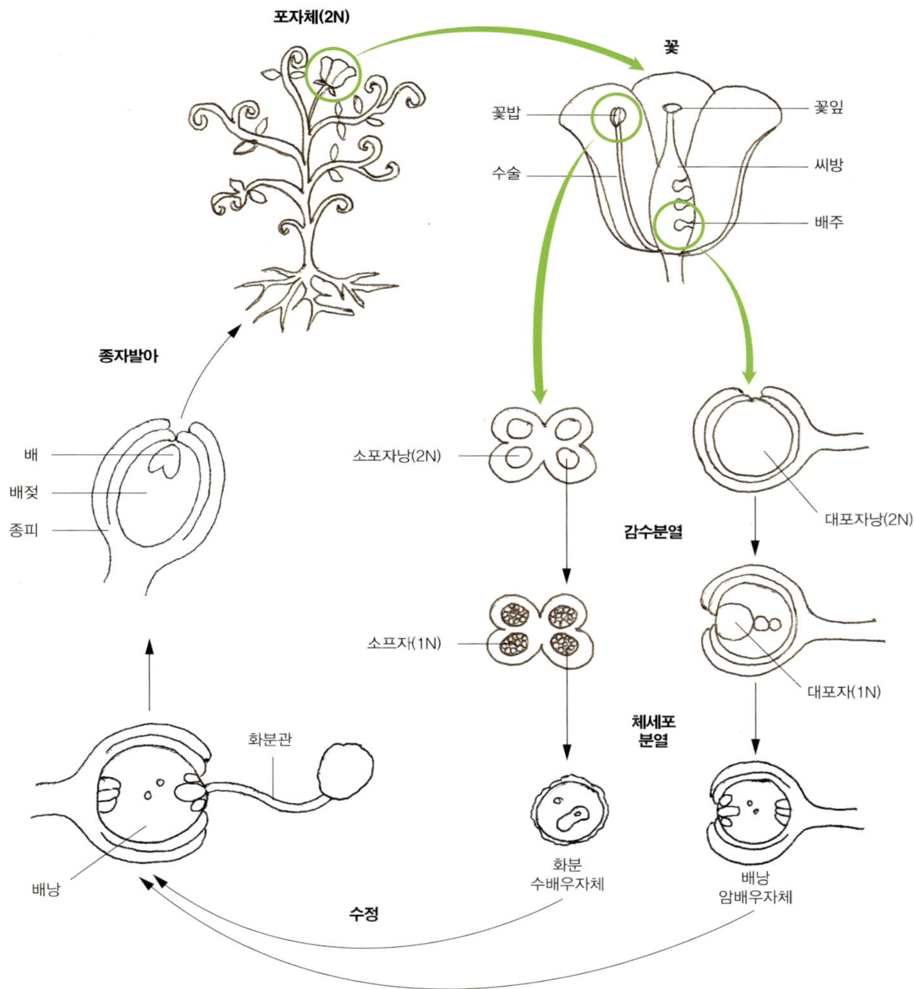

그림 5-3 피자식물의 중복수정

와 수정해서 2N짜리 배를, 다른 하나는 극핵과 수정해서 3N짜리 배젖(胚乳, endosperm)을 만든다. 그림 5-3

⑤ 물을 수송하는 가도관(假導管, tracheid)이 도관(導管, vessel)으로 대치된다.

ABC 모델

피자식물 꽃의 네 부분, 즉 꽃받침, 꽃잎, 수술 및 암술의 발생에 대하여 1991년 코엔(Errico Coen)과 메이어로위츠(Elliot Meyerowitz)가 제창한 ABC 모델이란 것이 있다. 이 모델에 의하면 유전자 A는 꽃받침을, B는 꽃받침과 꽃잎을, A와 B는 꽃잎을, B와 C는 수술을, C는 암술의 특징을 결정한다. 예를 들어 이들 유전자의 상호작용에 의해서 수술이 꽃잎으로 변할 수 있다[예: 장미, 겹황매화, 겹벚꽃, 겹명자나무]. 이같이 세 유전자에 의한 조절은 원시적인 식물에서부터 존재했는데 이 유전자들의 돌연변이에 의해 모든 꽃의 구조가 결정되는 것으로 보인다.

3

피자식물 조상의 후보들(1)

그렇다면 이런 특징을 갖는 화석 증거가 있는가? 114쪽에서 설명한 피자식물 특징 중에서 ⑤번의 가도관은 사실 많은 원시 피자식물들이 갖고 있으니 화석에서 찾을 필요는 없다. ③번의 배낭과 ④번의 중복수정은 현미경적인 특징이니 화석에서 관찰하기란 거의 불가능하다. 따라서 ②번 꽃의 구조와 ①번 심피를 갖는 화석이 있으면 되는데 이런 화석은 오랫동안 발견되지 않았다. 학자들이 추정한 피자식물 조상의 후보들을 살펴보자.

1882년 엥글러(Heinrich Gustaf Adolf Engler, 1844~1930, 독일)를 비롯한 당대 및 그 이후의 식물분류학자들[Eichler, Prantl, Rendle, Hagerup, Doyle 등]은 피자식물의 조상으로 유이화서군(葇荑花序群, Amentiferae)을 꼽았다. 유이화서군이란 유이화서를 갖고 있는 가상적인 식물군을 말한다. 여기서 화서란 꽃들이 달려 있는 형식[총상화서, 육수화서, 두상화서 등]으로 그중 유이화서는 수많은 꽃들이 늘어진 화서축에 달려 있다. 엥글러는 생물계의 진화가 박테리아처럼 체제가 간단한 원핵생물에서 복잡한 진핵성 원생생물로, 이들이 다시 조직과 기관이 발달한 포유류나 인간으로, 식물은 물속에서 자라는 조류로부터 육상에서 자라는 피자식물로 진화했다고 믿었다. 즉, 간단한 것에서 복잡한 것으로 진화했다는 사실에 주목하고 이런 경향이 생물 전체에 적용된다고 믿었다. 그는 포자로 번식하는 무종자식물(seedless plants)에서 종자식물이 나오고, 종자가 싸여 있지 않은 나자식물에서 자방으로 싸여 있는 피자식물이 나왔다고 믿었다. 그렇다면 피자식물의 조상은 나자식물을 가장 닮아야 하고, 가장 원시적인 피자식물은, 꽃 구조를 제대로 갖추지 않고 있고, 화분이 바람에 의해 수

분되므로 곤충들을 유혹하는 꽃잎과 꽃받침이 없고, 꿀샘이나 향기도 없으며, 암꽃과 수꽃이 따로 피고 대부분 암수딴그루이며, 꽃의 구조도 아주 단순했을 것이다[현재 주로 온대지방에 나는 유이화서를 갖는 낙엽수들, 즉 버드나무과, 참나무과, 자작나무과, 느릅나무과 식물들처럼…]. 그림 5-4

단순한 것이 더 원시적이란 전제하에서 보면 유이화서군이 가장 좋은 조상 후보감이다.

미국 네브래스카대학교의 베시(Charles E. Bessey, 1845~1915)는 암꽃과 수꽃이 따로 달려 있다가 한 꽃에 붙는 진화가 아주 복잡한 진화과정[유전자들의 변화]이라는 점에 착안했다. 이보다는 암술과 수술이 같은 꽃에 달려 있다가 암술이 퇴화해 수꽃이 되고, 수술이 퇴화해 암꽃이 되는 것이 더 단순하지 않는가? 그는, 유이화서군은 암술과 수술이 함께 피는 양성화 식물이 바람에 수분되면서 꽃잎을 잃고 한쪽 성을 잃었다고 생각했다. 이런 생각은 꽃을 해부해보면 알 수 있다. 암술이든 수술이든 꽃잎이든 어느 부위가 없어진 곳에 아직도 그 부위로 영양분을 보내줬던 관다발의 흔적이 남아 있다. 또한 어떤 식물들[예: 단풍나무과]은 아직 덜 퇴화한 암술이나 수술을 갖고 있고, 같은 그룹 안에 양성화에서 단성화까지의 전이과정을 볼 수 있는 식물들도 있다[예: 명자꽃나무]. 그리고 물을 빨아올리는 통도조직을 보아도 그렇다. 비종자식물은 모두 가도관(헛물관)을 갖고 있고, 나자식물도 일부 매마등류만 제외하면 가도관을 갖는다. 그런데 피자식물에서 보면 모든 유이화서군은 물관을, 많은 목련류는 가도관을 갖고 있다. 그렇다면 가도관을 갖는 조상에서 유이화서군의 물관이 나오고, 꽃을 갖는 목련류에서 가도관으로 돌아간 다음, 다른 식물에서 다시 도관이 나와야 한다. 이뿐만이 아니다. 화분을 보면 나자식물은 단구형 발아구를 갖고 있고, 유이화서군은 삼구형[또는 이로부터 유도된] 발아구를 갖고 있고, 목련류는 단구형 발아구를, 그리고 나머지는 삼구형 발아구를 갖고 있다. 논리적으로 전혀 단순하지 않다.

그래서 그는 가장 원시적인 피자
식물은 유이화서군이 아니라, 양성
화, 가도관, 단구형 발아구를 갖고
있는 미나리아재비목(Ranales)[목련류
와 미나리아재비류의 복합체]이라고 판
단했다[그는 이 그룹을 목련과 미나리아
재비를 포함하여 미나리아재비목이라고 했
으나 그가 실제로 원시적이라고 본 것은 목

그림 5-5 **아키앤서스의 화석** (Univ. of Florida, 자연사박물관)

본성인 목련류다.]. 목련류를 보면 꽃의 모든 부분, 각 부분의 구성체도 서로 떨
어져 있고, 화탁이 길며 각 구성체와 부분의 거리도 멀다. 다음에 이야기할
아키앤서스 화석과 가장 닮은 식물이다. 그러나 목련이 가장 원시적이라는
가설이 이들 화석을 보고 만들어진 것은 아니다. 각 부분의 이합과 각 구성체
의 동합이 전혀 일어나지 않고, 화분이 가장 원시적인 곤충인 딱정벌레에 의
해 수분되며, 화분의 모양도 나자식물의 소철이나 은행나무의 화분처럼 단구
형 발아구를 갖고 있다고 설명하는 것이 논리적으로 가장 단순하기 때문이었
다. 이런 면에서 많은 학자들[Hallier, Wettstein, Taktajahn, Hutchinson, Arber,
Parkin, Lotsy 등]이 이 주장을 지지했다.

그런데 이런 식물 화석이 미국 캔자스주 백악기 중기 지층(1억 년 전)에서 발
견돼 1985년 미국 인디애나대학교의 딜처(David L. Dilcher, 1936~) 교수와 크레인
(Peter R. Crane, 1954~, 영국) 박사[당시 딜처 교수의 박사후과정 학생]에 의해서 발표되었
다. 이른바 아키앤서스(*Archaeanthus linnenbergeri*)라는 식물이다. 그림 5-5 잎은 깊게
두 갈래져서 말발굽처럼 생기고 꽃은 목련과 비슷하지만 화탁이 훨씬 길다.
이들은 아마도 현재의 목련처럼 딱정벌레류에 의해 수분이 이루어졌을 것이
다. 왜냐하면 당시에는 딱정벌레류가 가장 흔했던 반면 현재의 수분매개 곤
충인 벌, 나나니벌, 나비, 나방 같은 곤충은 나중에 출현했고, 딱정벌레류는
강한 턱을 갖고 있어 화분이나 주두를 먹어치우는데 아키앤서스는 딱정벌레
류로부터 심피를 보호하려는 듯 질기고 두꺼운 껍질을 갖고 있기 때문이다.
아키앤서스는 당시까지는 가장 오래된 피자식물의 화석이어서 목련이 가장
원시적인 식물이란 가설을 잘 뒷받침해주는 증거가 되었다.

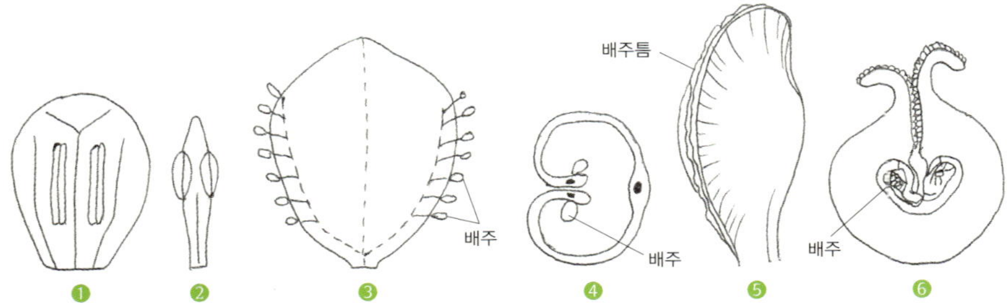

그림 5-6 **1** 가상적인 엽상 소포자엽(수술) **2** 윈테라과의 수술 **3** 가상적인 대포자엽 **4** 3이 오므라든 모습의 단면 **5** 드리미스의 송편상 심피 **6** 5의 단면 (Jones & Luchsinger, 1979)

그러나 이에 이의를 제기한 학자들[Gunderson, Takhtajan, Cronquist, Thorne] 이 있었으니, 이들은 꽃의 구조를 자세히 살펴보면, 심피와 수술의 모양이 펴진 대포자엽과 소포자엽의 모양에서 가장 가까운 모습을 보이는 윈테라 과(Winteraceae)의 드리미스(*Drymis*)와 데게너리아과(Degeneriaceae)의 데게너리아 (*Degeneria*)가 더 원시적이라는 것이었다. 목련의 심피를 보면 그런대로 씨방 또 는 자방, 암술대 또는 화주(花柱, style), 암술머리 또는 주두(柱頭, stigma)가 분화 되어 있고, 수술도 꽃실 또는 화사(花絲, filament)와 꽃밥 또는 약(葯, anther)이 구 별된다. 그러나 드리미스와 데게너리아에서는 이런 분화를 거의 보이지 않 는다. 그림 5-6 특히 드리미스를 보면, 심피의 대포자엽이 안쪽으로 접혀 가장 자리가 유합된 모양, 즉 송편 모양(conduplicate)을 보이고 있고, 특히 어떤 종(*D. piperita*)은 심피의 가장자리가 완전히 유합되지 않고 유두상 돌기 같은 털들이 나 있는 양쪽 가장자리가 살짝 붙어 있고, 화분은 이들 돌기에 부착해 바로 화 분관을 내어 배주로 자라 수정시킨다[같은 과의 *Bubbia*와 *Exopsermum* 속에서도 이 런 심피를 갖고 있다.]. 그리고 같은 과의 종들에서 심피와 수술의 모양이 비슷하 고, 모두 한 방향(向軸面, 줄기를 향함)을 향하고 있으며, 오랜 기간의 진화를 암시 하듯 많은 수의 염색체를 가지며, 도관 대신 가도관을 갖고 있다. 물론 이들 도 딱정벌레류에 의해 수분이 된다.

이는 최근의 분자계통학적 연구에서 암보렐라(*Amborella trichopoda*)가 가장 원 시적이라고 발표한 사실과 일맥상통한다. 최소한 목련은 아니란 점에서[그러 나 드리미스, 데게너리아, 암보렐라 모두 광의의 목련류에 속한다는 점에 주목해야 한다.]. 즉, 1999년 미국 플로리다대학교의 솔티스 부부(Douglas E. and Pamela S. Soltis)를 비롯하여 많은 학자들[Chase, Qiu, Parkinson, Mathews, Donoghue, Zanis]은 뉴칼레도니아 우림지역의 작은 관목성 상록식물인 암보렐라가 모든 현생 피자식물과 자매군, 다시 말해 피자식물 나무의 제일 밑둥에서 나온 가지임을 밝혔다.

암보렐라는 암수딴그루로 바람과 곤충에 의해 수분된다. 암꽃은 직경이 4~8mm로 작고, 꽃잎과 꽃받침은 구별이 안 되며 3~8개로 구성되어 있다. 수꽃은 6~100개의 넓적하고 뒤로 젖혀진 수술을, 암꽃은 3~8개의 심피를 갖고 있다. 목련이나 드리미스와 차이가 있으며 특히 암수딴그루인 점에서 더욱 그렇다.

최근에 암보렐라와 닮은 식물이 발견되었다[Krassilov and Golovneva, 2004]. 칼리크립타(*Callicrypta chlamydea*)라는 꽃 화석이 시베리아 동부 백악기 말 지층 (Cenemanian)에서 출토되었는데, 꽃은 작고, 6개의 악편, 2열의 화관, 이생심피를 보여주며, 꽃의 구조가 암보렐라나 모니미아(Monimiaceae)를 닮아, 이들 과

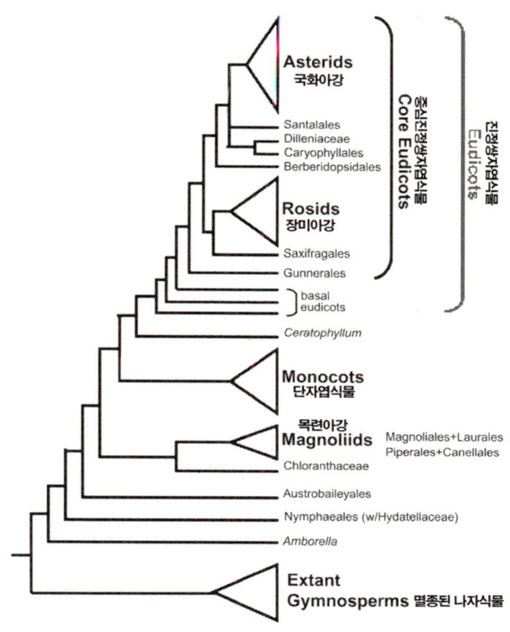

그림 5-7 피자식물 주요 그룹의 분자 계통수 (Soltis et al., 2009)

의 중간 위치를 차지해 피자식물 조상에 대한 암보렐라의 위치를 지지해주고 있다. 그림 5-7

그렇다고 암보렐라가 피자식물의 조상이냐 하는 질문에 대해 꼭 그렇다고 단언할 수는 없다. 분자분류학적 결과로 보면, 나머지 피자식물과 자매군으로 그와 가까운 공동조상에서 갈라져 나왔다는 이야기지 직접 조상은 아니라는 뜻이다.

암보렐라가 조상이 아니라는 결론은 분자분류학자[Qiu. 1999]가 제시한 염기서열을 보아도 분명하다. 즉, matR유전자의 특정 염기서열의 인델(INDEL) 부위[염기서열에서 삽입(insertion)되거나 빠진(deletion) 부분]를 보면 암보렐라는 나자식물에 비해 원시적인 피자식물보다 고등한 피자식물과 유사하다. 그림 5-8

최근의 분자계통학적 연구자들[Taylor and Hickey, Donoghue and Doyle]은 피자식물이 쌍자엽식물과 단자엽식물로 갈라진 것이 아니고 원시적인 고초본류(古草本類, paleoherbs)에서 이들이 갈라져 나온 것으로 생각하고 있다. 고초본류는 전통적으로 쌍자엽식물로 분류되어 왔으나 단자엽식물의 성질을 갖고 있는 식물이어서 이들이야말로

```
Arabidopsis      AAT AAT AAT --- --- --- --- --- --- TGG --- GCC
Oenothera        ... ... ... --- --- --- --- --- --- ... --- ...
Vicia            ... ... ... --- --- --- --- --- --- .T. --- ...
Solanum          ... ... ... --- --- --- --- --- --- ... --- ...
Triticum         ... ..G ... --- --- --- --- --- --- .T. --- ...
Sarcococca       ... ... ... --- --- --- --- --- --- ... --- ...
Pachysandra      ... ... ... --- --- --- --- --- --- ... --- ...
Buxus            ... ... ... --- --- --- --- --- --- ... --- ...
Didymeles        ... --- ... --- --- --- --- --- --- G.. --- ...
Tetracentron     ... ... ... --- --- --- --- --- --- ... --- ...
Trochodendron    ... ... ... --- --- --- --- --- --- ... --- ...
Sabia            ... ... ... --- --- --- --- --- --- ... --- ...
Petrophile       ... ... ... --- --- --- --- --- --- ... --- ...
Persoonia        ... ... ... --- --- --- --- --- --- ... --- ...
Grevillea        ... ... ... --- --- --- --- --- --- ... --- ...
Platanus         ... ... ... --- --- --- --- --- --- ... --- ...
Nelumbo          ... ... ... --- --- --- --- --- --- ... --- ...
Mahonia          ... ... ... --- --- --- --- --- --- ... --- ...
Podophyllum      ... ... ... --- --- --- --- --- --- ... --- ...
Ranunculus       ... ... ... --- --- --- --- --- --- ... --- ...
Xanthorhiza      ... ... ... --- --- --- --- --- --- ... --- ...
Cissampelos      T.. ... ... --- --- --- --- --- --- ... --- ...
Cocculus         ... ... ... --- --- --- --- --- --- ... --- ...
Lardizabala      ... ... ... --- --- --- --- --- --- ... --- ...
Akebia           ... ... ... --- --- --- --- --- --- ... --- ...
Sargentodoxa     ... ... ... --- --- --- --- --- --- ... --- ...
Euptelea         ... ... ... --- --- --- --- --- --- ... --- ...
Dicentra         ... ... ... --- --- --- --- --- --- ... --- ...
Sanguinaria      ... ... ... --- --- --- --- --- --- ... --- ...
Palmeria         ... ... ... --- --- --- --- --- --- .T. --- ...
Peumus           ... ... ... --- --- --- --- --- --- ... --- ...
Hedycarya        ... ... ... --- --- --- --- --- --- ... --- ...
Gyrocarpus       ... ... ... --- --- --- --- --- --- ... --- ...
Cinnamomum       ... ... ... --- --- --- --- --- --- ... --- ...
Laurus           ... ... ... --- --- --- --- --- --- ... --- ...
Cryptocarya      ... ... ... --- --- --- --- --- --- G.. --- ...
Atherosperma     ... ... ... --- --- --- --- --- --- ... --- ...
Daphnandra       ... ... ... --- --- --- --- --- --- ... --- ...
Doryphora        ... ... ... --- --- --- --- --- --- ... --- ...
Siparuna         ... ... ... --- --- --- --- --- --- ... --- ...
Calycanthus      ... .T. ... --- --- --- --- --- --- ... --- ...
Chimonanthus     ... .T. ... --- --- --- --- --- --- ... --- ...
Idiospermum      ... ..A C.. --- --- --- --- --- --- ... --- ...
Annona           C.. ..G ... --- --- --- --- --- --- .TC --- ...
Asimina          ... ..G ... --- --- --- --- --- --- .TA --- ...
Cananga          ... ..G ... --- --- --- --- --- --- .TA --- ...
Polyalthia       ... ..G ... --- --- --- --- --- --- .TA --- ...
Eupomatia        ... ..G ... --- --- --- --- --- --- .TA --- ...
Magnolia         ... ... ... --- --- --- --- --- --- ... --- ...
Liriodendron     ... ... ... --- --- --- --- --- --- ... --- ...
Degeneria        ... ... ..A --- --- --- --- --- --- .T. --- ...
Galbulimima      ... ..G ... --- --- --- --- --- --- .TA --- ...
Knema            ... ..G ... --- --- --- --- --- --- ..T --- T..
Myristica        ... ..G ... --- --- --- --- --- --- .TT --- ...
Mauloutchia      ... ..G ... --- --- --- --- --- --- .TA --- ...
Anemopsis        ... ... ... --- --- --- --- --- --- ... --- A..
Saururus         ... ... ... --- --- --- --- --- --- .T. --- A..
Houttuynia       ... ... ... --- --- --- --- --- --- ... --- A..
Peperomia        ... ... ..G --- --- --- --- --- --- A.. --- A..
Piper            ... ... ... --- --- --- --- --- --- ... --- A..
Aristolochia     ... ... ... --- --- --- --- --- --- ... --- ...
Thottea          ... ... ... --- --- --- --- --- --- ... --- ...
Lactoris         C.. ... ... --- --- --- --- --- --- ... --- ...
Asarum           ... ... ... --- --- --- --- --- --- ... --- ...
Saruma           ... ... ... --- --- --- --- --- --- ... --- ...
Belliolum        ... ... ... --- --- --- --- --- --- ... --- ...
Drimys           ... ... ... --- --- --- --- --- --- ... --- ...
Tasmannia        ... ... ... --- --- --- --- --- --- ... --- ...
Canella          C.. ... ... --- --- --- --- --- --- ... --- ...
Cinnamodendron   C.. ... ... --- --- --- --- --- --- ... --- ...
Chloranthus      C.. ... ... --- --- --- --- --- --- ... --- ...
Sarcandra        C.. ... ... --- --- --- --- --- --- ... --- ...
Ascarina         C.. ... ... --- --- --- --- --- --- ... --- ...
Hedyosmum        C.. ... ... --- --- --- --- --- --- ... --- ...
Dioscorea        ... ..G ... --- --- --- --- --- --- .T. --- ...
Asparagus        ... ..G ... --- --- --- --- --- --- .T. --- ...
Croomia          ... ..G ... --- --- --- --- --- --- .T. --- ...
Carludovica      ... ..G ... --- --- --- --- --- --- .T. --- ...
Potamogeton      G.G ..G ... --- --- --- --- --- --- .T. --- ...
Triglochin       G.G ..G ... --- --- --- --- --- --- .T. --- ...
Alisma           G.G ..G ... --- --- --- --- --- --- .T. --- ...
Orontium         ... ..G ... --- --- --- --- --- --- .T. --- ...
Spathiphyllum    ... ..A ... --- --- --- --- --- --- .T. --- ...
Pleea            ... ..A ... --- --- --- --- --- --- .T. --- ...
Tofieldia        .G. ..G ... --- --- --- --- --- --- .T. --- ...
Ceratophyllum_d  T.. C.A ..A --- --- --- --- --- --- G.. --- ...
Ceratophyllum_s  T.. C.A ..A --- --- --- --- --- --- G.. --- ...

Kadsura          T.. .TG T.. ATA TAT ATA TAT ACA TAT G.. --- ---
Schisandra       T.. .TG T.. ATA TAT ATA TAT ACA TAT G.. --- ---
Illicium         T.. .TA T.. ACA TAT --- --- --- --- G.. --- ---
Trimenia         T.. .TA T.. ATA TAT ATA TAT --- --- G.. --- ---
Austrobaileya    G.. .TA T.. ATA TAT AGA TAT --- --- G.. --- ---
Nymphaea         ... ... ... AAT --- --- --- --- --- G.. --- ...
Nuphar           ... ... ... AAT --- --- --- --- --- G.. --- ...
Brasenia         ... C.G ... TAT --- --- --- --- --- GA. --- ...
Cabomba          ... C.G CT. ACA GTA ACG CAA CCA GTA A.T --- ...
Amborella        ... ... TCA AAT --- --- --- --- --- G.. --- ...

Gnetum           T.C T.. ... ACT ACC CGG --- --- --- G.. GGC ATA
Welwitschia      T.. ... .CC CAG CAT AAT --- --- AGT G.. GAC ATT
Pinus            ... ... ... AAT AAT GGG --- --- --- GTA GC. TTC T..
Ginkgo           ... ... ..G GAT AAT AGG --- --- --- GTA GC. TTC T..
Cycas            ... ..G ..G AAG AAC AGG --- --- --- GTA GC. TTC T..
Zamia            ... ..G G.G GAT AAC AGG --- --- --- GTA GC. TTC T..
```

그림 5-8 **matR서열의 큰 INDEL 부위** (Qiu et al., 1999)

피자식물을 파생시킨 초기 피자식물의 잔존 식물이라는 것이다. 이 그룹에 속한 현생 식물들은, 단자엽식물과 쌍자엽식물의 특징을 함께 갖고 있고, 꽃의 구조가 목련처럼 복잡해지고, 화피의 수가 적은 수련목(수련과, 어항마름과), 후추목(후추과, 삼백초과, 홀아비꽃대과), 쥐방울덩굴목(쥐방울덩굴과) 등이다. 이 가설, 이른바 고초본류 가설은 18s rRNA의 염기서열 분석으로 잘 지지된다.

그림 5-9 아키프룩투스의 상상도
(Univ. of Florida, 자연사박물관)

　이런 점에서 인디애나대학에서 플로리다대학으로 자리를 옮긴 딜처 교수는 1998년에 중국 학자들과 함께 가장 원시적인 꽃 화석으로 보이는 아키프룩투스(*Archaefructus liaoningensis*)를 발견해 주의를 끌고 있다. 그림 5-9 이 식물 화석은 중국 요령성 쥐라기 말기(1억 2,500만 년 전) 지층에서 중국 길림대학 학자들[Sun Ge, Zheng Shaoling, Zhou Zhekun]이 발견했다. 중국 학자들은 처음에 콩과 식물의 화석으로 생각했으나 딜처 교수에게 보내 확인한 결과, 배주를 싸고 있는 심피가 엉성하게 붙어 있고 그 아래에 수술이 대생으로 달리는 원시적인 꽃이라고 판명한 것이다. 이 원시적인 꽃은 꽃잎이나 꽃받침이 없어, 그들의 후손이, 심피는 조밀하게 붙게 되고 꽃잎이나 꽃받침이 분화되어 119쪽 그림 5-5의 아키앤서스와 비슷한 꽃으로 진화되었다고 볼 때 확실히 가장 원시적인 피자식물 화석이라 할 수 있다. 또한 이 식물은 꽃대가 가늘고 길어 수생 초본식물이었던 것으로 추측했다. 이 발견은 그간의 피자식물이 목본성인 목련과 비슷한 조상에서 기원되었다는 학설을 뒤집는 획기적인 것이다.

　화분은 그 껍데기인 표벽(表壁, exine)이 스포로폴레닌으로 되어 있어 생물이 합성해 낸 물질 중에서 물리화학적으로 가장 견고하다. 그래서 화분을 관찰하려면 꽃을 강산에 넣어서 끓이고 강알칼리에 넣어 끓인 다음에 남는 화분의 표벽을 관찰해야 한다. 화분은 이렇게 견고하기 때문에 물속에 들어가서도 절대로 썩지 않아 화석화되고, 화분의 표벽에는 여러 가지 특징이 있어 화분을 분류하는 중요한 기준이 되고 있다. 최근 DNA가 분류에 이용되기 전에는 화분을 식물의 지문이라고까지 이야기했었다. 따라서 화분을 생산하는 종자식물의 역사와 계통을 알아내는 데 화분이 상당한 기여를 하고 있다.

그렇다면 그 피자식물의 화분 화석 기록은 없는가? 화분의 화석은 1억 3천만 년 전[아키프룩투스보다 5천만 년 전]인 쥐라기 초에도 나타난다. 그러나 식물체나 꽃은 그때까지 거슬러 올라가지는 않고 있다. 그 이유에 대해서는 액셀로드(Axelrod, 1952, 1970)의 고지가설(upland hypothesis)과 스테빈스(Stebbins, 1974, 1984)의 반건지가설(semiarid hypothesis)이 있다. 즉, 강수량이 적은 고지나 어느 정도 건조한 지역에서 대포자엽의 양 가장자리가 말려 배주를 싸다 보니 심피라는 구조가 탄생했을 것이고, 이런 곳에서는 화석이 만들어지지 않기 때문에 화석이 잘 발견되지 않는다는 것이다. 사실 이를 뒷받침하듯이 쥐라기의 기후는 거의 건조했고, 백악기에 들어와서야 습해져 피자식물도 다양화되었고 화분의 화석도 많이 발견되고 있다[Crane, Muller, Sun, Walker, Zavada 등].

꽃의 기원

피자식물 꽃의 기원에 대한 가설을 처음 세운 사람은 파우스트를 쓴 독일의 시인 괴테(Johann Wolfgan von Goethe, 1749~1832)다. 그는 1790년 '식물의 변태를 해석하기 위한 시도(Versuch die Metamorphose der Pflanzen zu erklaren)' 라는 제목의 논문에서 꽃의 각 부분 즉 심피, 수술, 그리고 그 밑에 엉성하게 붙어 있던 잎들이 서로 밀집되어 꽃이 되었다고 발표했다. 물론 심피와 수술들도 다 잎이 변한 것이라고 했다. 이를 꽃의 엽원설(foliar theory of flower)이라고 하는데, 심피는 암포자 엽이 대포자낭을 달고 있다가 양쪽 가장자리가 안쪽으로 접혀 봉합된 것이고, 수술은 수포자엽 에 소포자낭이 두 개 달려 있던 것이 그대로 축소되어 포자낭만 남고 잎의 나머지 부분은 가늘어 져 꽃실이 된 것이다. 꽃잎과 꽃받침은 모양과 엽맥을 보고 잎이 변한 것인 줄 쉽게 알 수 있다. 심피와 수술이 잎[각각 대포자엽과 소포자엽]에서 변했다는 것은 식물 대부분, 특히 원시적인 식물 의 심피와 수술의 모양과 관다발을 보면 쉽게 이해가 가고, 엉성하게 붙었던 것이 밀집되었다는 것은 목련의 꽃과 앞의 아키앤서스와 아키프룩투스 화석을 보면 쉽게 받아들일 수 있다. 이런 관 점에서 꽃의 부분들이 이보다 환상으로 배열하는 암보렐라가 가장 원시적이라고 하는 것은 받아 들이기 힘들다.

4

피자식물 조상의 후보들(2)

앞장에 설명한 피자식물의 조상에 대해서 잠깐 요약하고 넘어가자. 피자식물의 조상에 대해서

① 엥글러는 유이화서군이라고 생각했으나, ② 베시는 목련이라고 했고 이는 많은 학자들에게 받아들여졌다. 딜처와 크레인은 목련의 조상으로 생각되는 화석 아키앤서스를 백악기 중기 지층에서 발견했다. 그러나 ③ 목련아강 중에서 목련보다는 심피가 훨씬 원시적으로 생각되는 윈테라과 데게너리아가 후보로 등장한 이후, ④ 솔티스 부부를 위시한 많은 분자분류학자들에 의해 암보렐라가 가장 원시적인 현생 생물로 등장했고, 이와 비슷한 조상으로 칼리크립타란 화석이 발견되었다. 그러나 암보렐라는 조상에서 가장 일찍 가지 친 식물들 중에서 잔존 식물이고, 조상은 초본식물인 고초본류라는 가설이 도일에 의해 대두되었다. 그리고 그에 해당되는 아키프룩투스라는 화석이 딜처 등에 의해서 쥐라기 말 지층에서 발견되었다. ⑤ 화분 화석은 물리화학적으로 단단하고 그 형태가 다양해서 분류학에 유용한 기준으로 사용된다. 가장 원시적인 화분 화석이 쥐라기 초에 발견되는 점으로 최소한 피자식물은 쥐라기 초에 기원된 것으로 판단된다.

다윈이 도저히 풀 수 없는 불가사의(abominable mystery)라고 했던 피자식물의 기원은 이와 같이 윤곽이 드러났으나 아직도 두 가지 가설이 대립되어 있는 실정이다. 즉, 목련류(목련, 윈테라, 암보렐라)가 조상이라는 설과 고초본류(수련, 후추, 쥐방울덩굴)가 조상이라는 설이다. 오랫동안 목련류 조상설이 대두되어 이에 대한 근거나 주장이 많으나 초본류 조상설은 최근 분자분류학자들이 제기한 것

이므로 상대적으로 근거나 주장이 빈약하다.

이상 피자식물 조상의 후보에 대해서 그런 대로 주류를 이룬 내용들이었다. 그러나 이외에도 강력한 후보로 추천되었다가 탈락한 식물들이 있으니 몇 가지만 소개한다.

베네티타소철강(Bennettitales)은 삼첩기에서 백악기까지 나타나는데 소철과 비슷한 우상엽과 줄기(둥치)를 가지며, 암수딴그루이거나

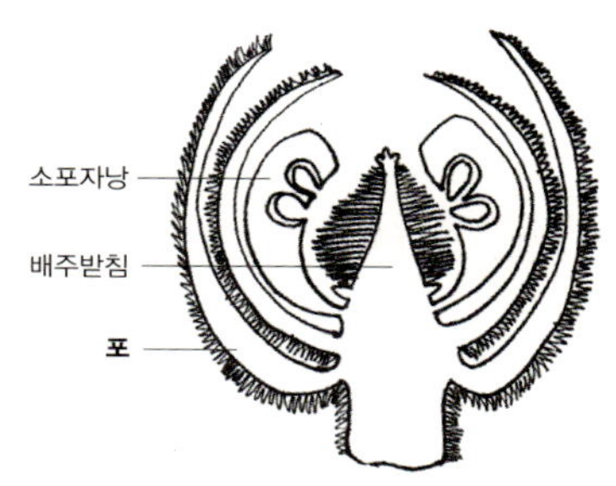

그림 5-10 윌리암소니아의 생식구조
(Harris, 1967)

암수한그루다. 이들이 피자식물의 조상으로 추정된 이유는 목련와 유사한 생식구조를 갖고 있기 때문인데, 윌리암소니아(*Williamsoniella*)를 예로 들면, 암수 포자낭을 하나의 구조 안에 함께 달고 있는 긴 화탁과 목련의 화피 비슷한 포를 갖고 있다. **그림 5-10** 그러나 소포자엽(수술)이 윤생이고 서로 붙어 있고, 대포자엽은 아주 축소되어 몽둥이 모양의 구조로 되어 있으며, 끝에 한 개의 배주를 달고 있다. 이 몽둥이 모양의 대포자엽 사이에 무성 대포자엽이 나서 배주를 보호하지만 이는 피자식물의 배주 보호와는 다른 것이다. 또한 배주는 주피가 만든 주공관(珠孔管, micropylar tube)이 있어 이를 통해 화분을 받아들이는 특징이 있다. 피자식물에서는 이런 주공관이 없고 배주에 의해서가 아니라 주두가 화분을 받아들이며, 종자는 영양조직이 전혀 없는 점이 다르다. 따라서 베네티타를 피자식물의 조상이라고 할 수는 없지만 매마등류와 함께 피자식물의 가까운 친척이라고 결론지을 수 있는 이유는, 물관, 화분낭, 화분, 종자 등의 형태를 이들이 공유하고 있기 때문이다.

매마등강(Gnetales)이 피자식물의 조상이란 설은 여러 학자들[Wettstein, Markgraf, Fagerlind]이 오랫동안 주장해왔다. 이 가설의 근거로는, 매마등도 자엽이 2개이고, 도관(물관)을 가지며, 주피가 두 층이고, 망상맥의 잎을 갖는 등 여러 면에서 피자식물과 비슷하기 때문이다. 그러나 도관은 원시적인 피자식물의 가도관보다 발달되어 있고, 포자이삭의 구조도 피자식물과는 달라서, 직접적인 조상이라기보다는 피자식물의 자매군(姉妹群, sister group)[하나의 조상에서 Y자처럼 두 갈래로 진화된 두 그룹을 말함]으로 보인다. 최근의 많은 학자들 [Doyle, Donoghue, Nixon]이 분자서열분석을 통해 이 사실을 지지해주고 있다.

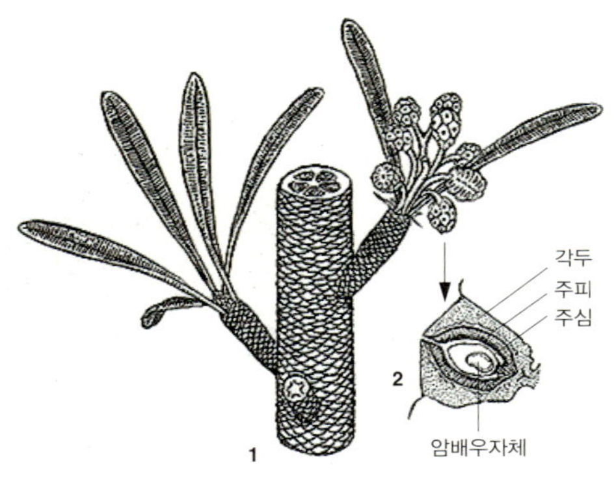

그림 5-11 펜톡실론. 1 영양 및 배주를 달고 있는 가지 2 배주의 종단면 (Univ. of California, Berkely, 고생물박물관)

종자고사리목(Pterospermales)은 나자식물을 내었음에도 불구하고 피자식물의 조상으로 생각하는 학자들이 있다. 중생대 종자고사리(Corystosperma, Glossopteris)를 피자식물의 조상으로 생각했는데[Long, Frohlich], 망상맥의 잎, 단축분지 줄기, 형성층(形成層, cambium)[줄기에서 세포분열하여 안으로는 목부를, 밖으로는 사부를 만드는 분열조직]의 존재, 암수한몸인 것을 그 이유로 들었다. 꽃받침은 잎에서, 꽃잎은 꽃받침과 수술에서, 3배체 배유는 암배우자체의 극소화에서 기원하는 점, 종자의 유사성, 컵 모양의 구조로 싸인 배주의 존재 등이 종자고사리를 피자식물화하기에 충분했다. 그러나 종자고사리가 피자식물의 조상이 아니라고 생각되는 이유는, 종자고사리가 피자식물이 갖고 있는 도관의 계단상 무늬를 절대로 갖고 있지 않고, 피자식물의 심피 벽과 종자고사리의 컵 모양의 구조를 동일시하기 어렵기 때문이다. 케이토니아(Caytonia)는 쥐라기 중기의 종자고사리의 일종으로 여러 학자들[Thomas, Stebbins, Doyle]이 피자식물의 조상으로 주장하고 있다. 케이토니아는 아주까리, 물레나물 같은 식물에서 보듯 수술이 우상(깃털 모양)으로 가지를 치는 특성이 있다. 한편 배주는 컵 모양의 구조로 싸여 있어 심피의 원형으로 생각되었다. 그러나 이들은 대포자엽이 접힌 주머니 모양의 자방은 아닌 것으로 보여 피자식물의 조상이라기보다는 종자고사리와 근연으로 생각된다. 뿐만 아니라 수분 액적의 존재, 직접적인 수분, 주머니 안의 육질성 홈, 주머니날개가 달린 화분, 4개의 약실 사이에 약격의 결핍 등이 피자식물의 조상으로 보는 설을 지지해주지 못하고 있다.

펜톡실론목(Pentoxylales)은 야자나무같이 생긴 단자엽식물인 판다누스(Pandanus)와 많은 공통점을 갖고 있다. 그림 5-11 이들은 직립성 줄기 끝에 잎들이 모여 나고, 암수딴그루, 잎겨드랑이에 나는 화서, 화경[화서의 자루]의 가도관에 나선상 무늬와 유연공(有緣孔)[가도관 벽에 뚫린 구멍으로 가장자리가 두꺼워진 것], 두 층의 육질성 종피, 배젖과 작은 배를 갖는 종자 등의 공통된 특징으로 피자식물의 조상이라고 여겼으나 평행진화라며 반대하는 학자들[Pand, Kidwai]이 있다.

듀리오(*Durio zibethinus*)는 동남아시아에 나는 봄박스과(Bombacaceae)의 일종인데, 소철과 같은 우상복엽, 단심피로 된 육질성 골돌과[과실의 한 종류로 심피가 서로 떨어져 있고, 방이 한 개이며, 심피의 복봉선을 따라 열리는 과실을 말함]가 모여 달리는 점에서 이런 주장이 나왔으나[Corner], 많은 학자들[Pijl, Parkin, Metcalfe, Eames]이 반대하고 있다.

이외에도 조상일 가능성이 있는 식물들이 있고 나름대로 모두 일리는 있으나 어딘가 문제점이 있어 이들 후보들에 대해서는 언급하지 않겠다.

5

피자식물의 진화

원시적인 피자식물의 특징 중 주요 부분에 대해서는 앞에서 조금씩 설명했으니 이제는 전체적으로 살펴보기로 하자. 피자식물의 조상이 목본이냐 초본이냐 하는 점은 아직 해결되지 않았지만 많은 증거들이 목본인 목련, 윈테라, 암보렐라에 초점을 맞추고 있으니 일단 이를 중심으로 정리하고 나서 각 특징들의 진화 방향에 대해서 알아보자[계속해서 용어들이 많이 나온다. 용어를 정확히 이해한다면 피자식물의 진화 방향을 이해함은 물론 식물도감의 기재문을 읽는 데도 큰 도움이 된다.].

원시적인 피자식물은 열대 상록성(常綠性, evergreen) 관목(灌木, shrub)으로 다년생(多年生, perennial)이고, 잎은 가지에 호생(互生, alternate)한다. 잎 가장자리(葉緣, leaf margin)가 밋밋하고(全緣, entire), 잎자루(葉柄, petiole)는 길며, 엽병 기부 양쪽에 탁엽(托葉, stipule)이 있다. 꽃은 단정화서(單頂花序, solitary)[한 개가 줄기 끝 또는 잎겨드랑이에 달림]에 달리고, 긴 화탁에 안쪽/위쪽으로부터 여러 개의 심피와 수술이 나선상으로 달린다. 심피(心皮, carpel)는 송편상(conduplicate)으로 씨방(子房, ovary)으로부터 암술대(花柱, style)와 암술머리(珠頭, stigma)가 분화하지 않았다. 배주는 도생배주(倒生胚珠, anathropous)이고, 변연태좌(邊緣胎座, marginal placentation)에 달리며, 열매는 골돌과(蓇葖果, follicle)이다. 종자는 비교적 크고 배젖(胚乳, endosperm)이 풍부하다. 수술은 꽃밥(葯, anther)과 꽃실(花絲, filament)이 분화하지 않았다. 화피(花被, perianth)는 꽃받침과 꽃잎으로 분화되어 있지 않고 같은 모양이다. 화피편(花被片, tepal)은 서로 떨어져 있고 나선상 배열을 한다. 화분은 단립(單粒, monad)으로 보트 모양이고, 단구형(單溝型, monosulcate) 발아구를 갖고 있고, 표벽은 층상구조가 피복(被複, tectum), 원주층(圓柱層, columella), 기저층(基底層, foot layer)으로 분화되지 않고, 표면은 미세한 천공이 뚫려 있는 유공상(有孔狀, foveolate)이나 평활상(平滑狀, psilate)이다. 물의 통도조직은 가도관(假導管, tracheid)으로 되어 있고, 벽은 계단상(階段狀, scalariform) 무늬가 있다.

현생 식물들 중에 이들 특성을 동시에 갖고 있는 식물은 없고, 화석도 마찬가지다. 그러나 아마도 우리가 가상하는 피자식물의 조상은 이런 특징을 모두 또는 최소한 거의 갖고 있었으리라 생각된다.

꽃의 특징들은 ① 같은 부위의 단위들이 서로 융합되는 동합(同合, connation), ② 다른 부위끼리 융합하는 이합(離合, adnation)하면서, ③ 그 크기가 축소(reduction)되거나 소실(loss), 드는 ④ 확대(enlargement)되거나 복잡화(elaboration)되는 진화 경향을 보인다. 다음 설명에서, 특별히 예를 들면 그 특징을 갖는 소수 또는 유일한 그룹일 경우이고, 예를 들지 않으면 일반적이어서 수많은 식물에서 볼 수 있는 것들이다[다음의 용어와 예를 암기한다면 주요 과들을 쉽게 동정할 수 있다. 그러나 전체적인 진화과정을 이해하는 데는 이런 용어들에 대해 일일이 신경 쓸 필요는 없다.].

우선 꽃잎을 보면 꽃잎들이 서로 떨어져 있는 이판화(離瓣花, apopetalous)에서 꽃잎들이 동합한 합판화(合瓣花, sympetalous)로 진화하고, 이판화든 합판화든 아래나 위쪽 화판의 크기가 커져서 방사상칭(放射相稱, actinomorphic)에서 좌우상칭(左右相稱, zygomorphic)으로 진화한다. 또한 꽃잎의 숫자가 많고 부정수인 것에서 적고 정수인 것으로, 나선상(螺旋狀, spiral) 배열에서 환상(環狀, cyclic) 배열로 진화한다.

수술은 꽃실이 서로 동합하는데 전체가 다 융합해서 한 몸을 이루면 단체웅예(單體雄蘂, monadelphous)[예: 아욱과, 애기풀과], 두 몸을 이루고 있으면 양체웅예(兩體雄蘂, diadelphous)[예: 콩과], 여러 개의 몸을 이루고 있으면 다체웅예(多體雄蘂, polyadelphous)다[예: 물레나물과, 차나무과]. 약만 함께 동합하는 경우도 있는데 이를 취약웅예(syngenesious)라 한다[예: 국화과]. 수술의 크기가 작아져 서로 달라지는 쪽으로도 진화하는데, 네 개는 크고 2개가 작은 것을 사강웅예(四强雄蘂, tetradynamous)라 하고[예: 십자화과], 두 개가 크고 나머지가 작은 것을 이강웅예(二强雄蘂, didynamous)라고 한다[예: 꿀풀과, 현삼과, 마편초과]. 수술이 열리는 방법에 있

그림 5-12 **피자식물의 열매 : 너도바람꽃의 골돌과와 제비꽃의 삭과**

어서도 원시적인 그룹은 길이로 열리는 종개(縱開, longitudinal)를 하지만, 어떤 것은 위쪽에 구멍으로 열리는 공개(孔開, porous)를 하거나[예: 진달래과], 작은 미닫이창 모양으로 열리는 판개(瓣開, valvate)로 진화한다[예: 매자나무과, 녹나무과].

심피는 서로 떨어져 있는 이생심피(離生心皮, apocarpous)에서 융합하는 합생심피(合生心皮, syncarpous)로 진화하고, 꽃잎에서처럼 나선상 배열에서 환상 배열로, 다수에서 소수로 진화하고, 원시적인 심피는 송편 모양(conduplicate)으로 자방, 화주, 주두가 구별되지 않음은 이미 이야기했다.

과실(열매)은 가장 원시적인 것이 골돌과(蓇葖果, follicle)인데[예: 목련, 박주가리, 너도바람꽃], 이들은 이생심피의 심피가 그대로 열매가 된 것이다. 그림 5-12 골돌과는 자방실(子房室, locule)이 하나이고, 열리는 봉선(縫線, suture)이 화축(花軸, floral axis)을 향하는 복봉선(腹縫線, ventral suture)을 따라 열리는데, 협과(莢果, legume)에서는 그 반대쪽에 있는 배봉선(背縫線, dorsal suture)을 따라서도 열린다[예: 콩과]. 심피가 합생해서 성숙한 열매는 삭과(蒴果, capsule)라 하는데, 삭과는 격벽(隔璧, septum)을 따라 열리면 포간개열(胞間開裂, septicidal)이라 하고[예: 진달래, 무궁화], 이로부터 각 심피의 배봉선을 따라 열리는 포배개열(胞背開裂, loculicidal)로 진화하며[예: 얼레지, 붓꽃], 어떤 것은 삭과 전체가 상하 둘로 나뉘는 횡선개열(橫線開裂, circumsissile)을 하거나[예: 명아주과, 쇠비름과], 자방의 위쪽에서 열리는 포공개열(胞孔開裂, poricidal) 쪽으로도 진화한다[예: 양귀비]. 그림 5-12

이상 골돌과, 협과, 삭과는 과피가 육질이 아니므로 건과(乾果, dry fruit)라고 하고, 열리기 때문에 개과(開果, dehiscent fruit)라고 한다. 그렇다면 건과이면서 열리지 않는 건폐과(乾閉果, dry indehiscent fruit)에는 어떤 것이 있는가[물론 폐과는 개

그림 5-13 **피자식물의 열매 : 사위질빵의 수과와 뜰보리수의 핵과**

과에서 진화한 것이다.]? 과피가 목질인 것이 견과(堅果, nut)이고[예: 너도밤나무과], 막질인 것이 수과(瘦果, achene)이며[예: 으아리, 복수초, 국화과], 그림 5-13 날개가 있는 것이 시과(翅果, wing, samara)다[예: 단풍나무과, 느릅나무속, 물푸레나무속, 가중나무]. 한편, 열리지 않고 각 심피가 그대로 떨어지는 것이 분열과(分裂果, schizocarp)이고 [예: 산형과, 꿀풀과, 쥐손이풀과], 협과 같은데 열리지 않고 씨가 들어 있는 마디가 분리되는 것은 분리과(分離果, loment)이며[예: 도둑놈의갈고리], 과피가 종피와 융합해 떨어지지 않는 것이 영과(穎果, caryopsis)다[예: 벼과].

건폐과에서 육질을 가진 육질과(肉質果, fleshy fruit)로 진화했는데, 육질과피 (果皮, pericarp) 속에 목질종피를 갖는 종자가 들어 있는 것이 장과(漿果, berry)이며 [예: 포도, 감, 참외], 중앙의 종자 하나를 목질성 내과피(內果皮, endocarp)가 둘러싸고 있는 것이 핵과(核果, drupe)다[예: 장미과의 벗나무아과]. 그림 5-13

이생심피가 열매를 맺으면 취과(聚果, aggregate fruit)라 하는데, 취과를 구성하는 낱과실은 목련의 경우에는 골돌과, 복수초는 수과, 오미자는 장과, 산딸기는 핵과다. 딸기는 취과이나 낱과실은 견과이고, 꽃 이외에 다른 부분[딸기 경우 화탁]이 열매에 포함되어 있어 가과(假果, pseudocarp)이기도 하다. 이런 의미에서 자방만 열매로 된 것을 진과(眞果, true fruit)라 하는데, 사과는 진과를 화탁이 둘러싸고 있는 이과(梨果, pome)다.

이들 모두는 꽃 하나가 열매가 된 단화과(單花果, simple fruit)이고, 화서 전체가 하나의 열매가 된 경우 다화과(多花果, multiple fruit)라 한다[예: 뽕나무, 버즘나무, 자작나무, 산딸나무, 무화과].

자방에 배주가 어떻게 배열되어 있는가를 태좌(胎座, placentation)라 하는데, 가장 원시적이고 기본이 되는 것이 이생심피, 골돌과에서처럼 단심피로 된 방안의 복봉선 가까이에 배주가 달려 있는 변연(邊緣, marginal)태좌다. 이들이 모여 합생심피가 되면 자방은 심피수 만큼의 방이 있는 중축(中軸, axile)태좌가 된다. 중축태좌에서 격벽(隔壁, septum)이 소실되어 배주가 중심축에 붙으면 독립중앙(獨立中央, free central)태좌가 되고[예: 석죽과], 배주가 자방벽에 붙으면 측벽(側壁, parietal)태좌가 된다[예: 박과, 버드나무과, 제비꽃과]. 그리고 측벽 또는 독립 중앙 태좌에서 배주가 소실되어 하나가 자방 천정에 붙어 있으면 정생(頂端, apical)태좌이고[예: 벚나무속], 바닥에 붙어 있으면 기저(基底, basal)태좌다[예: 참나무과].

화서(花序, inflorescence)란 꽃들의 모임이다. 낱꽃 하나가 줄기 끝이나 잎겨드랑이에 핀 것은 수분매개 동물을 유인하는 데 덜 도움이 된다. 눈에 잘 띄지도 않고 동물의 이동거리가 멀기 때문이다. 따라서 꽃들은 모여 피게 되는데, 일단 낱꽃이 피는 경우를 단정화서(單頂花序, solitary), 줄기 끝 잎겨드랑이에 여러 개가 달린 것을 총상화서(總狀花序, raceme)라 하고, 가지가 각각 총상화서를 이루는 화서는 원추화서(圓錐花序, panicle)이며, 화병이나 가지가 밑 쪽에서 더 자라 전체의 꽃들이 위쪽에 편평하게 배열되면 산방화서(繖房花序, corymb)라 한다[예: 기린초속]. 총상화서의 화서축에 꽃들이 화병 없이 붙어 있으면 수상화서(穗狀花序, spike)이고[예: 질경이과, 벼과], 수상화서의 화서축이 가늘어 땅을 향해 처져 있으면 유이화서(葇荑花序, catkin, ament)라고 한다[예: 자작나무과, 버드나무과, 참나무과, 쐐기풀과]. 화병의 길이가 똑같은 꽃들이 화경(花梗, peduncle) 끝에 달리면 산형화서(傘形花序, umbel)이고[예: 산형과, 두릅나무과, 층층나무과], 화경 끝 뭉뚝한 자리에 꽃들이 자루 없이 다닥다닥 붙어 있으면 두상화서(頭狀花序, head, capitulum)다[예: 국화과].

린네의 성분류체계

수술의 특징은 피자식물 분류에 중요하다. 이것을 발견한 사람은 스웨덴의 린네(Carl von Linne, 1707~1778)로 1753년 '식물의 종(Species Plantarum)'이란 책에서 1,105속 7,700종의 종자식물을 수술의 특징과 꽃의 성기관의 분포를 중심으로 24개의 강으로 나누었다. 즉, 수술이 하나이면 모난드리아(Monandria), 두 개이면 디안드리아(Diandria), 세 개면 트리안드리아(Triandria), 계속해서 테트란드리아(Tetrandria), 펜탄드리아(Pentancria), 폴리안드리아(Polyandria), 이강웅예이면 디다이나미아(Didynamia), 사강웅예면 테트라다이나미아(Tetradynamia), 단체웅예면 모나델피아(Monadelphia)… 하는 식으로 나눠 그의 분류체계를 '성분류체계'라 한다. 그는 이렇게 수술의 특징으로 자연적인 분류군을 많이 찾아냈고, 무엇보다도 모든 종의 이름에 이명법(二名法, binomial nomenclature)[종명을 쓸 때 명사로 속명(generic name)을 쓰고 다음에 그 종을 지칭하는 이름인 종소명(specific epithet)을 형용사로 함께 쓰는 명명법. 그 이전에는 속 이름 다음에 여러 개의 형용사를 써서 식물이름을 쓸 때 여러 개의 단어가 필요했다.]을 써서 현대 명명법의 시발점이 되었다. 이로써 그를 '식물분류학의 아버지'라고 부르게 되었다.

6

피자식물의 분류와 계통

피자식물에 대한 분류는 드캉돌(Augustin Pyrmen de Candolle, 1778~1841)이 1819년 『식물학의 기본원리(Théorie élémentaire de la botanique)』라는 책에 雙子葉식물과 단자엽식물을 나눔으로써 시작되었고, 그 후 많은 분류학자들에 의해 널리 받아들여졌다. 이 분류체계는 최근 분자분류학적인 증거에 의해서 도전을 받고 있지만 유사성 분류의 면에서, 그리고 병계원 분류군을 인정해온 그간의 분류철학 위에서 아직도 가장 잘 분류된 자연분류체계임이 분명하다.

쌍자엽식물(雙子葉植物, dicotyledons, dicots, Magnoliopsida강)과 단자엽식물(單子葉植物, monocotyledons, monocots, Liliopsida강)은 문자 그대로 자엽(子葉, cotyledon)의 숫자에 의해 분류된 것이지만 실제로는 많은 형질을 공유하고 있다. 쌍자엽식물은 약 165,000종을 포함하고 있고 단자엽식물보다 더욱 다양한 환경에 서식하고 있으며 절반이 목본이다. 단자엽식물은 약 55,000종을 포함하며 종려과(Palmae)를 제외하곤 모두 초본이지만 그나마 종려과도 식물학적으로는 전형적인 형성층에 의한 생장이 아니기 때문에 진정한 목본이라 할 수 없다. 두 식물

표 5-1 쌍자엽식물과 단자엽식물의 주요 형질 비교

형 질	쌍자엽식물	단자엽식물
자엽	2개(간혹 0, 1, 3, 4)	1개(간혹 0)
엽맥	거의 망상맥	거의 평행맥
관다발 형성층	존재	결핍
줄기의 관다발	환상 배열	산재 배열
꽃의 각 부분	4-5수성(드물게 3수성)	3수성(드물게 4)
화분의 발아구	3구형 또는 그 파생형(원시적인 식물에서 단구형)	단구형 또는 그 파생형
성숙한 뿌리	곧은뿌리 또는 수염뿌리	수염뿌리

의 차이는 표 5-1로 정리한다.

단자엽식물은 쌍자엽식물에서 기원된 것으로 널리 받아들여지고 있다. 따라서 단자엽식물의 특징은 쌍자엽식물에 해당되는 특징에서 파생된 것으로 본다. 즉, 소수 쌍자엽식물의 몇 가지 특징들[수련과의 자엽이 1개, 쥐방울덩굴과의 꽃이 3수성, 목련과 화분의 발아구가 단구형 등]이 단자엽식물과 같지만 이는 단자엽식물이 피자식물의 탄생 초기에 분화되었음을, 그래서 단자엽식물이 이들 원시적 피자식물과 가까운 관계임을 시사해주고 있고 이는 분자분류학적으로 잘 나타나고 있다. 피자식물의 분류체계에 대해서는 러시아의 탁타잔(Armen Leonovich Takhtajan, 1910~)이 완성한 분류체계가 가장 완벽했고, 이를 좀 더 발전시키고 수정한 것이 크롱퀴스트(Arthur Cronquist, 1919~1992, 미국)의 체계이다. 이 책에서는 크롱퀴스트 체계에 따라 설명하고자 한다.

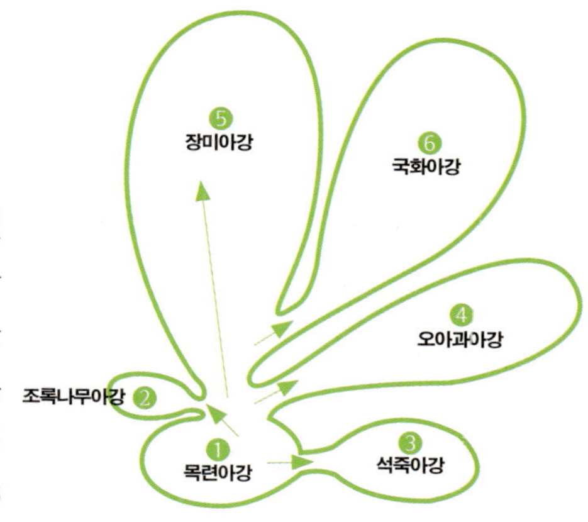

그림 5-14 크롱퀴스트 체계에 의한 쌍자엽식물의 계통적 유연관계

쌍자엽식물의 분류

쌍자엽식물은 목련아강(Magnoliidae), 조록나무아강(Hamamelidae), 석죽아강(Caryophyllidae), 오아과아강(Dilleniidae), 장미아강(Rosidae), 국화아강(Asteridae)으로 나눈다. 그림 5-14 이들을 구별하는 명확한 기준은 없지만 여러 가지 형질들을 종합해볼 때 비교적 자연적인 분류라고 보고 있다. 표 5-2 탁타잔은 목련아강에서 초본인 미나리아재비아강(Ranunculidae)을 떼어낸 것이 다르고, 크롱퀴스트와 탁타잔 둘 다 목련아강이 가장 원시적이며 이로부터 다른 아강들이 파생되었고, 국화아강은 장미아강에서 유래된 것으로 보고 있다. 다음은 각 아강에 대한 특징과 그 아강에 속한 목들의 특징, 그리고 그들 간의 유연관계에 대해 크롱퀴스트가 요약 설명한 것이다[아강 내 목이나 과 간의 유연관계를 이해하려면 이 설명을 정독할 필요가 있다. 아강에 대한 설명 뒤에 있는 목 검색표는 주로 우리나라에 있는 식물을 중심으로 다루었고, 괄호 안에 역시 우리나라의 주요 과만 넣었다.].

표 5-2 **Magnoliopsida 목련강(Dicotyledonae, 쌍자엽식물) 6아강의 주요 특징**

아 강	주 요 특 징
❶ Subclass Magnoliidae 목련아강	가장 원시적, 꽃잎 다수 이판화, 수술 다수 구심적 성숙, 이생심피
❷ Subclass Hamamelidae 조록나무아강	대개 목본성, 퇴화된 단성화, 유이화서, 화피 없거나 빈약, 풍매화, 대개 합생심피
❸ Subclass Caryophyllidae 석죽아강	대개 초본성, 다육성, 염생, 이판화, 수술 다수 원심적 배열, 합생심피 독립중앙/기저태좌, betalain 색소
❹ Subclass Dilleniidae 오아과아강	목본/초본성, 이판화, 수술은 다수 원심적 배열, 합생심피 드물게 독립중앙/기저태좌, betalain 색소
❺ Subclass Rosidae 장미아강	쌍자엽 1/3, 이판화, 수술 많고 구심적 성숙, 합생심피 대개 중축태좌
❻ Subclass Asteridae 국화아강	두 번째 큰 아강, 합판화, 수술 꽃잎과 같거나 적고, 합생심피, 장미아강에서 유래

① **목련아강(Magnoliidae):** 목련아강은 피자식물에서 가장 원시적인 그룹으로 목련과와 근연 식물들은 흔히 에테르 유선세포(ethereal oil cell), 단구형 발아구[가끔 무구형, 2구형도 있음], 잘 발달된 화피와 상위자방을 갖고 있고, 대개 목본이며, 가도관 또는 도관을 갖는 것으로 정의된다. **그림 5-15**

수련목(Nymphaeales)은 수생 초본식물로 에테르 유선세포가 없고, 줄기에 가도관을 갖고 있고, 화분이 단구형 또는 무구형 발아구를 가지나 연꽃과(Nelumbonaceae)는 삼구형 발아구 화분을 갖는다. 수련목은 고백악기의 앨비안(Albian)까지 거슬러 올라가는 긴 역사를 갖고 있다. 현대의 수련과나 어항마름과(Cabombaceae)의 단구형 발아구는 원시적인 쌍자엽식물의 조상임을 보여주는데 특히 수련은 단구형 발아구와 함께 부정형 또는 삼구형 비슷한 발아구가 나타나는 점에서 더욱 그렇다. 또 연꽃과의 삼구형 발아구는 피자식물의 삼구형 발아구의 조상일 가능성을 강력하게 시사해준다. 따라서 목 내의 다른 과들과 초본성 쌍자엽식물, 그리고 목련목(Magnoliales)과 녹나무목(Laurales)을 포함하는 식물들도 진화의 초기에 곁가지로 갈라져 나온 것으로 보인다.

그림 5-15 **목련아강의 우리나라 야생 목련인 함박꽃나무**

　　미나리아재비목(Ranunculales)과 양귀비목(Papaverales)은 목련아강의 나머지와
좀 떨어진 식물로 아이소퀴노린 알칼로이드(isoquinoline alkaloids)와 연관이 있고
미나리아재비목의 이생심피는 목련아강과 연관을 보이나, 에테르 유선세포
의 결핍은 수련목과의 연관성을, 초본, 삼구형 발아구, 도관 등은 다른 목과
차별성을 보이며, 비교적 나중에 진화된 그룹으로 보기에 충분하다. 이런 면
에서 미나리아재비목과 양귀비목을 독립된 아강으로 처리한 탁타잔의 분류
체계가 타당성이 있는 것으로 보인다.

A. 에테르 유선세포가 있다; 화분은 대개 단구형 또는 그 유도형이다.
　B. 목본; 화피편은 이생(離生) ……………………………목련목(목련과, 녹나무과)
　B. 대개 초본; 화피편은 합생(合生), 없거나 포상(苞狀)
　　C. 작은 꽃들이 육수화서에 달린다.………………………… 후추목(삼백초과)
　　C. 큰 꽃은 육수화서에 달리지 않고 화피편은 합생………… 쥐방울덩굴목(쥐방울덩굴과)
A. 에테르 유선세포가 없다; 화분은 대개 3구형 또는 그 유도형이다.
　D. 수생식물; 엽연태좌; 화분은 단구형, 무구형 또는 3구형
　　　…………………………………………………수련목(수련과, 연꽃과)
　D. 육생식물; 변연, 측벽, 가끔 엽연, 중축태좌; 화분은 3구형 또는 그 유도형
　　E. 심피는 이생 또는 단심피; 꽃받침은 거의 2개 이상…………………………
　　　…………………………미나리아재비목(미나리아재비과, 매자나무과)
　　E. 심피는 2개 이상이 합생; 꽃받침은 2(~4)……………양귀비목(양귀비과, 현호색과)

　② **조록나무아강(Hamamelidae):** 조록나무아강은 대개 유이화서에 작고 꽃잎
이 없는 풍매화를 가진 그룹으로 전통적인 유이화서군을 포함하지만, 버드나
무과(Salicaceae)는 제외되었다. 그림 5-16 원시적인 트로코덴드론목(Trochodendrales)
을 빼곤 모두 조록나무목(Hamameliales)과 직간접적으로 연관되어 있다. 이들
의 화분 화석(Normapolles)은 고백악기 앨비안 중기까지 거슬러 올라가며, 가
래나무목(Juglandales), 소귀나무목(Myricales), 참나무목(Fagales), 카수아리나목
(Casuarinales)은 신백악기 초인 세노마니안(Cenomanian) 중기로, 쐐기풀목(Urticales)
은 그 다음 튜로니안(Turonian)의 화분 화석(Normapolles)과 연결된다. 쐐기풀목은
해부학적 특징이나 엽맥의 특징으로 조록나무아강과의 연관성을 의심케 하
나 이생심피를 가진 원시적인 바베야속(Barbeya)은 분명히 다른 아강보다는 조

그림 5-16 조록나무아강의 주요 식물들 : 1 물오리나무   2 히어리   3 산뽕나무   4 가래나무   5 모시풀   6 신갈나무

록나무목과 연관되어 있고, 층상 사부와 점액조직을 갖고 있는 점은 조록나무목보다는 아욱목(Malvales)과 근연임을 시사해준다.

A. 심피는 이생 또는 갈라진 합생; 골돌과 또는 삭과; 양성화 또는 단성화
　심피당 배주 1개 또는 다수……………………………조록나무목(조록나무과, 버즘나무과)
A. 심피는 합생; 폐과; 보통 단성화; 심피당 배주 2개
　B. 우상복엽; 자방은 1~2실; 배주는 실당 2개………………가래나무목(가래나무과)
　B. 단엽; 자방은 다양
　　C. 수꽃은 유이화서에 달리지 않는다………쐐기풀목(쐐기풀과, 느릅나무과, 뽕나무과)
　　C. 수꽃은 유이화서에 달린다.
　　　D. 식물은 방향성; 자방은 상위; 열매는 핵과; 직생배주………소귀나무목(소귀나무과)
　　　D. 자방은 하위; 열매는 견과 또는 시과; 도생배주………참나무목(자작나무과, 참나무과)

③ **석죽아강(Caryophyllidae):** 석죽아강은 커다란 석죽목(Caryophyllales)에 작은 마디풀목(Polygonales)과 갯질경이목(Plumbaginales)을 포함하는 단순한 그룹이다. **그림 5-17** 이들을 묶어주는 명확한 형태적 특징이 있다면 초본, 2주피성이고 후주심성(厚珠心性)인 배주, 안토시아닌(anthocyanin) 대신에 베타레인(betalain) 색소, 합생심피에 독립중앙 또는 기저태좌를 갖는 점을 들 수 있다. 수술이 많을 경우에는 구심적(求心的) 성숙을 하고, 화분은 흔히 3핵성이며, 종자의 영양은 전형적인 전분으로 흔히 전분립들이 뭉친 형태를 보여준다.

명아주과와 비름과의 화분 화석은 7천만 년 전인 신백악기 마스트릭티안(Maastrichtian)까지 거슬러 올라가고, 목련아강, 조록나무아강, 장미아강과는 달리 백악기에는 식생 조성에 큰 역할을 하지 못했다.

석죽아강의 조상은 상위자방, 이생심피, 무판화, 화분 형태, 특히 마디풀과의 3수성 수술의 특징으로 미나리아재비과와 연관되어 있을 것으로 보인다.

A. 잎은 호생 또는 대생이고, 탁엽은 초상이 아니다; 씨는 영양저장조직으로 배유 대신 외유
　(外乳, perisperm)를 갖는다………………………석죽목(명아주과, 비름과, 쇠비름과)
A. 잎은 호생이고 탁엽은 초상이다; 씨는 배유를 갖고 외유는 없다.
　………………………………………………………………………마디풀목(마디풀과)

그림 5-17 석죽아강의 주요 식물들 : 1 마디풀 2 패랭이꽃 3 쇠별꽃 4 한라장구채 5 자리공 6 채송화

④ **오아과아강(Dilleniidae):** 오아과아강과 장미아강과의 사이가 그리 분명하지 않으나 각각 원시적인 목련아강에서 독립적으로 유래된 자연적인 그룹으로 보인다. 그림 5-18 가장 큰 오아과목이라야 겨우 400종 정도인데 합생심피를 가져 목련아강과 구별되고, 수술이 구심적 성숙을 하는 면에서 원심적 성숙을 하는 장미아강과 구별된다. 오아과아강의 1/3 이상이 측벽태좌를 갖는데 이는 장미아강에서는 보기 드물다. 1/3 정도가 합판화이지만 동수성 수술, 화판과 호생하는 화판상생 수술. 1주피성에 박주심성(薄珠心性) 배주는 국화아강에서나 볼 수 있는 특징이고, 합판화는 장미아강에서는 거의 볼 수 없다. 오아과아강의 배주는 대개 2주피성이고 후주심성 내지 박주심성으로 이런 특징 조합은 다른 그룹에서는 보기 힘들다. 분절성 소엽을 가진 복엽은 장미아강에서 훨씬 흔하다. 자방 실당 1~2개의 배주도 장미아강에서 흔하지만 오아과아강에 속하는 아욱목에서는 그렇지 않다. 전형적인 밀선반(蜜腺盤, nectary disk)은 오아과아강에서는 거의 볼 수 없다.

오아과아강이 목련아강에서 유래된 건 분명하다. 이생심피를 갖는 오아과목(Dilleniales)이 두 아강의 연결고리이고 다른 목이 없다면 오아과목은 목련아강에 속한다고 봐도 무리가 없을 것이다. 하지만 일련의 화학적 특징들을 보면 명확하게 구별된다. 오아과아강은 목련아강이 갖고 있지 않은 엘라진산(ellagic acid), 프로안토시아닌(proanthocyanins), 종유체(aphides)를 함유하고 있고, 목본성 목련아강의 특징적인 에테르 유선세포는 없다. 오아과아강의 원심적(遠心的) 성숙을 하는 수술의 기원에 대해서는 아직도 해결되지 않은 문제가 많이 남아 있다.

오아과아강의 웅예군이 환상배열을 하고 다수의 수술로 된 웅예군으로부터 수술의 숫자를 증가시켜 기원된 것으로 본다면, 오아과아강과 목련아강 사이의 간격이 더 벌어진다.

오아과아강의 원심적 성숙을 하는 웅예군과 흔히 만생 또는 만곡 배주는 석죽아강을 연상시키지만, 석죽아강은 오아과아강이 갖고 있지 않는 진화된 특징을 갖고 있다. 오아과아강과 석죽아강 간의 진화적 관계는 시기적으로도 멀리 떨어져 있다.

오아과아강의 화분은 신백악기 초에 나타나는 것으로 보이나 확실한 기원시기는 알 수 없다. 만약 크롱퀴스트의 화학적 진화에 대한 가설이 맞는다면 오아과아강은 아마도 조록나무아강과 장미아강의 출현시기와 같은 때 기원했을 것이다. 조록나무아강과 오아과아강 및 장미아강의 조상들은 병충해에 대한 방어수단으로 수용성 타닌(tannins)을 갖고 있다. 오아과아강과 장미아강의 발달한 그룹들은 더 발달된 방어수단을 개발해 타닌을 버렸다.

오아과과(Dilleniaceae)는 목련아강 및 석죽아강과 구별되는 반면에, 다래나무과(Actinidiaceae)와 차나무과처럼 합생심피를 갖는 그룹들과 근연이다. 따라서 개념적으로는 이들 이생심피를 갖는 과를 대개 합생심피를 갖는 차나무목에서 분리시키는 것이 더 유용하다. 오아과과는 차나무목뿐 아니라 오아과아강의 나머지를 내게 한 현생 잔존군으로 볼 수 있다. 모란과(Paeoniaceae)는 오아과아강의 주류에서 좀 벗어난 그룹이다.

차나무목(Theales)은 오아과아강의 중심그룹으로, 이로부터 오아과목(Dilleniales)을 제외한 다른 목들[아욱목(Malvales), Lecythidales, 제비꽃목(Violales), 풍접초목(Capparales), Nepenthales]이 기원했다. 버드나무목(Salicales)은 제비꽃목에서, 바탈레스목(Batales)은 풍접초목에서, 나머지 네 목은 차나무목에서 기원했을 것이다. 진달래목(Ericales)은 차나무목의 다래나무과(Actinidiaceae)와, 돌매화나무목(Diapensiales)은 진달래목과 연결된다. 감나무목(Ebenales)과 앵초목(Primulales)은 이들과 멀리 떨어져 있지만 둘 사이는 가깝고, 진달래목과도 어느 정도 근연이다.

A. 심피는 이생; 수술은 다수; 배유 발달..오아과목(모란과)
A. 심피는 다소 또는 완전히 합생; 수술은 다수 또는 소수; 배유는 있거나 없다.
 B. 이판화 또는 무판화, 드물게 합판화; 수술은 다수 혹은 5개
  C. 식충식물이다..벌레잡이통풀목(끈끈이귀개과)
  C. 식충식물이 아니다.
   D. 중축태좌; 수술은 다수
    E. 수술은 이생 또는 다체웅예...........차나무목(차나무과, 물레나물과, 다래나무과)
    E. 수술은 단체웅예...아욱목(아욱과, 피나무과)
   D. 측벽태좌; 수술은 5개
    F. 초본; 꽃잎이 있고 양성화; 충매화; 심피는 2~3개

그림 5-18 오아과아강의 주요 식물들 : 1 동백나무 2 종가지풀 3 갯버들 4 고추냉이 5 우산제비꽃 6 산철쭉

그림 5-19 장미아강의 주요 식물들 : 1 조팝나무 2 검은딸기 3 양지꽃 4 자귀나무 5 제주달구지풀
6 호랑가시나무 7 괭이밥 8 둥근이질풀 9 바위취 10 제주물봉선 11 가지괭이눈 12 부처꽃

　　G. 꽃잎은 5개; 심피는 3개......................................제비꽃목(제비꽃과, 박과)

　　G. 꽃잎은 5개; 심피는 2개......................................풍접초목(십자화과)

　F. 목본; 꽃잎이 없고 단성화; 풍매화; 심피는 2개............버드나무목(버드나무과)

B. 합판화; 수술은 꽃잎의 배수 또는 5개

　H. 수술은 화탁에 붙는다.........................진달래목(진달라과, 노루발과, 구상난풀과)

　H. 수술은 화관에 붙는다.

　　I. 중축태좌; 수술은 꽃잎의 2배; 장과 또는 삭과..........감나무목(감나무과, 때죽나무과)

　　I. 독립중앙태좌 또는 기저태좌; 수술은 꽃잎과 동수; 삭과...................앵초목(앵초과)

⑤ **장미아강(Rosidae):** 장미아강은 18개의 목으로 된 자연군이다. **그림 5-19** 대극목(Euphorbiales)과 라플레시아목(Rafflesiales)만 문제가 있는데, 후자는 기생생활로 형태가 많이 퇴화되어 그 유연관계를 찾기가 힘들다. 대극과는 오랫동안 그 위치가 모호했다. 어떤 학자는 아욱목(Malvales)으로, 어떤 학자는 아예 오아과아강으로 보기도 한다.

회양목과(Buxaceae)와 시몬지아과(Simmondsiaceae)를 대극과 근처로 보기도 하고, 탁타잔은 이들을 조록나무아강에 넣기도 한다. 회양목과만 생각하면 큰 문제는 없으나 시몬지아과는 엽상 굴곡 악편 때문에 조록나무아강으로 보긴 어렵고 회양목과의 자매군으로 취급하는 것이 일반적이다.

장미목(Rosales)은 상당히 다양한 그룹으로 장미아강 안에서 발달된 그룹에 속한다. 장미목의 공통형질은 다수성 수술과 이생심피[예외: 콩목은 단심피]이고, 대개 심피당 배주수가 많다. 콩목(Fabales)은 콩과(Fabaceae), 실거리나무과(Caesalpiniaceae), 미모사과(Mimosaceae)로 구성되어 1,800여 종을 포함하는 커다란 그룹인데, 많은 학자들은 이들을 하나의 과 안에 아과로 취급하기도 한다. 이들은 탁엽이 있는 복엽과 단심피를 갖는 꽃과 협고를 갖는 특징으로 잘 정의되는 자연군이다. 콩목은 장미목과 가장 가깝고, 콘나루스과(Connaraceae)가 콩목, 장미목, 무환자나무목(Sapindales) 근처에 위치한다.

도금양목(Myrtales)은 14과 9,000종을 포함한다. 이 목은 자방주생(子房周生, perigynous)[꽃의 다른 부분 즉 꽃잎, 꽃받침, 수술이 자방 주위에서 남] 또는 자방상생(子房上生, epigynous)[꽃의 다른 부분들이 자방 위에서 남] 꽃과 함께 내사부(內篩部, internal phloem)와 도관요소에 돌기유연막공(突起有緣膜孔, vestured pits)[전면 또는 일부가 2차막의 돌기물로 덮인 유연막공]을 갖고 있는 점이 특이하다. 도금양목에 팥꽃나무과(Thymelaeaceae)를 넣은 것은 문제가 된다고 보는데, 그 이유는 가단심피자방(假單心皮子房, pseudomonomerous ovary)[심피가 하나로 보이지만 원래 여러 개가 융합된 자방], 특이한 화분, 쿠마린(coumarin)과 대프닌(daphnin)과 같은 2차 대사산물, 일부가 자방하생 꽃을 갖고 있기 때문이다. 팥꽃나무과의 선모와 특정 효소[ribulose biphosphate carboxylase]의 아미노산 서열은 도금양목과의 연결성을 보여준다.

무환자나무목(Sapindales)은 15과 약 5,400종으로 구성된 자연군이다. 고추나무과(Staphyleaceae)와 무환자나무과(Sapindaceae)는 좀 떨어져 있어, 고추나무과는 장미목 조상과 무환자나무과를 연결해주고 있고, 근처에 쥐손이풀목(Geraniales)의 큐노니아과(Cunoniaceae)와 남가새과(Zygophyllaceae)가 위치한다. 이들 두 과는 자방 실당 2개 이상의 배주를 가져 나머지와 구별된다.

무환자나무목 대부분을 장미목과 구별하는 특징은, 복엽, 반수 또는 배수 웅성기, 잘 발달한 밀선반, 자방 실당 1~2개의 배주를 갖는 합생심피 등이고, 이 특징들은 장미목에서 개별적으로 나타나긴 하지만 한꺼번에 나타나는 분류군은 거의 없다.

A. 단심피 또는 이생/합생 심피; 수술은 다수
　B. 심피는 (1)2개~다수, 이생/합생; 열매는 협과가 아니다.
　　　　　　　　　　　　　　　　……………………………… 장미목(장미과, 수국과, 돌나물과, 범의귀과)
　B. 심피는 단심피; 열매는 협과이다.……………… 콩목(자귀나무과, 실거리나무과, 콩과)
A. 합생심피; 수술은 꽃잎의 2배 이하
　C. 줄기에 내사부가 있다; 꽃은 자방 주생~상생; 꽃은 대개 4수성…………………………
　　　　　　　　　　　　　　　　……………………………… 도금양목(부처꽃과, 바늘꽃과)
　C. 줄기에 내사부가 없다; 꽃의 형태는 다양
　　D. 꽃은 축소되고 단성화.…………………………………………………… 대극목(대극과)
　　D. 꽃은 완전한 구조이고 양성화
　　　E. 잎은 단엽, 거치가 있고, 복엽은 드물다.
　　　　F. 꽃은 자방하생 또는 주생…………………………………… 층층나무목(층층나무과)
　　　　F. 꽃은 자방상생 드물게 주생
　　　　　G. 꽃은 방사상칭; 약은 보통 종개

   H. 수술은 5개 이하; 이생
    I. 수술은 꽃잎과 호생.........................노박덩굴목(노박덩굴과, 감탕나무과)
    I. 수술은 꽃잎과 대생.........................갈매나무목(갈매나무과, 포도과)
   H. 수술은 5개 이상; 화사의 기부는 합생.........................아마목(아마과)
  G. 꽃은 좌우상칭; 약은 보통 공개 또는 불규칙하게 열린다...........원지목(원지과)
 E. 잎은 복엽, 거치와 결각이 있고, 단엽은 드물다.
  J. 자방은 상위
   K. 목본; 열매는 탄력적으로 열개하지 않는다...
        ....무환자나무목(무환자나무과, 단풍나무과, 옻나무과, 운향과)
   K. 초본; 열매는 탄력적으로 열개한다...........쥐손이풀목(쥐손이풀과, 봉선화과)
  J. 자방은 하위.........................미나리목(두릅나무과, 미나리과)

 ⑥ **국화아강(Asteridae):** 국화아강은 합판화이고, 수술은 꽃잎과 동수이거나 소수이고, 꽃잎과 호생하며, 1주피에 박주심성이지만 예외[Callitrichales]도 있다. **그림 5-20** 이리도이드 화합물(iridoid compounds)을 가지나 다른 물질들[betalains, benzyl-isoquinoline alkaloids]은 없어 석죽아강 및 목련아강과 구별되고, 엘라진산(ellagic acid)과 프로안토시아닌(proanthocyanins)이 없어 장미아강, 오아과아강, 조록나무아강과 구별된다.

 국화아강의 조상은 이리도이드 화합물, 합판화, 화판과 동수이고 호생하는 수술, 중축태좌를 하는 합생심피, 단주피성 및 박주심성 배주, 밀선반을 갖는 장미목에서 찾을 수 있다. 이런 특징이 조합된 것이 국화아강으로 진화한 것이 아닌가 생각된다.

 국화아강은 비교적 최근, 즉 제3기층 올리고세(Oligocene)에 와서야 식생의 주요 멤버가 되었다. 이들은 특별한 수분매개체에 의해 수분되고, 화분을 제공하는 특수한 방법을 개발했다[약으로부터 화분을 짜내는 방식].

 용담목(Gentianales)은 아강의 기부에 위치하고, 꼭두서니목(Rubiales)은 용담목과 산토끼꽃목(Dipsacales)과 연관되어 있다. 조름나물과(Menyanthaceae)와 버들레야과(Buddlejaceae)는 종종 용담목으로 취급되기도 하지만 크롱퀴스트는 각각을 가지목(Solanales)과 현삼목(Scrophulariales)으로 처리했다. 국화아강에서 가장 큰 목은 현삼목(Scrophulariales)이고, 그중 가장 큰 과는 현삼과(Scrophulariaceae)

그림 5-20 국화아강의 주요 식물들 : 1 가시엉겅퀴 2 덩굴용담 3 갯씀바귀 4 곰취 5 과남풀 6 금강초롱
7 꿀풀 8 갯메꽃 9 누린내풀 10 능소화 11 댕강나무

인데, 여기에 작은 과 4개[쥐꼬리망초과(Acanthaceae), 능소화과(Bignoniaceae), 열당과 (Orobanchaceae), Globulariaceae]가 연관돼 있다. 다른 7개의 과는 현삼과의 유도형이라 보아도 된다.

국화목(Asterales) 중 가장 큰 과는 국화과(Asteraceae=Compositae)로 2만여 종을 포함한다. 국화과는 거의가 초본이고 수생식물은 없지만 다양한 적응을 보이고 있다. 국화과는 초롱꽃과(Campanulaceae)와 근연으로 생각해 왔으나, 원시적인 해바라기족(Heliantheae)을 보면 꼭두서니과(Rubiaceae)의 목본성이고 대생엽과 취산화서를 갖는 그룹에서 기원된 것으로 생각된다. 분자연구 결과에 의하면 국화과는 뮤티시아족(Mutisieae)에 속하는 바나데시아속(*Barnadesia*)과 국화과의 모든 나머지 분류군이 자매군이다. 따라서 아과로 나눌 때 이전처럼 국화아과와 민들레아과로 나누는 것은 계통분류학적 관점에서는 잘못된 것이다.

A. 자방은 상위

  B. 잎은 대생 또는 윤생; 내사부가 있다; 화관은 방사상칭;

    수술은 화판과 동수이다...........................용담목(용담과, 협죽도과, 박주가리과)

  B. 잎은 거의 호생; 내사부가 없다; 화관은 방사/좌우상칭;

    수술은 화판과 동수이거나 적다.

    C. 자방은 2심피; 심피당 2배주; 화주는 자방기생.................꿀풀목(지치과, 꿀풀과)

    C. 자방은 2~5심피; 심피당 2개~다수의 배주; 화주는 자방상생

      D. 풍매화; 화관은 인편상, 숙존; 화피와 수술은 4수성.............질경이목(질경이과)

      D. 충/조매화; 화관은 꽃잎 모양, 조락; 화피와 수술은 4~5수성

        E. 화관은 방사상칭; 수술은 5개.............................가지목(가지과, 메꽃과)

        E. 화관은 좌우상칭; 수술은 2개 또는 4개..............현삼목(물푸레나무과, 현삼과)

  A. 자방은 하위; 드물게 반하위

    F. 화서는 여러 가지; 약은 이생; 자방은 1개~다수이고, 배주는 1개~다수

      G. 초본; 잎은 호생; 수술은 화관과 이생...................초롱꽃목(초롱꽃과)

      G. 초본/목본; 잎은 대생/윤생; 수술은 화관상생........꼭두서니목(꼭두서니과, 인동과)

    F. 화서는 두상; 약은 합생; 자방은 1실이고 배주는 1개....................국화목(국화과)

단자엽식물의 분류

단자엽식물이 쌍자엽식물로부터 갈라져 나온 시기는 화분 화석 증거로 미루어볼 때 앱티안~앨비안이다. 잎 화석을 보면, 고백악기 후기에 꽤 다양해졌음을 보여주고 있으나 현대 단자엽식물과는 차이가 있다. 첫 현대 단자엽식물은 산토니안에 발견되는 종려과이지만 원시적인 단자엽식물은 아니다. 사초목 식물의 화분 화석이 신백악기 말에 나타나고, 그 후 마스트리키티안에 생강아강의 잎과 판다누스(*Pandanus*)로 보이는 화분이 발견되었다. 택사아강과 백합아강은 신백악기에 비슷한 잎이 발견되기는 했으나 확실한 것은 제3기에 들어서다. 그림 5-21

단자엽식물을 낸 쌍자엽식물 조상은 이생심피, 잘 발달한 화피, 단구형 화분을 가졌고, 형성층이 미약한 초본식물에 엽상태좌(葉狀胎座, laminar placentation) [변연태좌가 펼쳐진 모습을 하는 태좌]를 가졌을 것이다. 이에 가장 걸맞는 식물이 수련목(Nymphaeales)이다. 그렇다고 수련이 단자엽식물의 직접 조상이란 이야기는 아니고, 수련과 비슷한 전단자엽성 쌍자엽식물(premonocotyledonous dicots)이라고 보는 것이 타당할 것이다. 현대 수련과 비슷한 잎을 가진 수생 피자식물은 구백악기 앨비안에 널리 퍼져 있었다. 현대 수련목은 수생이고, 도관이 없고, 두 개의 자엽이 하나로 융합되는 경향을 보인다.

도관이 쌍자엽식물과 단자엽식물 사이에 언제 분화하는지를 비교하는 것은 흥미롭다. 쌍자엽식물에서는 도관이 줄기의 2기 목부에서 나타나 다른 기관으로 퍼지는데 반해 단자엽식물에서는 뿌리에서 처음 나타난다. 이에 대해서 도관이 쌍자엽식물과 단자엽식물에서 따로 기원한 것으로 보는 견해도 있었으나 1988년 크롱퀴스트는 수련 같은 수생식물에서 형성층이 소실되면서 줄기의 도관도 없어지고 땅으로 복귀하면서 다시 나타났다고 보는 것도 가능하다고 했다.

단자엽식물의 평행맥에 대해서는 엽신(葉身, leaf blade, 잎몸) 없는 엽병이 변형된 것으로 보고 있다. 이 가설은

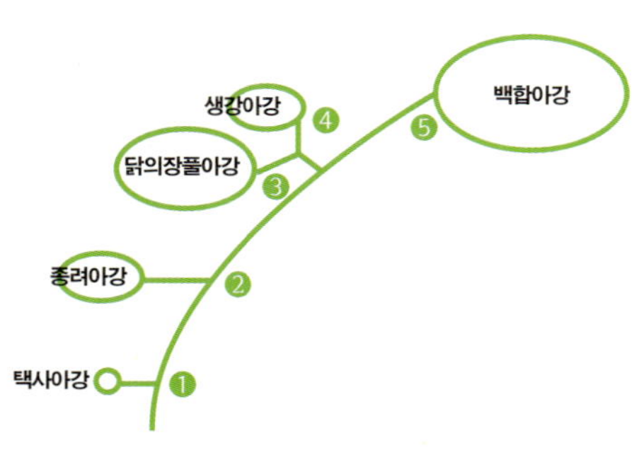

그림 5-21 **크롱퀴스트 체계에 의한 단자엽식물의 계통적 유연관계**

1827, 일찍이 드캉돌이 벗풀속(*Sagittaria*)을 관찰하고 제안한 가설이다. 그리고 천남성 같은 육상 단자엽식물의 넓고 망상맥을 갖는 잎은 평행맥으로부터 2차적으로 기원한 것으로 보인다. 이것은 여러 단자엽식물과에서 그 전이과정이 관찰되기 때문이다. 즉, 전형적인 평행맥에서 넓은 잎이 출현한 방법에는 세 가지가 있는데,

① 주맥이 엽신 중간쯤에서 갈라지고, 갈라진 사이의 맥들의 연결이 확장된 후에, 주맥이 잎의 끝에 닿기 전에 없어져서 장상맥이 되는 것이 한 가지이고[예: *Alisma, Sagittaria, Dioscorea, Smilax, Trillium*, 다수의 천남성과 식물],

② 평행맥들 중 가장자리 것이 먼저, 중간 것들이 나중에 잎 가장자리를 향해서 갈라져 많은 평행 측맥을 가진 우상맥 잎을 만드는 것이고[예: 생강목],

③ 마지막으로 잎의 성장 초기에 측맥 사이에 새로운 조직이 끼어들어가는 방법이다[예: Cyclanthales].

단자엽식물의 이런 광엽의 진화는 당시에 적응력이 가장 좋았던 쌍자엽식물이 충분히 점령하지 못했던 서식처로 상륙하는 데 도움이 되었을 것이다.

단자엽식물은 수생식물 조상으로부터 파생되었지만 다시 물로 돌아간 식물들도 있다. 택사아강 중에서 물로, 다시 바다로 점진적인 적응을 보이는 식물도 있고, 종려아강 중에서 육상식물인 천남성과가 2차적으로 수생식물이 된 개구리밥과도 있으며, 닭의장풀아강 중에서 마야카과(Mayacaceae), 흑삼릉과(Sparganiaceae), 부들과(Typhaceae)가, 백합목에서 물옥잠과(Pontederiaceae)가 2차적으로 수생식물이 된 것들이다.

단자엽의 기원에 대해서도 논란의 여지가 있으나, 잎이 엽초에 둘러싸여 있다가 융합되면서 관다발이 하나로 융합되듯이, 자엽도 그렇게 된 것이 아닌가 생각된다. 하지만 쌍자엽식물의 자엽에선 각각 중간까지 관다발이 뻗어 있으나 단자엽식물에서 두 개가 겹쳐진 모습이 관찰되지 않기 때문에 이 가설은 기반이 약하다. 이보다는 현생 수련목(Nymphaeales)에서 보듯이 두 개의 자엽 가장자리가 서로 융합하여 위쪽은 두 갈래지고 아래쪽은 튜브 모양이던 것

이, 한 갈래가 축소되어 소실된 것이 아닌가 하는 것이 크롱퀴스트의 생각이다. 단자엽의 기원이야 어떻든 단자엽식물이 한결같이 하나의 자엽을 갖고 있다는 사실에서 그 기원이 하나의 조상으로부터 출발했다는 것만은 틀림없을 것 같다.

격벽밀선(隔壁蜜腺, septal nectary)은 단자엽식물을 하나의 군으로 보게 해주고 택사아강이 기부에 위치한다는 사실을 말해준다. 이 구조는 쌍자엽식물에서는 볼 수 없는 것으로, 그 구조가 복잡해서 그것을 갖고 있는 식물들[예: 백합목, 파인애플목, 생강목]은 하나의 조상에서 나왔다는 생각을 갖게 해준다. 각 그룹에서 모든 속들이 격벽밀선을 갖는 것은 아니지만 흔하게 갖고 있어서 없는 것은 예외로 치부하기에 충분하다. 특히 청미래덩굴과(Smilacaceae)와 백합과(Liliaceae)의 튤립족(Tulipiae)은 전부가 예외이고, 생강아강의 복잡한 외부 밀선은 격벽밀선으로부터 기원한 것이 분명하다. 어떤 난초과 식물들은 변형된 격벽밀선을 갖고 있어, 단자엽식물 4개의 아강 중 3개 아강이 격벽밀선을 갖고 있고 이들은 모두 합생심피를 갖고 있으나, 닭의장풀아강은 전혀 갖고 있지 않은 것이 특이하다. 격벽밀선은 택사아강에서 기원한 것이 아닌가 보고 있는데, 벗풀속과 다른 택사아강 식물들은 화판과 수술 사이에 또는 수술과 심피 기부 주위에 밀선을 갖고 있다. 이것들은 이생에서 합생심피를 갖고 있는 종려아강을 보면 택사아강형에서 격벽밀선형으로의 전이를 볼 수 있고 비슷한 변화는 생강아강과 백합아강으로 가는 계열 중에서도 나타난다.

단자엽식물의 어느 아강도 서로 조상-후손의 관계는 아닌 것으로 보인다.

표 5-3 **Liliopsida 백합강(Monocotyledonae, 단자엽식물) 50강의 주요 특징**

아 강	주 요 특 징
❶ Subclass Alismatidae 택사아강	수생 초본, 이판화, 수술 다수, 대개 이생심피
❷ Subclass Arecidae 종려아강	개구리밥-야자나무, 꽃은 다수 육수화서, 대개 합생심피, 망상객엽
❸ Subclass Commelinidae 닭의장풀아강	대개 초본, 대개 육생, 화피 발달 또는 퇴화(충매화-풍매화), 합생심피, 벼과는 식량 공급
❹ Subclass Zingiberidae 생강아강	열대산, 육생 또는 착생, 꽃에 밀샘. 합생심피, 자방하위
❺ Subclass Liliidae 백합아강	대개 초본, 육생 또는 착생, 꽃받침과 꽃잎 고도로 분화, 충매화, 합생심피

택사아강, 닭의장풀아강, 생강아강, 백합아강은 비교적 특징이 뚜렷해 잘 묶여지는 그룹들이지만, 종려아강은 엉성하게 묶여진 그룹이다. 표 5-3

① **택사아강(Alistmatidae):** 택사아강은 이생 심피와 단구형 화분을 가져 단자엽식물 중에서 가장 원시적이고, 단자엽식물을 목련아강과 연결시키는 중간 고리에 해당하는 식물로 생각되지만, 원시적이라면 2핵성 화분과 배유가 있는 종자를 가져야 하므로 단자엽식물 계통의 뿌리라기보다는 밑둥에서 나온 가지라고 보는 것이 타당할 것이다. 그림 5-22

그림 5-22 **택사아강의 택사**

A. 화피는 꽃잎과 꽃받침이 분화되어 있다.
 B. 자방은 상위; 심피는 이생한다.....................................택사목(택사과)
 B. 자방은 하위; 심피는 합생한다.....................................자라풀목(자라풀과)
 A. 화피는 꽃잎과 꽃받침이 분화되어 있지 않거나 없다..
 ....나자스말목(거머리말과, 가래과, 나자스말과)

② **종려아강(Arecidae):** 종려아강에는 종려목과 천남성목이 있는데 이들은 서로 관계가 먼 식물들이다. 그림 5-23 종려목은 잎이 넓고 우상 또는 장상복엽이며 도관이 잘 발달한 목본성 식물이다. 이들의 목본성은 쌍자엽식물과는 달리 형성층의 분열에 의한 2기 생장이 아니고, 열대지방에 적응해 낙엽이 지지 않는다. 떨켜(離層, abscission layer)[낙엽이 질 무렵 잎자루와 가지가 붙은 곳에 생기는 특수한 세포층으로, 엽병 기부에 잎을 떨어뜨리기 위해 생기는 조직] 형성을 통한 낙엽 말이다. 그래서 잎이 시들더라도 엽병이 줄기에 붙어 있다.

천남성과(Araceae)는 천남성목(Aracales)의 주축을 이루고, 그 옆에 개구리밥과(Lemnaceae)와 창포과(Acoraceae)가 곁가지로 붙어 있다. 이들의 잎은 넓고 망상맥이지만 종려목과는 다르다. 대개의 천남성과 식물은 숲 바닥에 나는 초본이거나 숲 속 나무를 감고 올라가는 덩굴식물이다[예외: *Pistia*라는 수생식물과 개구리

그림 5-23 종려아강의 주요 식물들 : 1 앉은부채 2 반하 3 점박이천남성 4 *Calla* sp. 5 *Cocos* sp.

밥 같은 부유식물].

창포속(*Acorus*)은 천남성과에 속했었으나 선형의 잎, 에테르 유선세포을 갖고 있고 종유체가 없어 독립된 과로 분리되었다.

A. 목본; 잎은 장상 또는 우상복엽; 화서는 원추화서............................종려목(종려과)

A. 초본; 잎은 단엽; 화서는 육수화서........................천남성목(천남성과, 개구리밥과)

③ **닭의장풀아강(Commelinidae):** 닭의장풀아강에서는 화피가 소실되고, 충매화에서 풍매화로 가는 전이과정이 나타나고, 격벽밀선이 없다. 그림 5-24 닭의장풀목은 잘 발달된 충매화를 갖고 밀선이 없으나, 다른 목들에서는 꽃이 축소되고, 곡정초목(Eriocaulales)의 곡정초속(*Eriocaulon*)은 충매화로 작은 화판 끝

그림 5-24 닭의장풀아강의 주요 식물들 : 1 닭의장풀 2 꿩의밥 3 개솔새 4 방동사니아재비 5 섬조릿대 6 갈대

안쪽에 밀선을 갖는다. 부들목(Typhales)은 풍매화, 평행형(paracytic) 기공, 모든 기관에 도관, 전분성 배유, 세포벽에 페룰산(ferulic acid) 함유 등의 특징으로 닭의장풀아강으로 취급하는 것이 타당하다.

사초과(Cyperaceae)와 벼과(Poaceae)는 근연으로 여겨져 왔지만, 최근에는 서로 다른 목으로 처리하든지, 사초과를 골풀과(Juncaceae)와 합치기도 한다.

A. 꽃잎이 있고 예쁘다; 양성화; 충매화 .... 닭의장풀목(닭의장풀과)
A. 꽃잎이 없다; 양성화 또는 단성화; 충매화
  B. 배주는 다양, 여러 개, 1개일 경우에는 정단에 현수하지 않음;
    꽃은 단성/양성화; 화분은 3핵성
    C. 자방은 1~3개, 화분립은 4립, 열매는 삭과 .... 골풀목(골풀과)
    C. 자방은 1개, 화분립은 단립 또는 위단립, 열매는 폐과 .... 사초목(사초과, 벼과)
  B. 배주는 1개 정단에 현수, 꽃은 단성화, 화분은 2핵성 .... 부들목(부들과)

④ **생강아강(Zingiberidae):** 생강아강에는 파인애플목(Bromeliales)과 생강목(Zingiberales) 두 개뿐이지만 다른 아강과 구별이 된다. **그림 5-25** 이들은 격벽밀선과 뿌리에 도관을 가진 점에서 백합아강과 비슷하고, 전분성 배유에 복합전분립을 갖는 점과 악편이 화판과 분화된 점은 닭의장풀아강과 비슷하다. 그러나 기공 주위의 조세포의 수가 4개 또는 그 이상인 점에서 이들 두 과와 차이가 있다.

A. 기능적인 수술은 6개; 꽃은 대개 방사상칭이다 .... 파인애플목(파인애플과)
A. 기능적인 수술은 1개 또는 5개; 꽃은 대개 좌우상칭이다 .... 생강목(생강과)

⑤ **백합아강(Liliidae):** 백합아강은 화피가 모두 화판상으로 눈에 잘 띄는 충매화를 갖고 있다. **그림 5-26** 꽃의 부분들이 축소되지 않고, 육수화서도 갖고 있지 않으며, 초본성이고, 간혹 넓은 망상맥의 잎을 가지며, 뿌리와 줄기에 도관을 갖고 있다. 백합목 안에서 좁고 평행맥의 잎이, 원시적이고 넓고 망상맥인 잎과 반복해서 출현했다. 원시적인 배유는 육질이거나 연골질이고, 영양조직에 헤미셀룰로오스는 없다. 그러나 발달한 배유는 딱딱하고 헤미셀룰로오스를 함유한다. 마과(Dioscoreaceae)의 배는 슬리퍼 모양이고 유근(幼根, plumule)

그림 5-25 생강아강의 주요 식물들 : 1 양하   2 극락조   3 바나나   4 칸나   5 *Costus barbatus*   6 *Heliconia bihai*

그림 5-26 백합아강의 주요 식물들 : 1 얼레지 2 연영초 3 하늘나리 4 참마 5 범부채 6 등심붓꽃 7 솔붓꽃 8 노랑무늬붓꽃 9 청미래덩굴 10 개불알꽃 11 수선화 12 새우난초

은 끝에 나 있어 원시적이나[대개 물통 모양이거나 타원형 내지 난형이고, 유근은 숨어 있
다.]. 다른 특징들은 발달한 또는 관상인 배에서 유래되었고, 자방하위에 격
벽밀선을 가져 발달한 모습을 보인다.

  백합과(Liliaceae)는 자방상위로 하위자방을 갖는 수선화과(Amaryllidaceae)와 구
별되지만 과 내 여기저기서 자방하위가 나타나 두 과를 나누는 좋은 기준이
못된다. 한편 청미래덩굴속(Smilax)을 독립된 과로 보는 견해도 점점 지지를 받
고 있다. 용설란과(Agavaceae)를 염색체를 기준으로[염색체 기본수 x=대5+소15] 독
립된 과로 나누는 것도 널리 받아들여져 왔으나 습성이 전혀 다른 비비추속
(Hosta)도 이 범주에 속해 의심이 되고, 아프리카산 알로에과(Aloeaceae)도 용설란
처럼 습성이 달라진 것들이 있어 다른 계열로 인식할 필요가 있다. 크롱퀴스
트는 용설란과, 알로에과, 청미래덩굴과를 나머지 백합과+수선화과에서 떼
어냈다.

  난초목(Orchidales)은 균생(菌生, mycotrophic)[균과 공생해서 영양을 얻는다.] 습성, 미
세한 종자, 작고 미분화된 배, 그리고 무배유인 점에서 백합목과 구분된다.
자방은 항상 하위이고, 전형적인 격벽밀선은 드물고 훨씬 발달된 상태의 밀
선을 갖는다. 화분이 합쳐져 덩어리(花粉塊, pollinia)를 만드는데 한 번에 많은 자
손을 만들고 어렵사리 전파된 종자를 발아시키려는 확률에 대한 적응이다.

  난초목은 백합목에서 기원된 것이 분명하다. 모든 특징이 백합목으로부터
파생되었기 때문이다. 자방하위만은 백합목 안에서 미리 진화한 것이 있기
때문에, 이들로부터 난초목이 나왔다고 보거, 난초목에서 수술이 3개 이상을
갖지 않는 것은 이들 중 2개는 6개였던 조상의 2열로 배열된 중에서 안쪽 열
에서 나왔고, 1개는 바깥 열에서 나왔기 때문으로 추정된다.

  A. 식물은 균생이 아니다; 종자는 소수이고 보통 크기이다; 꽃은 대개 방사상칭이고,
      대개 격벽밀선을 갖는다..........백합목(백합과, 물옥잠과, 붓꽃과, 마과, 청미래덩굴과)
  A. 식물은 균생이다; 종자는 다수이고 아주 작다; 꽃은 좌우상칭이고,
      밀선은 다양하나 격벽밀선은 드물다......................................난초목(난초과)

chapter 6

6장

화려하고 실속 있는 변화

1
꽃의 수분을 위한 적응

식물은 움직이지 못하므로 다른 매개체를 통해 수정을 해서 유전자의 재조합을 하고 번식한다. 정자를 만드는 꽃가루를 한 꽃에서 다른 꽃으로 전달하는 과정을 꽃가루받이 또는 수분(授粉, pollination)이라 한다. 간혹 꽃에 벌과 나비가 날아드는 이유가 수분을 시키기 위해서란 사실은 모르고 이들이 그냥 꿀을 먹으러 오는 줄 알지만, 실은 꽃은 매개체에게 먹을 것을 주고 매개체는 수분을 시켜주는, 즉 서로 주고받는 계약행위인 것이다. 곤충뿐만 아니라 바람, 물, 박쥐나 새도 수분을 매개한다.

나자식물과 우리나라 같은 온대지방의 피자식물 낙엽수들 대부분[자작나무과, 버드나무과, 느릅나무과, 버즘나무과, 참나무과, 가래나무과, 소귀나무과 등]은 풍매화(風媒花, anemophily)로 바람에 의해 수분된다. 그림 6-1 화분이 바람에 날려 암꽃의 주두에 도착하려면 화분을 엄청나게 많이 생산해야 한다. 그래서 봄철 우리나라 같은 온대지방에 이들 꽃이 피게 되면 엄청난 양의 화분이 바람에 날려 화분 알레르기 때문에 병원을 찾는 사람들이 생기고, 종종 땅에 고인 물이나 연못에 노란 꽃가루들이 떠 있는 것을 보게 된다. 심지어 바닷가에 가면 파도가 노란색을 띠기도 한다.

비교적 최근에 풍매화로 진화된 식물들도 많다. 이들은 낙엽수가 아니라 대개 초본인데, 가장 크고 많은 종류를 갖고 있는 벼과와 사초과 식물들이 그렇다. 이외에도 부들과, 골풀과, 비름과, 쐐기풀과, 질경이과, 종려과 등이 과 수준에서, 마디풀과의 애기수영속(*Acetocella*), 소리쟁이속(*Rumex*), 국화과의 쑥속(*Artemisia*), 돼지풀속(*Ambrosia*), 도꼬마리속(*Xanthium*) 등이 속 수준에서 풍매화다.

　피자식물 조상은, 나자식물의 수분매개 방법인 바람에 의해 매개되는 풍매화에서 곤충에 의해 매개되는 충매화(蟲媒花, entomophily)로 바꿨다. 곤충은 당시에 번성했던 딱정벌레류였고, 지금도 원시적인 피자식물의 대부분은 딱정벌레류에 의해 수분된다. 수분매개체를 바람에서 곤충으로 바꿈으로써 피자식물 조상은 화분을 쓸데없이 많이 생산하지 않아도 되었다. 즉, 쓸데없는 에너지 낭비를 줄일 수 있었다[꽃가루를 만드는 일도 생장하는 일처럼 에너지를 써야 한다. 그리고 그 에너지는 궁극적으로 광합성에서 비롯된다.]. 그러나 공짜로 딱정벌레류에게 수분을 의뢰할 수는 없었다. 주는 게 있어야 받을 수 있는 법이다. 그래서 딱정벌레류가 먹을 꿀과 영양조직을 제공했고, 그들을 유인하기 위해서 눈에 잘 띄는 꽃색과 좋은 향기 그리고 찾아와서 먹으며 쉴 수 있는 공간을 마련해야 했다. 그래도 바람에 의해 수분되는 것보다 경제적이므로 이들이 기존의 나자식물 숲을 잠식해 종국에는 그들의 자리를 찬탈할 수 있었던 것이다.

　곤충을 비롯한 동물을 매개체로 이용하려면 그들을 유인하기 위한 꽃잎을 만들고 꿀이나 영양조직을 제공해야 하지만, 바람이 세게 분다든가 기온이 차다든가 해서 곤충의 행동이 제약을 받는 곳에서는 딱정벌레류가 소용이 없다. 딱정벌레류에게 수분을 의뢰하는 것이 문제가 되는 곳에서 피자식물 조상들은 다시 바람에게 수분을 맡기는 적응을 택하게 된다. 이것은 피자식물의 기원지가 어디인가를 보면 쉽게 이해할 수 있다. 피자식물은 열대지방에

그림 6-1 풍매화 식물들의 수화서 : 자작나무, 당단풍나무, 가래나무

서 기원했고, 이들은 점차로 온대지방, 열대지방의 고산으로 분포를 넓혀 갔다. 수분매개체로서 바람으로의 회귀는 가장 쉬운 선택이었을 것이다. 갖고 있던 암수술에서 한쪽 것만 없애면 됐으니까……. 이런 점에서 현재 딱정벌레류에 의한 수분이 열대지방에, 풍매화가 온대-한대지방에 많은 것은 우연이 아니다.

딱정벌레류가 수분하는 꽃은 목련과 같은 원시적인 식물을 포함하지만, 많은 식물에서 과와 속에 관계없이 이들에 의해 화분이 전파된다. 이들은 꿀이나 화분보다는 주로 꽃잎이나 꽃의 부분을 뜯어 먹는다. 딱정벌레류는 색맹이므로 꽃들도 색깔이 희거나 녹색을 띠고 있다. 딱정벌레류는 수분을 위해 특수화되어 있지 않기 때문에 꽃들은 종지 모양으로 넓게 열려 있고, 낮에 피며, 꿀은 적당한 양을 준비해 놓고 있다. 또한 썩거나 불쾌한 냄새를 내어 딱정벌레를 유혹하기 때문에 같은 냄새를 좋아하는 파리도 수분매개체로 이용하는 경우가 많다. 꽃은 목련이나 수련, 어리연꽃처럼 낱개로 피기도 하지만 미역취나 조팝나무처럼 작은 꽃들로 이루어진 복합화서에 피기도 한다. 그리고 흔히 발열반응을 통해 열을 내는데 이 열로 냄새를 널리 퍼지게도 하고 방문한 딱정벌레류가 잘 활동하게도 한다.

딱정벌레류에 의해 매개되는 꽃에 파리가 날아오는 것이 그리 어려운 일은 아니었을 것이다. 딱정벌레나 파리는 꿀을 찾아다니는데 그리 까다로운 곤충이 아니고, 아직 꽃들이 통꽃이나 좌우상칭으로 진화되지 않은 상태에서 원시 피자식물처럼 화관이 개방되어 있고 꿀도 숨겨 있지 않기 때문이다. 하지만 이 식물 저 식물 마구 찾아다니기 때문에 수분매개 효과가 그리 높지는 않다. 반면 벌이나 나비는 한번 찾아갔던 꽃을 종일 찾아다니는 습성이 있으므로 상당히 효과적인 매개체다. 즉, 이들을 매개체로 이용한다면 화분을 훨씬 조금만 만들어도 되고 꿀의 손실도 적다. 그러나 피자식물 조상이 진화되었을 당시에는 딱정벌레 밖에 없었으므로 피자식물의 매개체에 대한 진화는 곤충의 진화와 맞물려 진행될 수밖에 없었다. 사실 벌이나 나비는 그들의 먹이를 완전히 꽃에 의존하고 모든 기관의 진화도 이에 맞춰져 있다. 나비는 어린 애벌레 시절엔 잎을 갉아먹고 살지만 성충이 돼서는 완전히 꿀을 먹고 산다. 그래서 나비의 대롱같이 긴 주둥이는 좁은 꽃 속의 꿀을 빨아 먹기에 적합하다. 또 벌 애벌레는 일벌들이 따온 꿀을 먹고 자란다.

　한편 꽃들도 이들에게 좀 더 선택적으로 먹이를 얻을 기회를 주기 위해 여러 가지 형질을 개발해야 했다. 벌이 잘 보는 노란색 꽃잎에 꿀을 잘 찾을 수 있도록 표지판을 달아 놓았다. 나비를 위해서는 다른 곤충들이 먹지 못하도록 좀 더 좁고 깊은 곳에 꿀을 숨겨 놓아야 했다. 이렇듯 매개체 동물과 꽃은 서로 맞춰가며 진화를 했으니 이를 공진화 또는 호진화(互進化, coevolution)라고 한다.

　파리도 어느 정도는 꽃과 호진화를 이룬 점이 있긴 하지만 다른 수분매개체만큼은 아니다. 그래서 파리가 수분하는 많은 꽃들은 다른 매개체의 보조 매개체로 파리를 이용한다고 해도 과언은 아니다. 그래서 파리에 의해 수분되는 종류도 다양하다[예 : 동의나물, 미나리아재비, 쥐방울덩굴, 마디풀, 산딸기, 터리풀속, 마가목속, 사과, 배, 정금나무, 양지꽃, 산사나무, 벚나무, 범의귀, 배추, 황새냉이, 괭이밥, 쥐손이풀, 물레나물, 대극, 박주가리, 스타펠리아(*Sapelia*), 궁궁이, 갈퀴덩굴, 앵초속, 송이풀, 부처꽃, 산박하, 초롱꽃. 엉겅퀴, 솜방망이, 구절초, 쑥부쟁이, 기린초, 개불알풀, 민들레, 천남성, 파 등].

　벌에 의해 수분되는 꽃은 수없이 많아 오히려 예를 들기가 힘들 정도이다. 벌의 종류에 따라 꽃의 특징도 다양하다. 우선은 주둥이가 땅벌 종류는 작고, 꿀벌 종류는 중간 크기이고, 뒤영벌 종류는 크다. 따라서 주둥이의 크기에 따라 그들이 수분하는 꽃도 달라진다. 또 꽃의 색깔에 따라서도 수분하는 벌의 종류가 다르다. 우선 벌은 붉은색에 대해서 색맹이어서 붉은 꽃을 찾지 않는다. 대신 꼭은 아니지만 뒤영벌은 푸른색이나 보라색을 더 좋아하고, 단독생활을 하는 벌이나 집단생활을 하는 꿀벌은 노란색을 좋아한다. 벌은 평면 구조나 입체 구조를 잘 인식하지 못하는 대신 선은 잘 인식한다. 그래서 벌에 의해 수분되는 꽃들은 꿀안내선(nectar guide)을 갖는다. 그리고 인간에게는 보이지 않아도 벌에게는 잘 보이는 선들을 많은 꽃들이 갖고 있다.

　시든 꽃은 꽃잎 사이가 벌어짐으로써[예: 콩과] 또는 꽃잎의 색깔이 변함으로써[예: 칠엽수, 인동덩굴] 벌들이 찾지 않게 한다. 예를 들어 인동덩굴(*Lonicera japonica*)은 새로 핀 꽃은 흰색이지만 시간이 지나면 노란색으로 변한다. 그래서 인동덩굴을 금은초라고도 한다. 이렇게 색이 변함으로써 벌들은 시행착오를 거쳐 노란색을 피하게 되는 것이다.

벌은 한번 찾았던 꽃을 다시 찾는 경향이 있다. 그 이유는 무엇일까?

① 기억력이 좋아서 그 꽃의 모양을 바로 기억하기 때문에
② 다른 벌들이 자기가 갔던 꽃을 많이 가기 때문에
③ 유전적으로 또는 본능적으로 종류별로 수분시키는 꽃이 정해져 있어서
④ 무언가 복잡한 다른 이유로

답은 ④번이다. 즉, 많은 식물들은 꿀을 여러 가지 방법으로 숨겨 놓는다. 아마도 제일 깊게 숨겨 놓는 방법이 가늘고 긴 거(距, spur)[꽃잎의 기부가 튜브처럼 길어져 그 안에 꿀을 저장하도록 발달한 구조]를 만드는 것일 텐데[예: 현호색, 매발톱, 제비고깔, 제비꽃, 금어초, 해란초 등] 이런 극단적인 예를 보면 쉽게 이해가 간다. 벌은 몇 번의 시행착오를 거쳐 자기가 방문한 꽃들의 꿀이 어디 있는지, 그래서 어떻게 쉽게 꿀을 찾는지 학습한다. 자기가 학습한 꽃을 찾는 것이 다른 꽃을 이리저리 찾는 것보다 꿀을 쉽고 많이 얻을 수 있기 때문이다. 그러나 어떤 벌들은 2종 심지어 3종의 꽃을 찾아다닌다. 이렇게 보면 ①번도 맞는 답일 수 있겠다.

또 잘 알려진 대로 벌, 특히 사회생활을 하는 꿀벌은 나름대로 자기 동료들에게 꿀이 많은 곳을 알려주는 의사전달 방법을 사용한다. 이들은 커다란 군락의 꽃이나 재배식물의 꽃을 많이 찾는다. 아마도 많은 개체들을 먹여 살리기 위한 적응이 아닐까? 벌은 수많은 꽃들만큼이나 여러 가지로 분화되어 있어 가장 대표적이고 오래된 수분매개체인 것이다.

벌 다음가는 수분매개 동물은 나비일 것이다. 나비에 의해 수분되는 꽃들은 크고, 색깔이 분홍, 남색 등으로 예쁘고, 나비가 앉을 수 있도록 장소를 마련하고 있고, 흔히 향이 짙다. 나비는 화분을 먹지 않으므로 화분보다는 꿀을 더 많이 준비하고 있다. 꿀은 좁은 관이나 거에 있어 나비가 긴 혀로 빨아 먹는다. 나비의 꽃들은 거의 꿀안내선을 갖지 않는다.

나비가 수분시키는 식물 중 특이한 것이 있는데 박주가리과의 아스클레피아스속(*Asclepias*)이다. 이들은 꽃의 색깔이 다양해서 원예가들이 애호하는 식물인데 특히 아름다운 황제나비(*Danaus plexippus*)의 먹이로 온실에서 함께 키운다. 아스클레피아스는 독성이 강한 유액을 내어 보통 다른 곤충들이나 동물들

은 그 잎을 뜯어먹지 못한다. 그러나 황제나비의 유충만은 아무런 문제없이 이를 뜯어 먹고, 대신 유충은 나비가 된 후에 아스클레피아스의 화분을 수분시켜 준다.

나방도 중요한 수분매개 곤충인데 대개 나비가 전파하는 식물이 진화한 것이다. 나방 중에서 가장 중

그림 6-2 플록스 꽃에서 꿀을 빨고 있는 검정꼬리박각시

요한 매개체는 박각시 나방(hawk moth)이다. **그림 6-2** 이들은 벌새처럼 꽃 앞에서 정지비행을 하며 꿀을 빨 수 있다. 대부분 야행성이지만 낮이나 해질 무렵 활동하는 종류도 있다. 박각시의 활동 시간대에 따라 밤에 피는 꽃은 색이 옅고, 낮에 피는 꽃은 눈에 잘 띈다. 또한 공통적으로 화관이 튜브 모양이고 강한 향을 낸다. 나방이 크고 대사작용을 많이 하기 때문에 꽃의 꿀 생산량도 많다. 이 외에 밤나방, 자나방, 명나방 등은 천천히 날아와 꽃에 앉아서 꿀을 찾는데 박각시 나방만큼 많은 꿀을 필요로 하지는 않는다. 꽃은 작고 흔히 화서에 모여 달린다. 그리고 화서는 두상화서라도 크기가 작다.

나방이 수분매개하는 식물로 특이한 경우가 있는데 바로 유카나방(*Tegeticula*)이 전파하는 용설란과의 유카(*Yucca*)다. 유카나방은 유카 꽃이 필 때 한 꽃에서 화분을 머리 아래 부분에 공처럼 뭉쳐서는 다른 꽃으로 날아가 자방에 구멍을 뚫고 4~5개의 알을 낳은 뒤 화분 덩어리를 끼워 넣는다. 유충은 이 식물이 만들어낸 약 200개의 씨 가운데 절반쯤을 먹는다. 유카는 다른 곤충에 의해서는 수분이 이루어지지 않으며, 유카나방은 꿀을 먹지 않고 이렇게 자손을 번식하는 것으로 만족한다.

드물기는 하지만 개미에 의한 수분도 있다. 개미는 꿀을 좋아하고 원래 식물은 꿀을 생산했으니 특별히 준비할 것은 없다. 그러나 이들을 자기의 주된 수분매개체로 자리매김을 하려면 최선을 다해야 할 것 아닌가? 개미에 의해 수분되는 꽃들은 개미가 기어 다니는 곤충이니 이들이 옮겨 다니기 편하게 꽃을 배열해야 한다. 즉, 화서를 산방화서로 만들고, 식물의 키도 같은 높이로 정연하게 배열하고[예: 돌나물과의 *Diamorpha smallii*], 개미들이 좋아하는 적갈색의

그림 6-3 새에 의해 수분되는 꽃들: 1 *Campsis* 2 *Castilleja* 3 *Fuchsia* 4 *Mimulus*
5 *Lonicera* 6 *Lobelia* 7 *Ocotillo* 8 *Salvia*

꽃을 나무 둥치에 꽃자루 없이 달아 놓기도 한다[예: 코코아나무].

아마도 가장 극단적인 호진화의 예는 새와 박쥐에 의한 수분을 들 수 있다. 식물이 서로 멀리 떨어져 있고 건조한 곳에서는 매개체의 속도가 빠르고 멀리 날아야 한다. 그래서 많은 식물들은 벌이나 나비 대신에 새를 애용해 수분하는 조매화(鳥媒花, ornithophily)로 진화했다. 새는 열대 건조한 지역과 우림의 착생식물에게 아주 중요한 수분매개체다. **그림 6-3** 그래서 여러 과의 종들이 과에 상관없이 조매화로 수렴진화(收斂進化, convergent evolution)[조상이 서로 다른 생물들이 같은 환경이나 목적을 위해 비슷한 모양이나 기능을 하도록 진화하는 것]한 것을 볼 수 있다[예: 초롱꽃과의 *Lobelia tupa*, *L. cardinalis*, 아욱과의 *Abutilon microphylla*, 현삼과의 *Penstemon barbatus*, *Mimulus cardinalis*, *Galvezia speciosa*, *Keckia cordifolia*, *Castilleja linariaefolia*, 꿀풀과의 *Salvia lemmoni*, *Monaradella macrantha*, 꽃고비과의 *Ipomompsis aggregata*, 쥐꼬리망초과의 *Beloperone californica*, *Anisacanthus thurberi*, 꼭두서니과의 *Bouvardia glaberrima*, *Manettia inflata*, 도금양과의 *Callistemon citrinus*(병솔나무), 인동과의 *Lonicera involucrata*, 바늘꽃과의 *Zauschneria californica*, 범의귀과의 *Ribes speciosum*, 콩과의 *Astragalus coccineus*, 선인장과의 *Echinocereus triglochidiatus*, 미나리아재비과의 *Aquilegia formosa*, *Delphinium cardinale*, 석죽과의 *Silene laciniata*, 바나나과의 *Strelitzia reginae*(극락조), 백합과의 *Brodiaea idamaia*].

이들은 주로 나비가 매개하던 꽃으로부터 조매화로 방향을 바꿔 수렴진화한 것이다. 즉, 새는 붉은색을 잘 보는 성질이 있으므로 꽃 색깔을 붉게 만들고, 새의 주둥이는 뾰족하므로 화관을 좁고 길게 만들며, 새는 벌이나 나비보다 크니 꿀을 많이 만들고, 새가 냄새를 못 맡으니 냄새를 없앴다. 한편 새는 체구를 줄였고, 꽃이 약해 나비처럼 내려앉을 수 없으므로 그 자리에서 고정해 날 수 있는 방법을 개발해야 했다. 우리가 흔히 이야기하는 벌새가 바로 그들인데, 그 종류가 엄청나게 많다. 그리고 벌새의 주둥이 크기와 모양은 화관의 크기나 모양과 밀접한 관계가 있어 서로 맞는 것들끼리만 수분이 이루어진다.

박쥐가 수분을 하는 식물을 복매화(蝠媒花, chiropterophily)[복매화란 말은 아마도 저자가 이곳에서 처음 사용한 용어일 것이다. 박쥐 복(蝠) 자를 썼다.]라고 한다. **그림 6-4** 박쥐는 열대우림지역에서 수분매개체로 적합하다. 우림지역에서 벌이나 나비는 무성한 나무숲을 통과해 날아다니며 꿀을 찾기엔 그리 효과적이지 않기 때

문이다. 박쥐는 밤이 되어야 날아다니니 꽃도 밤에 핀다. 복매화도 조상이 다른 여러 식물들[예: 콩과의 *Mucuna*, 가지과의 *Trianaea*, 용담과의 *Symbolanthus*, 박과의 *Cayaponia*, 아욱과의 *Cheirostemon*, 빅노니아과의 *Kigelia*(saussage tree), 게스 터리아과의 *Campanaea*, 봄박스과의 *Ochroma*(balsawood tree), *Gossampinus*, *Durio*, *Ceiba*(Kapok tree), *Adansonia*(baobab tree), 꽃고비과의 *Cobaea*]이 박쥐에게 수분을 매개하는 쪽으로 수렴진화한 것이다. 박쥐는 꿀을 새보다 더 많이 먹으니 꽃의 꿀 생산량은 더 많고, 에너지도 더 필요하니 화분에 영양분을 듬뿍 넣었다. 박쥐는 무게가 있어 벌새처럼 공중에 정지해서 날 수 없으니 꽃은 꽃자루와 꽃잎을 튼튼하게 만들어 박쥐가 내려앉아 꿀을 빨아 먹는 동안 박쥐를 지탱할 수 있게 해놓았다. 무엇보다도 꽃은 박쥐의 페로몬(pheromone)[동물들이 자기의 이성을 유인하기 위해 내는 호르몬] 냄새를 풍겨 잘 보지 못하는 박쥐를 유인한다. 박쥐는 약간 시각이 회복되어 움직이지 않은 꽃을 식별할 수 있지만, 그래도 더 잘 보이게 하기 위해 꽃을 수관으로부터 떨어져 매달리게 하든지 수관 위로 불쑥 올라오게 핀다. 한편, 박쥐는 몸체가 큰데 비해 꽃은 작으니 다른 박쥐들보다 크기가 작아졌고, 주둥이는 다른 박쥐들보다 뾰족하며, 혀가 길고 혀끝에 역방향으로 난 돌기가 있어 꿀을 잘 핥아먹을 수 있게 되었다. 열대지방에서는 꽃이 사철 피므로 박쥐는 곤충을 잡아먹을 걱정 없이 영양이 풍부한 복매화 꽃에서 영양을 취하고 없을 때는 과일을 먹는다.

이상 여러 수분매개체에 대한 꽃과 매개체 간의 호적응에 대해 살펴봤다. 표 6-1은 수분매개체에 따른 식물들의 적응을 요약한 것이다. 위에 설명한 대로 대개 같은 매개체에 적응한 꽃들은 비슷한 적응을 보인다. 즉, 수렴진화를 한다. 그래서 아무리 기원과 종류가 달라도 비슷한 특징을 보이며 이를 수분증후군(受粉症候群, pollination syndrome)이라 한다. 표 6-1에서 풍매화는 빠져 있는데 칸을 하나 만들어 나머지 부분을 채워보자. 개화시간과 꽃 색을 빼면 모두 '해당 없음'이 된다.

마지막으로 물에 의한 수분이다. 원래부터 물에 의해 수분시키려는 식물은 없다. 식물은 땅 위에 살고 있으니 어떤 방법이든 물을 이용하는 건 적당한 생각이 아니다. 그러나 식물이 물속에 살게 되면 사정은 다르다. 물론 물 위에 꽃을 피워[예: 수련, 마름, 어리연꽃, 통발] 벌 같은 곤충을 이용할 수는 있지만 꽃까지 물속에서 피게 되면 어쩔 수 없이 물을 이용할 수밖에 없다. 이런 식물을 수매화(水媒花, hydrophily)라 하는데 수매화 종류는 몇 가지 안 되지만[11과 31속 150여 종] 그들의 적응 방법은 여러 가지다.

나사말(Vallisneria)은 암수딴그루로 식물 기부에 있는 튜브 모양의 주머니 안에 작은 수꽃을 여러 개 피운다. 수꽃은 두 개의 수술을 갖고 있고 3개의 꽃받침에 감싸여 있다. 수꽃이 성숙했을 때 그 안에 공기를 들여보내 화서에서 분리시키면 곧바로 물 위로 떠오른다. 그리고 물 위에서 꽃이 피고 수술은 화분을 노출시킨다. 암꽃은 물 위에서 피는데 화병은 가늘고 신축성이 있다. 암꽃

표 6-1 동물 수분매개체에 따른 식물들의 수분증후군(pollination syndrome)

매개체	개화시간	꽃색	향기	화관 모양	화관 길이	꿀샘 표지	동물에게 주는 보상과 보관상태
딱정벌레	주야간	다양하나 대개 어두운 색	강하고, 과실-똥냄새	방사상칭	낮거나 넓은 그릇 모양	없다	화분 또는 먹을 수 있는 꽃부분, 개방
똥파리	주야간	자주-갈색 또는 녹색	강하고, 부패한 냄새	흔히 방사상칭	낮거나 함정이 있으면 길다	없다	수액, 개방
벌파리	주야간	다양	다양	흔히 방사상칭	낮거나 중간정도	없다	수액, 화분 또는 꿀
벌	주야간/주간	다양하나 진홍색은 아님	있다. 흔히 달콤한 향기	방사 또는 좌우상칭	낮거나 중간정도	있다	꿀과 화분, 개방 또는 폐쇄
박각시나방	야간/초저녁	흰색 또는 담녹색	강하다. 흔히 달콤한 향기	방사상칭/수평-현수	깊고 좁은 관 모양	없다	많은 양의 꿀, 숨겨져 있다
나방	야간/초저녁	흰색 또는 담녹색	적당히 강한 향기, 달콤	방사상칭/수평-현수	적당히 깊은 관 모양	없다	꿀, 숨겨져 있다
나비	주야간/주간	진한 홍색/황색/청색	적당히 강한 향기, 달콤	흔히 방사상칭, 직립	깊고 좁은 관 모양	있다	꿀, 숨겨져 있다
새	주간	진한 홍색-주황색	없다	방사 또는 좌우상칭	깊고 좁은 관 모양	없다	많은 양의 꿀, 숨겨져 있다
박쥐	야간	칙칙한 흰색-녹색	상한 요구르트 냄새	방사 또는 좌우상칭	솔 또는 그릇 모양	없다	많은 양의 꿀과 화분, 개방

은 물 표면에 다소 옆을 향해서 피는데 세 개의 꽃받침이 열리면 세 갈래로 갈라진 주두를 내어 수분되기를 기다린다. 주두는 물에 젖지 않는 털로 둘러싸여 있어 잎이 물에 뜨듯 떠 있다가 바람에 의해 떠다니는 수꽃을 만나게 된다. 수꽃은 주두의 표면장력에 의해 생긴 낮은 경사 때문에 주두 쪽으로 미끄러져 내려와 수분이 이루어진다. 그리고 수분된 어린 열매는 화병이 나사처럼 감겨 물속으로 잠수해 성숙한다.

물수세미속(*Elodea*)도 암수딴그루이나 암꽃과 수꽃 둘 다 물 위에서 피는데 각각 6개의 화피[3개의 꽃잎, 3개의 꽃받침]에 지방성분이 있어 물 위에 떠 있다. 수꽃이 피면 9개의 꽃밥에서 화분이 분출되어[그냥 갈라져 열리는 게 아니라] 물 위에 흩어지고, 작은 화분들은 물에 가라앉지 않고 물 위를 떠다니게 된다. 암꽃은 3개의 주두 중에 두 개가 물에 젖지 않는 방수성이어서 두 개는 떠 있고 하나는 물속에 잠기게 되는데, 나사말에서처럼 표면장력 때문에 약간 오목 들어간 상태로 떠 있다. 이 근처에 화분이 바람에 밀려오면 미끄러져 내려와 수분이 이루어지게 되는 것이다.

가래과의 가래속(*Potamogeton*) 중 암수한그루로 화서가 물 위로 솟아 서 있는 대부분의 종[예: 대동가래, 선가래, 가래, 애기가래, 넓은잎말, 대가래, 말즘 등]은 암술이 수술보다 먼저 성숙하는 풍매화다. 그러나 다른 종들[예: 솔잎가래, 실말, 뽈말 등]은 물 표면에 느슨한 수상화서가 떠 있고 물 위에 떠다니는 화분에 의해 수분된다. 줄말(*Ruppia rostellata*)도 수매화 가래처럼 물에 떠다니는 화분으로 수분되나, 화분은 공기방울과 함께 약에서 방출되어 공기방울이 터지면서 물 위로 흩어져 떠다니다가 수분된다. 나사줄말(*R. cirrhosa*)은 수분이 된 후 열매가 성숙되면서 나사말처럼 물속으로 가라앉는다.

이와 전혀 다르게 화분을 전달하는 수매화 식물이 있다. 앞의 수매화들은 물 표면에서 수분이 이루어지는데 반해 거머리말속(*Zostera*)은 물속에서 이루어진다. 앞의 수분은 돛단배가 떠다니다가 랑데부하듯 이루어지지만 거머리말에서는 잠수함이 충돌하듯 만나므로 수분 확률이 훨씬 떨어지는 것은 두말할 나위도 없다. 거머리말은 해안가 얕은 물속에 사는 염생 피자식물인데, 암수한그루로서 꼭 알밴 새우처럼 생긴 수상화서에 암꽃과 수꽃이 서로 번갈아가며 달려 주머니 같은 총포(總苞, involucre)[화서를 받치고 있는 잎]에 감싸여 있다.

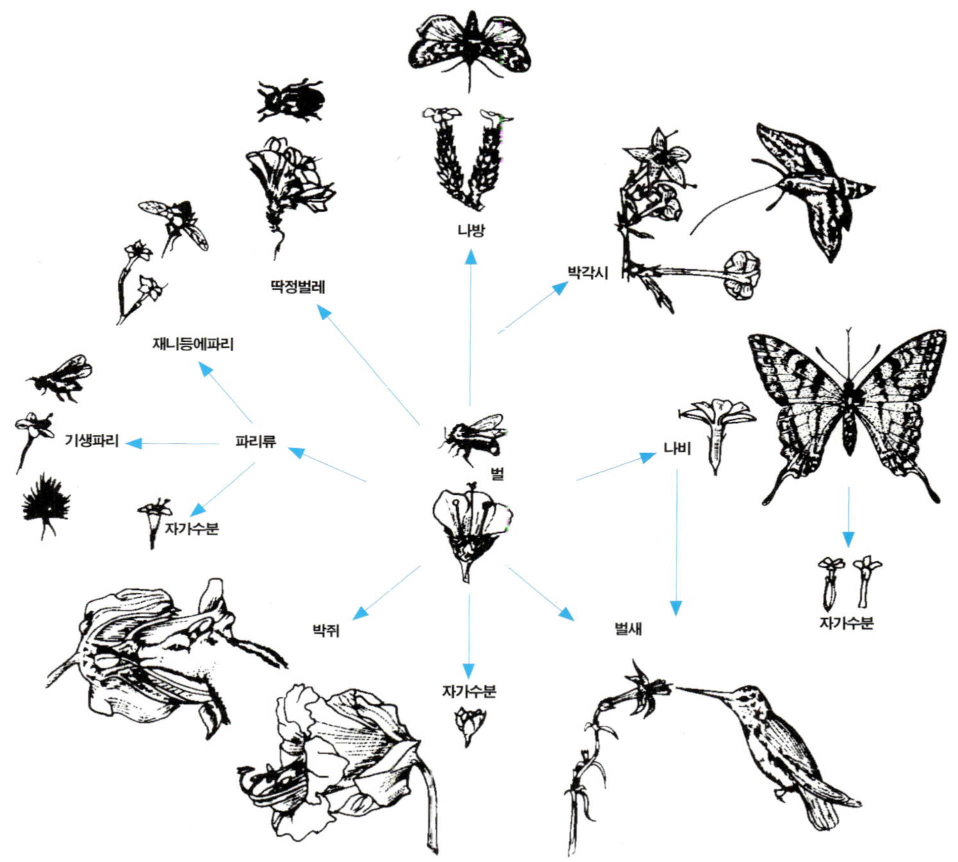

그림 6-5 꽃고비과의 여러 가지 수분매개체에 대한 적응방산 (Jones & Luchsinger, 1979)

암꽃은 단심피로 되어 있고 주두는 길게 두 갈래져 있으며, 수꽃은 한 개의 꽃밥을 갖고 있다. 수술은 암꽃이 핀 1~3일 후에 피므로 자가수분은 일어나지 않는다. 예상한 것처럼 화분 생산량은 어느 정도 많아야 되고, 주두는 길어야 하고, 화분도 주두에 잘 붙도록 실처럼 가늘고 길다. 길이가 약 250㎛로 보통 풍매화 화분의 지름이 15㎛인 걸 생각하면 엄청나게 긴 것이다. 화분의 수명도 2~3일로 길다.

  아마도 피자식물 중에서 가장 다양한 매개체에 의해 수분이 일어나는 과는 꽃고비과(Polemoniaceae)일 것이다. 그림 6-5 원래 벌이 전파하던 조상으로부터 나나니벌, 뒤영벌, 파리, 나비, 박각시나방, 새, 박쥐, 자가수분 등 거의 모든 매개체를 볼 수 있으니 이런 것을 적응방산(適應放散, adaptive radiation)[한 조상으로부터 다양한 적응을 보이며 종분화하는 현상]이라 한다. 그러나 크게 본다면 피자식물 전

체의 수분매개체에 대한 적응도 원래 딱정 벌레류에 의해 수분되던 조상으로부터 적응 방산했다고 할 수 있을 것이다. 그리고 앞에 서 이야기했듯이 한 가지 수분매개체에 수 많은 과들이 수렴진화했는데 이렇게 보면 피자식물 전체의 수분매개체에 대한 진화는 적응방산과 수렴진화가 크게 또는 작게 모 든 그룹에 적용되어 엮였다고 볼 수 있다.

7종으로 종류는 많지 않지만 극락조과 (Strelitziaceae)도 전혀 다른 수분매개체에 수 분되는 적응방산을 보인다. 그림 6-6 앞에 조매화의 예로 든 남아프리카의 극락조 (Strelitzia)는 초본성이나, 같은 과의 다른 속 인 페나코스퍼멈속(Phenakospermum)과 여행 자나무속(Ravenala)은 꼭 대나무 부채를 펴서 세워놓은 것같이 생긴 목본성 식물로 각각 10m와 30m 정도 자란다. 남아메리카의 프랑스 가이아나의 해변 초원에 나는 페너 코스퍼멈(Phenakospermum guyannense)은 박쥐가 수분하는데, 그러기 위해서 꽃을 수관으로 부터 떨어뜨려 달고 있고 꿀 생산량이 훨씬

많으며 밤에만 꽃이 핀다. 반면 아프리카 동남쪽에 있는 마다가스카르 섬에 서 자라는 여행자나무(Ravenala madagascariensis)는 잎자루 쪽에 꽃이 피어 여우원 숭이에 의해 수분된다. 날아다니는 수분매개체 동물이 거의 없는 이곳에서는 여우원숭이에게 수분되기 위해, 여우원숭이들이 쉽게 기어오를 수 있도록 줄 기가 질기고 꽃은 보호구조 속에 싸여 있으며 이들이 먹기에 충분한 꿀을 생 산한다.

이상 수분에 대해서 일반적인 이야기를 했는데 이밖에 쥐, 모기, 달팽이, 무당벌레, 이슬처럼 보통은 상상도 못할 매개체에 의한 수분도 있다.

2

성과 수분 다양성의 스펙트럼

앞에서 여러 가지 수분매개체에 대해서 다루었지만 어쩌면 상당히 많은 식물들이 어떤 매개체도 이용하지 않는 방법, 즉 자기의 화분이 자기 암술에 수분되는 자가수분(自家授粉, self-pollination)이라는 방법을 택한다. 식물이 모든 매개체에 대해 무언가 대가를 치러야 한다면 자가수분은 이런 것이 필요 없다. 즉, 꽃이 예쁠 필요도, 꿀을 만들 필요도, 화분을 많이 생산할 필요도 없다. 제비꽃, 개별꽃, 괭이밥, 족도리풀, 광대나물, 콩, 팥, 땅콩을 비롯한 많은 벼과 식물 등 우리나라 숲에서도 볼 수 있는 많은 식물들은 꽃이 피기 전에 작은 꽃망울을 내는데, 이들은 아예 꽃이 피지도 않은 채 자가수분되어 열매를 맺는다. 밀도 꽃을 피우지만 이와 상관없이 열매를 맺는다. 이런 현상을 폐화수정(閉花受精, cleistogamy)이라고 한다. 팥도 꽃은 피지만 꼬여 있어 폐쇄화처럼 매개체의 도움 없이 자가수정을 한다. 그야 말로 100% 자가수분이다. 어떤 식물은 아예 꽃피는 것과 관계없이 배주가 바로 종자를 만들어 버린다. 이런 현상을 무수정결실(無受精結實, agamospermy)이라고 한다[예: 벼과의 포아풀속, 장미과의 산딸기속, 팥배나무속, 국화과의 톱풀속, *Crepis*, 개망초, 껄껄이풀속, 민들레속, 운향과 귤속 등].

민들레는 꽃도 피고 벌과 나비도 날아다녀 수분을 시키지만 수정과는 아무런 상관이 없다. 수분과 관계없이 배주가 성숙해 바로 결실을 하므로 화서에 달린 모든 소화(小花)들이 씨앗[실은 열매]을 맺는 것이다.

자가수분을 하면 열매를 100% 맺을 수 있는데 왜 식물들은 타가수분을 하려고 할까?

그림 6-7 자예선숙 : 질경이

① 동물들도 그렇게 하니까
② 유전자의 풀(pool)을 넓혀 다양한
　자손을 만들기 위해서
③ 너무 자손이 많으면 서로 경쟁이
　되어 오히려 나쁘니까
④ 우연히 그렇게 된 것이다.

　　　정답은 '② 유전자의 풀을 넓혀 다양한 자손을 만들기 위해서' 다. 왜 다양한 자손이 유리한가? 변화하는 환경에 잘 적응을 할 수 있어서 멸종되지 않을 수 있기 때문이다.

　그렇다면 자가수분 또는 폐화수정은 좋지 않은데 왜 많은 식물에서 일어나는가? 하나는 확실히 자손을 남길 수 있는 방법이기 때문이고, 또 하나는 자신이 살고 있는 환경에서는 현재의 형질조합으로 잘 생존할 수 있으므로 구태여 타가수분을 해서 그 조합을 다양하게 할 필요가 없기 때문이다. 이런 장점과 동시에 타가수분의 장점도 살려 폐쇄화를 피우는 식물은 정상적인 꽃을 피워 타가수분도 겸하고 있다.

　한편, 이와 정반대, 즉 꽃을 피워 수정을 하는 개화수정(開花受精, chasmogamy)의 경우, 일단 타가수분(他家授粉, cross-pollination)을 하고 수분되지 못한 꽃들은 자가수분을 하는 식물들도 많다[예: 달맞이꽃]. 사실 많은 식물들은 자기 화분이 자기 주두에 수분되어도 수정이 되지 않는다. 이런 현상을 자가불화합성(自家不和合性, self-incompatibility)이라고 하는데, 자가불화합성이 아닌 이상은 자가수정(自家受精, autogamy)이 될 수 있다. 이런 경우 자가수정은 종자를 맺어 자손을 보존하려는 보조수단이지 그 식물에 그리 유리한 것은 아니므로 많은 식물들은 시간적으로 암수술이 피는 시간을 다르게 하여 자가수분을 완전히 피하거나 나중에 겹치게 해서 자가수분을 한다.

　우선 암술이 수술보다 먼저 성숙하는 자예선숙(雌蘂先熟, protogyny)을 보자. 그림 6-7 고산지대의 미나리아재비는 첫 1~3일은 암술만 성숙해 벌에 실려 온 다른 꽃의 화분으로 수분을 한다. 그 후 3~10일은 양성화가 되어 자가수분이 되든지 타가수분이 된다. 벌이나 다른 수분매개 곤충이 희박한 고산에서 자손을 남

기기 위한 지혜가 아닐까? 달맞이
꽃은 처음에 암술이 성숙해 다른 꽃
의 화분을 받다가 수술이 성숙하게
될 때는 암술이 굽어져 자신의 꽃가
루를 묻힌다. 그전에 타가수분이 되
었다면 이미 수정됐을 것이고 만약
못됐다면 자가수분으로 종자를 맺
을 수 있다. 달맞이꽃이 전 세계에

퍼질 수 있었던 이유 중의 하나일 것이다. 질경이는 수상화서 위쪽으로 가며
꽃이 피는데, 풍매화라도 자예선숙이라 자가수분이 되지 않는다. 하지만 같은
개체의 다른 화서의 화분이 자가수분되면 아무런 문제없이 결실한다. 역시 도
처에 퍼져 자랄 수 있게 한 수단이다. 쥐방울덩굴은 거꾸로 세운 트럼펫 같은
꽃을 핀다. 먼저 암술을 성숙시키는데 이때 각다귀나 작은 파리들이 냄새를 맡
고 꽃으로 들어간다. 좁은 화관통에는 안쪽을 향한 털이 있어서 이들이 밖으로
나가지 못하고 그 안에서 갇힌 동안 꽃에서 분비되는 꿀을 먹고 하루쯤 쉬다가
시들 때쯤 수술이 성숙한다. 갇혔던 곤충들은 화분을 뒤집어쓰고 수평으로 시
든 꽃으로부터 빠져나와 다른 꽃으로 가서 수분을 한다. 자웅동주 수매화 식물
인 가래나 거머리말도 자예선숙으로 자가수분을 피한다.

　한편 이와 정반대로 수술이 먼저 피고 암술이 나중에 피는 웅예선숙(雄蘂先
熟, protandry)도 있다. 그림 6-8 예를 들어 봉선화는 수술이 먼저 성숙해서 꽃밥이
동전주머니 같은 모양으로 뭉쳐져 있다가 떨어져 나간 후에 암술이 자라나기
시작한다. 뉴질랜드의 용담류(Gentiana saxosa, G. serrotina)는 수술이 성숙해 1~6
일간 있으면서 화분이 수분매개체에 의해 실려 나가거나 방문을 받지 못해 그
냥 시들어 버리면 바깥 즉 꽃잎 쪽으로 굽어지고 다음에 암술이 성숙해 5일
간 타가수분을 한다. 꽃은 그 후에도 한 달간 피어 있지만 수정은 되지 않는
다. 이외에 웅예선숙을 하는 식물로는 쥐손이풀, 분홍바늘꽃, 배암차즈기속
(Salvia), 도라지, 국화, 회양목 등이 있다.

　채송화는 암수술이 같은 시간에 성숙한다. 아침에 꽃봉오리였다가 햇빛이
강한 정오가 되면서 활짝 피게 되면 화려한 꽃잎을 보고 벌이 찾아온다. 찾아

온 벌의 몸에는 여러 개의 꽃밥이 만든 화분이 묻게 되지만, 오후가 되면서 수분이 되지 않은 꽃들의 수술은 이리저리 움직여 자신의 화분을 자기 암술에 묻힌다. 어떻게 해서라도 타가수분이 안되면 자가수분이라도 시키려는 꽃들의 몸부림이다.

암수술의 길이를 다르게 해놓아 자가수분을 피하는 방법도 있는데, 그림 6-9 예를 들어 이화주성(二花柱性, distyly)은 화주가 긴 것과 짧은 것이 있고 각각의 꽃밥은 다른 꽃의 주두와 같은 높이에 있어 자기 식물의 화분은 자기 암술에 묻지 않게 하는 것이다[예: 개나리, 미선나무, 앵초, *Houstonia*, 조름나물, 마디풀]. 이화주성을 관찰하기 가장 좋은 예는 개나리다. 그림 6-10 꽃이 크고 우리 주위에 쉽게 볼 수 있기 때문이다. 그러나 암술이 긴 것(長柱花, pin)과 짧은 것(短柱花, thrum)을 둘 다 찾기가 그리 쉽지 않다. 왜냐하면 개나리는 삽목을 해서 번식하기 때문에 한곳에 식재된 개나리를 보면 거의 한쪽만 있을 확률이 높기 때문이다.

꽃의 종류가 3가지 있어 서로 자가수분을 피하는 삼화주성(三花柱性: tristyly)도 있다[예: 괭이밥, 부처꽃, 수선화, 물옥잠]. 부처꽃의 삼화주성은 일찍이 다윈이 실험한 예로 유명하다. 암술 길이가 긴 것, 짧은 것, 중간 것이 있는데 이들이 한 꽃에 한 가지씩 있고 수술은 주두가 없는 높이에, 즉 두 가지 높이에 약을 달고 있다. 그래서 같은 높이에 있는 약의 화분이 같은 높이의 주두에 묻었을 때만 수정을 한다는 사실을 밝혔다.

이렇듯 피자식물의 성과 수분방법은 동물보다 다양하다. 동물은 암수 두 가지가 있고 간혹 양성인 것과 무성생식을 하는 것도 있지만, 피자식물은 동물보다 그 범위와 다양성이 크고 이건 나자식물 이하에선 볼 수 없었던 현상이다. 즉, 풍매화 식물들은 완전히 암수딴그루 또는 자웅이주(雌雄異株, dioecism)이거나[예: 버드나무과, 두충과], 암꽃과 수꽃이 따로 피어(單性花, unisexual) 한 개체

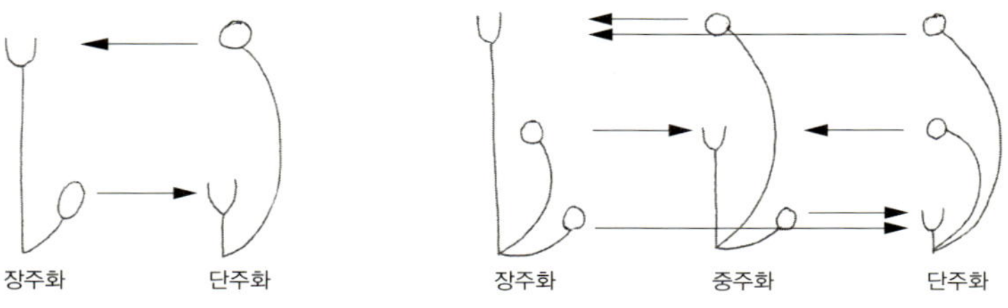

그림 6-9 이화주성과 삼화주성에서 수정이 가능한 방향

에 달리는 암수한그루 또는 자웅동주(雌雄同株, monoecism)다[예: 자작나무과, 느릅나무과, 너도밤나무과, 질경이과, 애기수영]. 그리고 대다수의 식물들은 암술과 수술을 한 꽃에 갖고 있는 양성화(兩性花, bisexual)가 핀다. 그러나 어떤 종들은 양성화와 하나의 단성화를 한 개체에, 다른 개체는 아예 단성화만 갖기도 하고, 어떤 종들은 양성화와 두 가지 단성화를 한 개체에, 다른 개체에는 한 가지 단성화만 갖기도 하는 등 아주 다양하고 이를 지칭하는 용어들도 있어 아주 복잡하나 이들을 통틀어서 잡성주(雜性株, polygamous)라고 한다[예: 단풍나무, 회양목].

또한 양성화가 피는 경우에도 매개체가 다양하며, 암꽃과 수꽃이 다른 시간에 피는 웅예선숙, 자예선숙이 있고, 암술과 수술의 길이가 다른 이화주성, 삼화주성이 있으며, 어떤 것은 타가수분을 하고 어떤 것은 자가수분을 하며, 어떤 것은 폐쇄화를 갖기도 한다. 꽤 많은 식물들은 몸의 일부가 떨어져 개체로 되는 영양번식(榮養繁殖, vegetative propagation)을 하고[예: 기린초속, 칼랑코에, 선인장], 어떤 것들은 뿌리가 옆으로 뻗어서 새로운 개체를 내며[예: 버드나무, 너도밤나무], 어떤 것들은 줄기가 옆으로 뻗어서 새로운 개체를 만든다[예: 잔디, 딸기, 둥굴레, 은방울꽃, 초롱꽃]. 그러나 어떤 식물은 잎겨드랑이에 주아(珠芽, bulbil) 같은 영양번식체를 만들어 번식하기도 한다[예: 참마]. 어떤 종은 예쁘고 정상적인 꽃이 피고 벌이 찾아가 수분도 하지만 꽃은 그냥 떨어져 전혀 열매를 맺지 않고 주아로만 번식하고[예: 참나리], 어떤 종은 꽃도 안 피고 영양체로만 번식한다[예: 마늘].

많은 종들은 암술과 수술의 형태적 차이나 성숙 시기의 차이가 없어 자기의 화분이 자기의 주두에 수분되어도 자가수정을 하지 않는 자가불화합성(自家不和合性, self-incompatibility, SI)이다. 즉, 자신의 화분이 자신의 난자와 수정되는 것을 화학적으로 막는 방법을 개발한 것이다.

가장 잘 알려진 방법은 화분이 주두에서 발아하지 못하게 하거나 화분관이 화주를 따라 내려가는 동안 자라지 못하도록 하는 것이다. 이것은 하나의 유전인자에 있는 2개 또는 그 이상의 대립인자가 만들어내는 단백질-단백질 상호작용에 의해 일어난다. 예를 들어, S1과 S2 대립인자가 있는 경우, 암술은 이배체이기 때문에 S1S1, S1S2, S2S2 세 가지가 있고, 화분은 반수체이기 때문에 S1과 S2 두 가지 중의 하나의 유전자를 갖는데, 화분의 유전자와 암술의 두 개의 유전자 중 어느 하나라도 같으면 화분이 자라지 못해서 수정이 이루어지지 않는다.

그렇다면 어떻게 이런 일이 일어나는가? 바로 암술의 S유전자가 S-RNase라고 부르는 특정 단백질을 만들고, 이것이 화분관으로 들어가 화분이 같은 S유전자를 갖고 있을 경우 화분관의 해당 rRNA를 분해시켜 화분관의 성장을 멈추게 하고 화분을 죽인다. 그러나 서로 다른 유전자를 갖는 암술과 화분이 만나면 이런 반응이 일어나지 않아 화분관이 성장해 정자를 배주의 난자까지 운반해줘 수정이 이루어진다. 그러나 이것은 단순한 경우이고 앞에서 말한 것처럼 어떤 종들에서는 두 개 이상의 단백질, 즉 두 개 이상의 유전자가 관여하기도 하고 생화학적 작용기작도 다양하다.

이런 자가불화합성은 화분의 수배우체 유전자가 관여하기 때문에[암술은 늘 이배체 즉 포자체성이다.] 배우체성 자가불화합성(gametophytic self-incompatibility, GSI)이라고 한다. 이는 1989년 가지과에서 처음 발견되었고 차례로 장미과와 질경이과에서도 발견되었다. 이들은 서로 관계가 먼데도 같은 단백질을 갖고 있고, 연구결과 약 50%의 식물에서 같은 상동성이 있는 것으로 판명되어 약 9천만 년 전에 공동 조상에서 기원된 것으로 추정된다.

그러나 화분의 유전자가 아니라 화분 껍질(表壁, exine)에 묻어 있는 어미세포[화분낭의 내벽인 융단세포]의 이배체 유전자에 의해 SI이 일어나기도 해서 이를 포자체성 자가불화합성(sporophytic self-incompatibility, SSI)이라고 한다.

SSI은 화분 껍질과 암술의 이배체 유전자에 의해 만들어지는 단백질-단백질 상호작용에 의해 이루어진다. 즉, 화분과 암술은 두 개의 SI 대립인자를 갖고 있는데 이들이 만들어낸 단백질이 SI 반응에 작용하는 것이다[이 대립인자는 흔히 우성(S)-열성(s)이 있는데 열성 동형접합자(ss)는 이형접합자(Ss)에 대해서 우성이다. 이들 우성과 열성 인자의 빈도는 개체군의 SI 정도를 결정하므로 번식의 균형을 조절하는 역할을 한다.].

이렇듯 피자식물 개체 간의 성 분포, 수분 방법, 수정 방법, 번식 방법은 엄청나게 다양해서, 아마도 피자식물이 중생대 말에 나자식물을 제치고 지구의 육지를 제패할 수 있었던 여러 이유 중에서 아마도 이런 이유가 가장 클 것이다.

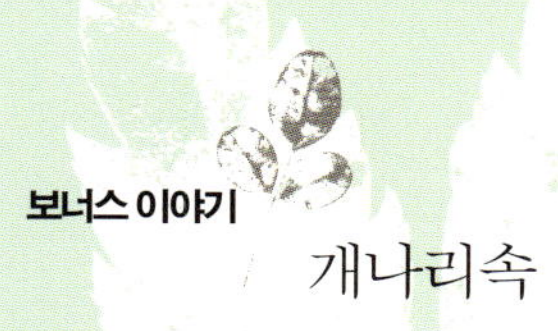

보너스 이야기

개나리속

이화주성인 개나리는 세계적으로 10종 정도뿐인데, 우리나라가 개나리속(*Forsythia*)의 기원지인 것으로 판단된다. 개나리속에서 가장 원시적인 종은 장수만리화로 황해도 장수산에서 난다. 설악산에는 만리화가 난다. 이들은 모두 우리나라 특산식물 또는 고유식물(固有植物, endemic plants) [세계의 다른 곳에서는 나지 않고 제한된 지역에서만 나는 식물]이다. 이 두 종은 잎이 광난형(넓은 난형)이어서 타원형 내지 장난형인 나머지 개나리[개나리, 산개나리, 긴산개나리, 중국에서 온 당개나리와 의성개나리, 그리고 일본산인 일본개나리 등]와 구별된다. 개나리는 종류에 관계없이 삽목을 해서 식재했으므로 장주화나 단주화 중 어느 한쪽만 많아서 아무리 벌들이 방문을 해도 거의 열매를 많이 맺지 못한다. 그러나 의성개나리는 장주화만 있는데도 자가수분을 해서 많은 열매를 맺는다. 의성개나리는 원래 중국산인데 한의사들이 열매를 부인병에 쓰기 위해 의성 지방에 많이 심었기 때문에 붙여진 이름이다.

다른 한 가지 심각한 이야기는 장수만리화에 관한 것으로, 최근 우리나라 곳곳에 많이 심고 있는 장수만리화는 미국에 이민을 갔다 왔다는 사실이다. 다른 개나리는 처져 자라는데 장수만리화는 곧추 자라고 잎도 넓어 원예적 가치가 높다. 이를 알아본 미국 사람들이 미국으로 가져갔다가 자기 나라에서 파는 건 물론 세계적으로 널리 수출하고[이 종 외에도 150종 정도나 된다는 보고가 있다.], 우리나라로 역수입되었다[예: 장수만리화, 라일락, 호랑가시나무]. 우리 것도 제대로 지키지 못해서 이런 일이 일어난 점에 대해서 식물학자의 한 사람으로서 부끄럽다.

3

보다 적극적인 식물들

수분과 관련해서 보통 식물과 차별되는 전략을 개발한 식물들이 많다. 꽃잎의 역할을 다른 기관에 맡긴 경우가 그 하나다. 원래 화서를 받치고 있는 총포는 화서를 보호하고, 꽃을 받치고 있는 포(苞, bract)는 꽃을 보호하는 기능을 한다. 국화과의 비늘 모양 총포나 천남성과의 불염포가 그 예다. 그러나 많은 식물에서는 그 역할이 미미하다. 잎처럼 광합성을 하거나 작은 잎 조각으로 남아 있어 존재 가치가 의심스럽기도 하다. 그러나 어떤 식물은 총포나 포를 다른 가치 있는 일에 사용하도록 했으니 꽃잎의 역할을 대신하는 것이다. **그림 6-11**

대극과의 포인세티아(*Euphorbia pulcherrima*)는 1820년대 미국의 멕시코 대사 포인세트(Joel Roberts Poinsett)가 가져가 전 세계에 퍼진 식물로, 총포와 그 밑에 나 있는 잎들이 빨간색을 띠어 꽃잎이 없는 화서에서 꽃잎 역할을 한다. 관상 가치가 높아 많은 사람들의 사랑을 받게 되었고, 원예학자인 프레스코트(William Prescott)가 포인세트를 기념해 이렇게 통속명(通俗名, common name)[학명은 학술적으로 사용하지만, 통속명은 일반인들이 사용하는 이름이다.]을 붙임으로써 오늘날까지 전 세계 사람들에 의해 불리고 있다.

총포와 이름의 유래가 이와 비슷한 경우가 분꽃과의 부겐빌레아(*Bougainvillea spectabilis*)다. 이 식물은 세 개의 기다란 통꽃을 받치고 있는 포가 꽃잎 모양을 하고 있는데, 그 색깔이 화려하고 예뻐서[대부분 빨간색] 전 세계적으로 사랑을 받고 있는 난대-열대성 원예식물이다. 이 식물은 1768년 프랑스의 부갱빌(Louis de Bougainville) 제독이 브라질에서 유럽으로 들여왔는데 동남아시아에도 많은 종들이 자생한다.

그림 6-11 총포가 꽃잎보다 더 화려한 꽃들 : **1** 서양산딸나무 **2** 산딸나무 **3** 포인세티아 **4** 부겐빌레아

잠깐! 화려함을 자랑하는 앞의 두 식물, 포인세티아와 부겐빌레아의 수분
매개체는 무엇일까? 새다. 따라서 눈에 잘 띄는 대신 향기는 없다.

산딸나무(*Cornus kousa*)나 서양산딸나무(*C. florida*)[간혹 개나무라고도 하는데 이는 영어
명인 dogwood을 그냥 번역한 것이다. 영어명을 우리말로 할 때는 무작정 직역하는 일은 피해야
하지 않을까 생각한다.]는 층층나무과에 속한다. 층층나무과의 화서는 산형화서
인데, 이들 종에서는 화병이 짧고 화서축 끝에 모여 달려, 열매가 익으면 산
딸기 모양이라서 우리말 이름이 붙여졌다. 이들의 화서 밑에는 4개의 총포가
있는데 그 모양은 커다란 꽃잎 같고, 산딸나무는 흰색, 서양산딸나무는 흰색

그림 6-12 화서 전체가 하나의 꽃처럼, 주변에 있는 꽃들이 꽃잎처럼 보이는 꽃들 :
1 백당나무 2 산수국 3 해바라기 4 어수리

또는 분홍색이며, 벌에 의해 수분된다. 모르는 사람들은 이것이 꽃잎인 줄로 착각하기 쉽다.

산형과의 어수리라는 식물은 복산형화서[산형화서가 다시 산형으로 달리는 화서]에 수많은 꽃이 달리는데 위쪽이 편평해 산방상[평평한 화서 모양]이다. 그림 6-12 수많은 꽃 중에 화서 가장자리 꽃의 바깥쪽 꽃잎은 안쪽이나 다른 꽃들의 꽃잎보다 훨씬 커서 전체적으로 하나의 꽃처럼 보이게 한다. 이런 역할이 훨씬 두드러진 경우를 백당나무(*Viburnum sargentii*)에서 볼 수 있다. 백당나무에서는 산방화서의 가장자리 꽃들만 화관이 커져서 화서 전체가 하나의 커다란 꽃처럼 보인다. 반면에 안쪽의 꽃들은 화관이 축소되어 거의 무시될 정도다. 그런데 가장자리 꽃들은 크기만 커진 것이 아니라 아예 암술과 수술이 소실되어 전혀 결실을 하지 못한다. 이런 꽃을 무성화라고 하는데, 원예식물인 불두화(*V. sargentii* for. *sterile*)는 전체가 모두 무성화로만 되어 있다.

국화과의 화서는 두상화서로 머리 같은 화경 끝에 수많은 꽃들이 달려 있다. 그림 6-12 가운데 꽃(盤上花, disc flower)들은 방사상칭의 튜브 모양(筒狀, tubular)이고, 가장자리 꽃(周邊花, ray flower)들은 좌우상칭의 혀 모양(舌狀, ligulate)이다. 주변화의 화관 일부가 길어져서 얼른 보면 화서 전체가 하나의 꽃처럼, 주변화가 꽃잎처럼 보인다. 예를 들어 코스모스의 꽃잎이 몇 장이냐고 물으면 대개는 8장이라고 대답한다. 이는 주변화의 숫자이지 꽃잎의 숫자는 아니다. 쌍자엽식물이니 꽃잎은 당연히 5장으로 된 합판화인데 반상화를 보면 별처럼 5갈래로 갈라져 있어 금방 알 수 있다. 그러나 국화과 중에서 민들레아과(Cichorideae=Tubiflorae)는 주변화와 반상화 모두 설상으로만 되어 있어, 앞의 통상화와 반상화가 구별되는 엉거시아과(Asteroideae=Liguliflorae)와 잘 구별된다[최근에는 국화과를 두 아과로 분류하는 대신 12개의 아과로 분루하는 체계도 나왔다.].

뽕나무과의 무화과나무(*Ficus carica*)를 수분시키는 매개체는 작은 나나니벌인데 이들은 오직 무화과나무만 수분시키며 번식한다. 지구상에 약 750종의 무화과가 있는데 나나니벌도 종에 따라 특이성이 있어서 한 나나니벌은 다른 무화과를 수분시키지 않아, 무화과를 수분시키는 나나니벌 종류도 역시 750종이 있다고 보면 된다. 수분의 시작은 암나나니벌이 화학적 유인물질을 따라 무화과의 은두화서(隱頭花序, syconium)[육질의 즈머니 안에 꽃들을 달고 있는 무화과의 화서] 끝에 뚫린 작은 구멍을 비집고 들어감으로써 시작한다. 몸이 부서지면서도 어렵사리 들어가기에 성공한 나나니벌은 그 안에서 다른 수꽃에서 가져간 화분으로 수분을 시키고 산란을 한다. 나나니벌의 애벌레는 어린 무화과 안에서 자라는 종자의 배유를 먹고 자라 성장하게 되고 성충이 되어 암수 나나니벌이 교미를 한다. 곧 수놈은 죽고 암놈은 무화과 밖으로 빠져나가 수화서에 들어가서는 꽃가루를 특별한 화분주머니에 넣어 가지고 무화과 밖으로 빠져나가 다시 암화서를 찾아간다. 일단 암나나니벌이 빠져나가면 무화과는 익어 다른 동물들의 먹이가 된다. 무화과는 연중 계속해서 꽃이 피고 열매를 맺으므로 나나니벌에 의한 수분도, 그리고 동물에 의한 종자의 산포도 연중 계속해서 일어난다.

콩과 식물의 꽃은 앞에서 설명했듯이 양체응예를 갖고 있다. 콩과 식물의 수술은 9개의 화사 기부가 동합해서 한 몸을, 그리고 한 개만 따로 떨어져서 전체로는 두 개의 몸으로 이루어져 있기 때문에 양체웅예다. 화관의 바깥 꽃잎은 위쪽 뒤에 넓은 기판(基瓣, standard), 그 안쪽 아래에 2개의 익판(翼瓣, wing), 그리고 아래에 2개의 끝이 살짝 붙은 용골판(龍骨瓣, keel)으로 되어 있는데, 익판이 암수술을 감싸고 있다. 벌이 찾아와 꽃에 앉으면 익판을 눌러 그 무게로 인해 바로 암술이 위로 튀어 올라 벌의 몸과 다리에 실려 온 다른 꽃의 화분이 수분되고, 꿀을 빠는 동안 자기 수술의 화분을 묻혀 다른 꽃으로 날아가게 된다.

붓꽃(Iris)은 꽃잎이 3장이고, 암술은 3개로 갈라져 꽃잎 모양이 되어 꽃잎과 서로 탄력을 가지고 맞닿아 있고, 수술은 그 사이에 한 개씩 끼어 있다. 벌이 화려하고 넓은 꽃잎에 내려앉아 꿀안내선을 따라 꽃잎과 암술 사이를 비집고 들어가면서 벌은 자신의 머리에 묻은 화분을 주두에 수분시키고 더 들어가서 꿀을 빠는 동안 꽃밥에서 화분을 머리에 묻혀 다른 꽃으로 날아간다.

배암차즈기속(Salvia)의 꽃은 화사가 지렛대처럼 되어 있어, 벌이 화관을 비집고 들어가면서 머리가 지렛대의 한쪽, 즉 꽃밥이 있는 반대쪽을 밀면 꽃밥이 그 반동으로 내려와 벌의 등쪽에 닿아 화분을 묻힌다. 반면 등에 꽃가루를 지고 간 벌은 다른 꽃의 화관으로 들어가면서 길게 뻗어 나온 주두에 화분을 수분시킨다.

사실 꽃의 좌우상칭은 벌의 습성과 관련이 있다. 화관 전체가 대칭이 되고 그중 위쪽 또는 아래쪽 꽃잎 하나가 더 커져서 벌을 유인하는 꿀안내선을 만들어 놓은 것이 좌우상칭 꽃이다. 게다가 꽃잎들이 서로 동합하여 합판화를 이루게 되면 벌이 꽃으로 진입하는 것이 정확하고 시간도 걸리지 않는다. 이런 경우 수술을 화관벽 위쪽에 붙여 놓으면 벌에게 화분을 묻히는 데 효과적이다. 이 경우 주두는 자기의 수술보다는 바깥쪽으로 나와 있어야 들어오는 벌이 먼저 자신의 주두에 수분을 시키고 더 들어가서 꿀을 빨면서 자기 화분을 묻혀 날아간다. 꿀풀과(Labiatae), 현삼과(Scrophulariaceae), 쥐꼬리망초과(Acanthaceae) 등이 바로 이런 적응을 보이는데 붓꽃의 수분과 같은 원리이다. 붓꽃은 방사상칭이지만 꽃잎 하나로 볼 때는 좌우상칭이나 마찬가지다.

보다 적극적이고 신기한 충매화 중의 하나는 꽃이 곤충의 모양을 닮고 (Pouyannian mimicry), 그 곤충의 수컷들이 날아와 가고미(假交尾, pseudocopulation)를

그림 6-13 가교미에 의해 수분되는 오프리스속(Ophrys) 식물인 *O. dyris*와 *O. insectifera* (Wikimedia)

하는 동안 수분이 이루어지는 것이다. 가장 가교미를 많이 시키는 식물은 난초과다. 꽃잎 하나가 더 커져 여러 가지 모양을 하고 있는 순판(脣瓣, labellum)이 영락없이 벌, 나나니벌, 파리 등을 닮았을 뿐만 아니라, 꽃잎, 꽃받침, 순판에서 곤충의 페로몬을 분비해 곤충을 유인하고 속일 수 있다. 지중해의 오프리스속(Ophrys)이 그 대표적인 예인데, 수많은 종들이 가교미를 하는 방향으로 진화했다. **그림 6-13** 이들은 순판의 모양으로만 아니라 페로몬을 분비해서 곤충을 유혹하고, 그 종류도 벌, 나나니벌, 뒤영벌, 파리, 개미 등 아주 다양하다. 이외에도 오스트레일리아의 많은 속[예: *Arthrochilus, Caladenia, Caleana, Calochilus, Chiloglottis, Cryptostilis, Drakaea, Leporella, Spiculaea*], 그리고 중남미의 여러 속들이 가교미로 수분된다.

중앙아메리카에서 남아메리카 북부에 나는 난초과 식물인 공고라난초(*Gongora grossa*)는 꽃이 이상하게 생겼다. 이들은 금속성 녹색이 나는 난초꿀벌(*Euglossa hemichlora*)의 수벌에 의해서 수분되는데 일단 난초꿀벌의 수벌이 꽃을 찾아오는 것은 가교미에서와 같다. 하지만 꽃을 방문한 수벌이 뒤집어져서 꽃 밑으로 미끄러져 내려가게 하여 이 과정에서 화분이 묻게 하는 점이 다르다.

4
종자 전파를 위한 변화

　열매의 종류에 대해서는 5장 5절에서 소개했다. 말할 필요도 없이 육질과는 동물에 먹혀서 종자를 번식하겠다는 뜻이다. 이 경우 종자는 딱딱한 종피에 싸여 있어야 하는데 실제로 육질과의 종피는 모두 딱딱하다. 동물이 열매를 먹고 배설을 하면 그 속에 소화되지 않은 채로 남아 있다. 배유에 있는 자신의 영양분뿐 아니라 자기를 먹어준 동물의 배설물에 비료 성분까지 같이 있으니 다음 세대 어린 개체의 양분이 보장되는 셈이다.

　육질과 중에 새의 먹이로 사용되다가 새의 주둥이나 머리 깃에 달라붙어 전파되는 경우도 있다. 겨우살이속(*Viscum*)이 그 예인데, 겨우살이는 참나무를 비롯한 교목에 기생하는 식물로 땅에서는 자라지 못한다. 겨우살이의 과피는 끈적끈적한 접착제 같아서 이를 먹으러 온 새의 몸에 잘 달라붙고 새는 이를 떼어내기 위해 이리저리 애쓰다가 결국 숙주 나무의 가지에 붙여 놓으면 이 종자가 발아하여 새로운 개체로 자라나는 것이다.

　시과는 날개를 달고 있어서 바람에 의해 전파된다. 대부분은 나무 중심으로부터 얼마 날아가지 못하겠지만 간혹 강한 바람이 불면 몇 백 미터 또는 몇 킬로미터까지도 날아간다. 우리나라에 시과를 갖고 있는 나무는 몇 되지 않으므로 잠깐 설명하고 넘어가자. 가장 흔한 것이 단풍나무과(*Aceraceae*) 열매인데 두 개의 날개를 단 열매가 뱅글뱅글 돌며 떨어지고 바람이 불면 꽤 멀리 날아간다. 느릅나무속(*Ulmus*) 열매는 둥근 부채 모양이고 그 중앙에 씨가 들어 있다. 물푸레나무의 열매는 긴 창 모양이고 그 기부에 씨가 들어 있다. 가중나무의 열매는 이와 비슷한 모양이지만 씨가 중간에 위치한다. 우리나라 특산속인 미선나무속(*Abeliophyllum*) 의 열매는 부채[眉扇]처럼 둥글고 끝 이 살짝 파여 있다. 이 열매는 두 개 의 심피로 구성되어 있어 터지면 가 운데가 갈라진다. 중국굴피나무 (*Pterocarpa stenoptera*)의 열매는 단풍나 무와 좀 다른 모양이지만 두 개의 날 개를 달고 있다. 억새속(*Miscanthus*)이

그림 6-14 분출오이. 완전히 성숙하면 열매 끝으로 씨를 분출한다.

나 민들레속(*Taraxacum*)은 열매에 깃털이 나 있어서 바람이 불면 풍선처럼 멀리 날아가서 퍼진다. 이외에 많은 솔방울 모양의 다화과를 갖고 있는 자작나무 속(*Betula*), 오리나무속(*Alnus*), 굴피나무(*Platycarpa stenoptera*) 등의 소과(작은 열매)는 날개를 달고 있어 제법 멀리 날아가 떨어진다.

　건과가 터지면서 종자를 멀리 퍼뜨리는 식물도 있다. 바로 봉선화속 (*Impatiens*)인데, 이들의 열매는 성숙해서 마르면 스스로 코일처럼 꼬부라지며 터진다. 그래서 봉선화의 꽃말은 '나를 건드리지 마세요!(Touch-me-not)'다. 우 리나라에는 오래전부터 꽃밭에 재배해 온 봉선화가 있으며, 야생하는 종으로 는 물봉선, 노랑물봉선, 제주물봉선 등이 있다. 아프리카 등지에 나는 박과 의 분출오이(*Acballium elaterium*, squirting cucumber)는 열매가 성숙한 후 끝 쪽에 있는 구멍으로 씨를 분출해 멀리 퍼지게 한다. 그림 6-14

　그러나 터져서 멀리 가게 하는 것보다는 바람을 이용하는 편이 훨씬 효과적 이다. 사실 시과는 아무리 날개가 달렸다 하더라도 무게 때문에 멀리 날지 못 한다. 그러나 삭과 속의 종자들 중에는 솜 같은 털이나 날개를 갖고 있는 경우 가 많다[예: 버드나무과]. 민들레는 수과에 긴 꼬투리가 달리고 그 끝에 우산살 같은 털이 나 있어 멀리 날 수 있다. 자카란다(*Jacaranda mimosifolia*)라고 하는 능 소화과 식물은 열매가 납작해서 자라등같이 생겼다. 시과 비슷하지만 무게가 있어 절대로 바람에 날지 못하지만 종자는 날개가 있어 멀리 전파될 수 있다. 말레이군도의 순다(Sunda)섬에 나는 박과의 일종(*Alsomitra macrocarpa*)은 축구공만 한 열매에 수백 개의 종자를 생산하는데 종자 날개의 지름이 13cm로 날개를 단 종자의 기록을 보유하고 있다. 이런 종자가 바람에 펄럭이며 날아가는 모

습은 상상만 해도 신기하다.

꽤 많은 수과는 가시를 갖고 있어 동물의 털에 붙어 전파된다. 도꼬마리속(*Xanthium*), 도깨비바늘속(*Bidens*), 파리풀(*Phryma leptostachya* var. *asiatica*), 솔새(*Themeda*) 등이 있다. 물에 사는 마름(*Trapa*) 같은 식물의 가시가 난 열매는 물새의 깃에 달라붙어 멀리 전파된다.

코코스야자(*Cocos nucifera*)의 열매는 커서 아기 머리만 하고 무게도 5kg 정도로 꽤 무겁지만 마르면 열매 속 빈 공간에 공기가 차서 물에 뜬다. 파도에 밀려 멀리 수백 킬로미터 이상 떨어진 해변에 도착해 정착할 수 있다. 열대지방에 나는 코코스야자 열매가 노르웨이 해안에서도 발견되었다니 그 전파 효과를 짐작할 수 있지 않은가?

땅속에 열매를 숨겨 놓는 식물들도 있다. 천남성과의 앉은부채속(*Symplocarpus*)은 육수화서를 갖고 있는데 파리와 벌 등에 의해 수분이 된다. 이들 곤충은 꿀뿐만 아니라 불염포에 둘러싸인 육수화서가 따듯해서 추운 봄에 이들 찾기를 즐긴다. 앉은부채는 열을 내는 방법(發溫現象, thermogenesis)[식물체가 얼지 않도록 체온을 주변 온도보다 높이는 현상]을 개발해서 눈 속에서도 얼음과 눈을 녹이며 화서를 낼 수 있다. 자예선숙을 하여 자가수분을 할 수 없는 앉은부채는 타가수분에 의해 열매를 맺게 되고, 육수화서는 땅속으로 들어가는 데 두 가지 방법을 사용한다. 하나는 자루의 길이를 줄여 짧게 하고 또 하나는 화서를 땅속을 향해 구부리는 것이다. 사실 앉은부채는 자루뿐만 아니라 뿌리도 수축시켜 식물체를 땅속으로 끌어들인다. 그래서 매년 더 깊이 들어가 오래된 개체는 파내기가 힘들다. 종자는 콩만 한 크기로 딱딱하다. 땅속에 떨어지면 다람쥐나 쥐 같은 동물들이 이를 물어다 그들의 비밀 장소에 숨겨 놓는다. 비밀 장소는 한두 군데가 아니다. 왜냐하면 한군데 숨겨 놓으면 자칫 다른 놈들에게 발각될 수 있기 때문이다. 그러나 정작 다음해에 어디 숨겼는지 잊어버려 먹히지 않고 남은 종자들이 발아해 새로운 개체를 만들게 된다.

열매를 땅속에 묻는 식물에는 우리가 맛있게 먹는 땅콩(*Arachis hypogaea*)이 있다. 땅콩은 콩과 식물로 수분이 되면 협과를 만드는데 땅속에 들어가면서 모양이 둥그레지며 봉선도 거의 사라진다[하지만 땅콩껍질을 깔 때 더 약한 선이 있어 그곳이 봉선인 줄 알 수 있다.]. 일단 수분이 되면 화병이 늘어난다. 한 주에 5cm 정도 자라므로 아무리 높이 있는 꽃이라도 약 한 달 안에 땅에 닿는다. 땅에 닿은 어린 콩깍지는 땅속으로 4cm 정도까지 파고 들어가 열매로 성숙한다. 어린 열매가 어떻게 땅을 파고 들어갈까? 앞에 설명한 앉은부채는 자루가 굵고 힘이 있으니 그렇다 하더라도, 땅콩 꽃의 가는 화병이 어떻게 땅콩을 땅속으로 밀어 넣을 수가 있을까? 어린 협과는 땅에 닿은 후 땅속을 파고 들어가는 게 아니라 뿌리처럼 땅속을 향해 자라는 것이다.

열매 중에는 땅에 떨어진 다음 스스로 땅속을 파고 들어가는 것들도 있다. 메귀리, 보리, 솔새 등 여러 벼과 식물의 영과(穎果, caryopsis)[자방벽이 종피와 융합된 열매]는 긴 까락이 나 있는데 까락에는 작고 까슬까슬한 돌기가 까락의 꼬리를 향해 나 있다. 영과는 바람이 불거나 비가 오면 돌기가 향한 반대방향으로 조금씩 계속 파고 들어가는 성질이 있다. 이렇게 해서 땅속 수 센티미터만 들어가도 이들은 다음해에 발아할 수 있다. 또 쥐손이풀과의 에로디움(*Erodium cicutarium*)이라는 쥐손이풀속(*Geranium*) 사촌쯤 되는 식물의 열매는 코일 모양으로 되어 있다. 당연히 땅에 떨어지면 같은 원리로 땅속으로 파고 들어간다. 이런 현상에서까지도 우리는 식물들이 종자를 보호하고 종자가 잘 발아하도록 해서 자손을 퍼뜨리려는 노력의 일면을 엿볼 수 있다.

chapter 7

7장
다양한 환경으로의 적응

1

사막식물

사막은 온대지방이나 열대우림지역에 비해서 강우량이 증발량보다 상대적으로 적어 식물이 자라기에 물이 부족한 곳을 뜻한다. 증발은 적도로 가면서 많아지므로 같은 양의 비가 내려도 적도로 갈수록 더 건조해 식물들이 살기 힘들게 마련이다. 세계적으로 큰 사막은, 아프리카에 사하라사막을 비롯한 칼라하리(Kalahari), 나미브(Namib), 리비아(Libyan) 사막, 오스트레일리아 중서부에 심슨(Simpson), 기브슨(Gibson), 그레이트빅토리아(Great Victoria), 그레이트샌디(Great Sandy), 타나미(Tamani) 사막, 북미대륙에 서로 인접한 그레이트베이슨(Great Basin), 모하비(Mojave), 소노라(Sonora), 치와완(Chihuahan) 사막, 남미에 아타카마(Atacama)사막, 아시아에 고비사막을 비롯한 아라비아(Arabian), 바디아(Badia), 타클라마칸(Takla Makan), 타르(Thar) 사막 등이 있다. 사막은 육지 면적의 약 22%라는 적지 않은 부분을 차지하고 있지만 광합성에 의한 순에너지 생산량은 엄청나게 낮다. 그러나 생물의 다양성 면에서는 특이한 종들이 많아 매우 중요하다. 이들 사막에 사는 식물들은 대부분[예외: 그레이트베이슨, 나미브, 고비 등 온대–한대 사막들] 따가운 햇볕 때문에 생기는 고온뿐 아니라 물 부족현상을 극복할 수 있는 적응 없이는 생존할 수 없다.

잠깐 식물의 광합성에 대해 살펴보자. 광합성이란 땅속에서 빨아올린 물과 공기 중의 이산화탄소를 재료로 태양에너지를 이용해 포도당과 산소를 만드는 과정이다[$6CO_2 + 6H_2O \rightarrow C_6H_{12}O_6 + 6O_2$]. 광합성을 하려면 이산화탄소가 필요하므로 잎에 있는 기공(氣孔, stomata)[잎 표피에 이산화탄소를 빨아들이기 위해 개폐되는 구멍]을 열어야만 한다. 이때 잎 속에 있는 물이 밖으로 증발하고[이를 증산작용

(蒸散作用, transpiration)이라 한다.], 이 물을 보충하기 위해 식물은 땅속에서 물을 끌어올리는 것이다. 사실 물이 뿌리에서 잎으로 올라오는 것은 식물이 끌어올리는 것이 아니라 증산작용에 의해 생긴 역압력이 물을 빨아올리는 것이므로 식물은 스스로 이 문제에 대해서는 거의 아무 일도 하지 않는다고 보는 게 맞다. 따라서 비가 온 뒤 공중 습도가 높을 때, 게다가 바람이 불지 않고 기온이 낮아서 수분의 증발이 잘 안될 때, 식물은 전혀 물을 빨아올리지 않는다. 오히려 뿌리가 밀어내는 힘(뿌리압, 根壓, root pressure)으로 올라온 물이 잎 끝에 이슬방울처럼 맺혀있는 것을 보게 된다[이를 일역현상(溢液現象, guttation)이라 한다.].

따라서 사막의 식물들은 광합성에 필요한 CO_2를 빨아들이기 위해 기공을 열면서도 물의 증발을 최소화시켜야 한다. 그러기 위해서는 다음의 몇 가지 방법을 채택한다.

① 잎의 면적을 줄이거나 가급적 기공을 표피로부터 함몰된 곳에 배치해 공기와 바람에 직접 노출시키는 것을 피해야 한다. 또 몸에 가시나 털을 많이 만들어야 바람의 영향도 줄일 수 있다. 대극과의 대극속(*Euphorbia*), 용설란과의 유카속(*Yucca*), 많은 선인장과, 포퀴에리아과의 포퀴에리아속(*Fouquieria*), 운향과의 알로이디아속(*Allauidia*) 등이 여기에 해당한다. 사실 사막식물들에게 이런 적응은 기본이다.

② 낮에 광합성을 위해 물을 빨아들여야 할 텐데 땅속에 물이 없다면 아무리 CO_2가 있어야 무슨 소용이 있는가? 그래서 사막식물들은 물을 몸속에 넣어 보관하는 다육성(多肉性, succulent) 줄기와 잎을 만들었다. 다육성 줄기는 몸체를 통통하게 만들고 껍질은 두꺼운 큐티클층으로 덮어 수분의 증발을 최대한으로 막는다. 가능하면 잎을 떨어뜨려 증발을 줄이고, 더 가능하면 아예 하나도 남기지 않는다. 이런 다육성 식물은 선인장과, 대극과의 대극속(*Euphorbia*), 박주가리과의 스타펠리아속(*Stapelia*) 등이 있고, 잎과 줄기가 다육성이 된 식물은 번행초과(Aizoaceae), 돌나물과의 칼랑코에속(*Kalanchoe*), 로케아속(*Rochea*), 크라술라속(*Crassula*), 에케베리아속(*Echeveria*), 꿩의비름속(*Sedum*), 백합과의 하워디아속(*Haworthia*), 알로에과의 알로에속(*Aloe*), 용설란과의 용설란속(*Agave*), 산세비에리아속(*Sansevieria*) 등이 있다.

③ 색깔도 가급적 흰색을 띠게 해서 햇빛을 반사시킴으로써 잎이나 줄기의

그림 7-1 선인장과 식물들 : 1 *Pseudomammillaria* sp. 2 잎이 있는 나뭇잎선인장 3 가장 키가 크고 오래 사는 사와로선인장 4 열매를 건강식품으로 먹는 백년초 5 *Mammillaria compressa*

온도를 조금이라도 덜 오르도록 할 필요가 있다. 앞에 예를 든 식물도 이렇게 되어 있는 경우가 많고, 국화과의 산쑥(*Artemisia tridentata*, sagebrush), 남가새과의 크레졸나무(*Larrea tridentata*, creosotebush) 등을 들 수 있다.

④ 다음은 보다 적극적인 방법인데, 기존의 광합성 방법을 송두리째 바꿔 버리는 것이다. 낮에 햇빛을 받아 광합성은 하는데 기공을 열지 않는 것이다. 그럼 어떻게 CO_2를 얻는단 말인가? 밤에 기공을 열어 CO_2를 빨아들여 탄소

가 네 개 붙은 옥살초산(C4)을 만든다. 그리고 낮에 이것을 말릭산으로 바꿨다가 분해해서 피루브산(C3)과 CO2(C1)를 만들어 이 CO2를 광합성에 사용하는 것이다. 우리는 이런 식물을 CAM(Crassulacean acid metabolism, 돌나물형 유기산 대사) 식물이라 하며 선인장, 파인애플, 돌나물 등에서 볼 수 있다. 한편 이와 비슷하나 구조적으로 엽육세포에서 C4를 만들어 물이 부족할 때 이를 분해해 나온 CO2를 관다발을 감싸고 있는 관속초(管束鞘, bundle sheath)로 보내면 여기서 C3 회로를 이용한 광합성이 일어나는 것이 있다. 이런 식물들을 C4 식물이라고 하는데, 옥수수, 사탕수수, 기장, 조, 퉁퉁마디 등에서 볼 수 있다.

따라서 사막에 사는 식물들은 위의 네 가지, 그리고 그 각각에도 여러 가지 작은 방법이 있으니, 이런 방법을 한 가지뿐 아니라 가능한 한 여러 가지를 동원해서 사막에 적응해 살고 있다. 그야말로 '생존을 위한 투쟁'의 극치를 보여 주고 있는 것이다.

가장 대표적인 사막식물은 선인장과(Cactaceae)다. 그림 7-1 아마도 선인장을 모르는 사람은 없겠지만 잎을 갖고 있는 선인장 종이 있다는 사실을 아는 사람은 별로 없을 것이다. 선인장과의 조상은 잎을 가지고 있는 나뭇잎선인장속(Pereskia)인데, 나뭇가지 같은 줄기에 가시가 나 있고 도난형[뒤집힌 알 모양] 잎이 난다[줄기와 잎은 꼭 꽃기린처럼 생겼다.]. 이런 조상에서 줄기가 퉁퉁해져 다육질이 되고 잎이 없어지고, 많은 종류에서 잎은 가시로 변한다. 우리나라에는 부채선인장(Opuntia ficus-indica)이 제주도 해안에 자라고 있고, 그 열매는 백년초라 하여 건강식품으로 각광을 받고 있다. 온실에서 많이 키우는 선인장으로 크리스마스 때 꽃이 핀다 하여 크리스마스선인장으로도 불리는, 게의 발 같이 생긴 게발선인장(Schlumbergera russelliana)이 흔하나, 다육식물을 파는 온실이나 꽃집에 가면 그 종류가 대단히 많다. 아마도 선인장과 중에서 가장 큰 선인장은 미국 애리조나의 사와로국립공원(Saguaro National Park)에서 많이 볼 수 있는 사와로선인장(Carnegia ginantea, saguaro)이다. 수명 150년 이상까지 사는데, 키가 약 15m까지 자라고 기둥같이 자라다가 75년 정도 되면 중간에서 비슷한 굵기의 곁가지가 나온다. 따라서 곁가지가 하나라도 나온 개체의 나이는 최소한 75살이라 할 수 있다. 사와로선인장의 꽃은 4~5월에 밤에 피는데 박쥐가 수분을 한다. 몸체는 여러 가지 새들의 서식처인데, 딱따구리 종류를 비롯한

그림 7-2 아프리카산 다육성 대극속(*Euphorbia*)의 식물들 : 1 *E. grandicornis* 2 *E. avasmontana*

새들이 구멍을 파서 살다가 버리고 가면 올빼미 같은 새들이 와서 산다.

대극과(Euphorbiaceae)의 사막식물들은 다육성으로 선인장 모양을 하고 있고 배상화서를 갖고 있으며 흰 유액을 갖고 있다.그림 7-2 따라서 선인장 모양을 하고 있는데 줄기에 흠집을 내어 흰 유액이 나오면 금방 선인장과가 아니라 대극과인 줄 알아야 한다. 다육성 대극속(Euphorbia)은 아프리카에 나는데 그 모양이 너무나 다양하여 선인장과를 훨씬 능가한다. 더구나 우리에게 익숙하지 않은 것들이 많아 그 몇 가지를 사진으로 소개한다.

다육성 식물이야기를 할 때 빼면 섭섭한 또 다른 과가 있다. 바로 박주가리과인데 이 과의 사막식물도 선인장처럼 생겼다. 크기가 작아서 그렇지 영락없이 선인장이다. 바로 스타펠리아속(Stapelia)인데, 20cm 남짓한 기둥 모양의 다육성 식물로 이 과가 모두 그렇듯 상처를 내면 대극과처럼 흰 유액이 나온다.그림 7-3 이들은 자신의 덩치에 비해 엄청나게 큰 불가사리 모양의 다육질 꽃이 피는데, 털이 나 있고 색깔은 대개 적갈색이어서 좀 흉측한 느낌이 든다. 이 꽃들을 파리가 찾아와서 알을 낳아 종종 구더기가 오물대는 역겨운 장면을 연출한다. 그러나 이것이 자연의 이치이다. 식물은 파리를 통해 수분을 하고 열매를 맺고, 파리는 그들의 자손을 번식할 장소를 얻는 것이다. 역시 우리에게 생소한 식물이지만 종류가 다양하고 아름다워 원예가들에게는 수집과 자랑의 대상이기도 하다.

다육식물은 아니지만 미국과 멕시코의 모하비, 소노란, 치와완 사막에 고루 분포하는 크레졸나무(*Larrea tridentata*)에 대해서 잠깐 언급하자.그림 7-4 이 식물은 꽃도 열매도 예쁜 관목이다. 한 가지 재미있는 사실은 사막에 다른 식물

은 없고 이 나무만 있는 경우를 종
종 보는데, 다른 식물이 없는 것은
이들이 내는 침출액이 이웃 식물들
의 생장을 억제하기 때문이다. 그
리고 이들은 거의 일정한 거리를 두
고 자라서 꼭 사람이 심어 놓은 것
같다. 이런 분포 형태는 그리 흔하
지 않은데 물 흡수를 위해 서로의

그림 7-3 박주가리과의 다육식물 스타펠리다

경쟁을 최대한으로 줄이기 위한 결과가 아닌가 생각된다. 더욱 재미있는 것
은 이 식물에서 추출한 비라스타틴(virastatin)이란 물질이다. 이 물질은, 세포의
항산화작용 효과가 크고, 바이러스나 박테리아의 증식을 억제하며, 간의 독
성을 제거하기도 하고, 노화를 방지하고, 각종 염증을 낮게 해주는 등 엄청난
효과가 있고 한다. 모진 더위 및 가뭄과 싸우려다 보니 이런 능력을 갖게 되었
는지도 모르겠다.

미국 사막의 지시식물

미국 로스앤젤레스를 기점으로 동쪽으로 여행할 기회가 생긴다면 지시식물(指示植物, indicator plants)[특정한 사실을 알려주는 식물]로 미국 주요 사막을 구별해보자. 미국 서부에는 그레이트베이슨, 모하비, 소노라 사막이 있다. 아무 볼 것 없는 황량한 사막을 가로지르며 달리다 차창 밖을 내다보면 같은 사막이라도 식물에 차이가 있음을 감지할 수 있다.

우선 그레이트베이슨사막과 나머지 두 사막을 구별하는 방법으로 전자에는 산쑥(*Artemisia tridentata*)이 나고, 후자에는 크레졸나무(*Larrea tridentata*)가 난다. 그리고 후자 중 모하비사막에는 나무유카(*Yucca brevifolia*, Joshua tree)가, 소노라사막에는 사와로 선인장이, 그리고 멕시코 치와와사막에는 레추길라용설란(*Agave lechuguilla*, lechuguilla)이 지시식물이다. 물론 다른 식물들도 차이가 있으나 이상의 지시식물로 쉽게 각 사막을 구별할 수 있다. 이들 사막은 강우량보다 온도 차이 때문에 나누어지는 것이다.

그림 7-4 미국의 사막에서 자라는 크레졸나무

2

착생식물

착생식물(着生植物, epiphyte)은 기생식물(寄生植物, parasite)과는 달리 다른 식물에 달라붙어 살 장소만 빌리고 있지 그 식물의 영양분을 빨아 먹고 살지는 않는다. 대신 그 줄기를 따라 흘러내리는 물과 들에 섞인 무기물을 빨아 먹고 산다. 그래서 착생식물은 각목으로 받침대만 만들어주면 그 위에서도 살고, 어떤 종은 전깃줄 위에서도 공중 습기를 빨아들여 살 수 있다. 착생식물은 열대우림에 주로 나는데, 수관에 가려 햇빛이 땅바닥까지 비치지 않기 때문에 키 큰 나무들끼리 경쟁하는 속에서 채택한 생존전략이다. 착생식물은 세계적으로 83과에 3만여 종이 열대우림에 서식하고 있고, 가장 많은 종이 사는 곳은 고도 1,000~2,000m의 운무림(雲霧林, cloud forest)이다. 착생식물은 고사리, 지의류, 선태류, 선인장과, 파인애플과(Bromeliaceae), 난초과(Orchidaceae) 등을 포함하는데, 그중에도 주요한 착생식물은 파인애플과와 난초과 식물이다. 그림 7-5

파인애플과의 스페인이끼(*Tillandsia usneoides*, Spanish moss)[이름만 이끼이지 실제로는 아니다.]는 회색 실타래가 늘어진 것처럼 나무나 전신주에 매달려 자란다. 이들은 뿌리가 없고, 극도로 가늘어진 줄기가 있으며, 잎은 흡수인편(absorbing scale)이라는 털을 갖고 있어 대기중의 수분을 흡수한다. 브라질산 크리스마스 선인장(*Schlumbergera*)은 착생선인장으로 다육성 줄기에 물을 저장한다. 어떤 착생란은 줄기를 괴경 모양의 가경(假莖, pseudobulb)으로 만들어 수분을 저장한다[예: 석곡].

많은 착생식물들은 잎의 표피에 왁스층을 씌워 수분 손실을 줄인다. 흔히 잎의 크기를 줄이기도 한다. 가장 극단적인 경우인데 어떤 착생란은 잎이 작

그림 7-5 파인애플과의 주요 착생식물 : 1 스페인이끼 2 공이끼 3 *Guzmania lingulata*
4 *Aechmea weilbackii* 5 *Neoregelia* sp. 6 *Vriesia* sp.

은 비늘로 축소되고, 녹색의 기근이 광합성을 수행한다. 어떤 착생식물은 사막식물처럼 기온이 높을 때 물 손실을 줄이기 위해 기공을 닫고 CAM 식물처럼 밤에 이산화탄소를 저축해 낮에 광합성을 한다.

착생식물은 흔히 현란한 색깔을 띠는 꽃이나 포를 만들어 수분매개체를 유혹한다. 예를 들어 조매화인 빌버기아(*Bilbergia nutans*)는 분홍색 또는 빨간색 포를 가진 꽃을 내려뜨려 핀다. 많은 착생란들은 꽃의 향기가 특정한 벌이나 파리의 특수 페로몬 냄새를 내어 그들의 수분매개체와 고도의 특이성을 갖고 있다. 파인애플과의 브로멜리아 종들은 씨가 끈적끈적한 물질에 싸여 어린 싹이 제대로 고착할 때까지 나무에 붙어 있도록 해준다.

난초과 식물은 약 2만 종으로 이루어져 피자식물의 약 8%를 차지하는 큰 과인데, 많은 종들이 특별히 제한된 서식처에 분포하고 있어 아직도 기록되지 않은 종들이 많고 멸종될 위험도 크다. 특히 70%를 차지하는 난들이 열대우림의 나무에 착생해 자라고 있는데, 원예 목적으로 남획되고 있다. 난초과의 뿌리는 물과 영양을 잘 흡수하도록 되어 있고, 흔히 균류가 들어 있어 공생을 한다. 줄기는 물을 함유해 건조에 대한 저항성도 크다. 많은 착생란들은 기근이 코르크층과 비슷한 벨라멘(velamen)층으로 덮여 있어 대기 중의 습기를 흡수한다. 벨라멘층에 물이 차 있으면 색깔이 투명해져 뿌리의 녹색 조직에 햇빛이 들어가 광합성을 하고 물이 마르면 마른 벨라멘층이 뿌리의 수분 손실을 제한한다.

난초과가 번성한 데는 위에 설정한 이유도 있지만 미세하게 작은 무수한 종자와 특수한 수분매개 방법 때문이기도 하다. 이들은 바람에 날려 널리 전파될 수 있다. 난초과의 꽃은 곤충이 수분을 시킨다. 마다가스카르의 앙그레쿰(*Angraecum sesquipedale*)은 강한 향으로 박각시 나방을 유혹하는데 박각시 나방은 벌새를 닮았으며 혀의 길이가 35cm나 된다. 어떤 난은 곰팡이 냄새를 풍겨 작은 파리를, 어떤 중앙아메리카의 난은 꽃 뒤에 작은 물통을 만들어 그 안에 벌이 좋아하는 기름을 보관하는데, 종마다 기름의 냄새가 달라 서로 다른 벌들을 유혹한다. 냄새를 맡고 온 수벌은 기름을 채취해서 암벌을 유혹하는 데 사용한다. 이런 과정 중에 수벌이 물통에 빠지면 화분괴를 묻히게 되고 애써 빠져나가 다른 꽃을 방문해 수분을 시킨다. 남미의 어떤 난은 춤추는 숙녀 작

그림 7-6 우리나라의 착생란인 지네발란

전을 쓰는데 이 난은 작은 꽃을 피워 미풍에도 춤을 추듯 움직인다. 이것을 보고 작은 벌들이 자신들의 침입자라고 생각해 이들을 공격하는 행동을 취하는 중에 꽃가루를 묻히게 된다.

열대우림의 선인장은 사막 선인장과 전혀 다르다. 이들은 가시가 없고 긴 잎을 가지며 나무 위에 살면서 광합성을 한다[예: 게발선인장속, *Lepismium*, *Rhipsalis*].

착생식물은 많은 종들에게 새로운 서식처를 만들어준다. 가장 잘 알려진 예로 남아메리카의 물탱크브로멜리아(tank bromelia)를 들 수 있다. 이 식물의 단단한 잎은 위를 향해 모여 나서 그 가운데에 작은 물탱크를 만들고 있는데 큰 개체는 무려 8L의 물을 담을 수 있다. 많은 동물들이 이 물을 마시고 어떤 종들은 그 안에서 살며 번식을 한다. 이런 동물 중 하나가 독화살개구리(poison-arrow frog)다. 암개구리가 땅 위의 물속에 낳은 알이 올챙이가 되면 암개구리가 등 위에 올챙이를 업고 물탱크로 올려준다. 올챙이는 공격자로부터 보호받으면서 작은 연못에 날아 들어온 곤충들을 잡아먹으며 자란다. 어떤 개구리종의 암컷은 연못을 며칠마다 방문해 미수정란을 낳아 올챙이가 이걸 먹고 자라도록 한다.

어떤 브로멜리아종은 자신의 뿌리와 줄기 사이의 공간에 독개미를 살도록 해서 개미가 분비하는 물질로부터 양분을 흡수한다. 어떤 동남아시아 종들[예: *Myrmecodia*, *Hydnophytum*]은 줄기를 부풀려서 그 안에 방을 만들고 개미들이 살도록 해준다. 어떤 방에는 물을 저장해 식물이 광합성을 할 때 소비한다. 어떤 종[예: *Dischidia rafflesiana*]은 잎에 주머니를 만들어 개미가 살도록 하고 그들이 분비물을 배설하거나 죽으면 시체를 남기기 때문에 식물에게 필요한 영양을 공급해준다.

어떤 착생식물은 자기가 붙어 있는 식물의 양분이나 물을 빨아 먹지는 않

지만 간혹 웃자라서 뿌리가 서로 꼬이는 바람에, 신세지고 있는 식물의 수
분 통도를 방해해서 죽게 만들기도 한다. 그 예로 동남아시아의 교살무화과
(*Ficus religiosa*, strangling fig)나 미국 텍사스의 공이끼(*Tillandsia recurvata*, ball moss)를 들
수 있다.

  우리나라의 착생란은 나도제비란, 콩짜개란, 흑난초, 지네발란, 풍란, 거
미란, 나도풍란 등이 있는데 숲이 줄어들고 사람들이 채취하는 데다가 기후
도 변해 점점 줄어들고 있어 보호가 필요하다. **그림 7-6**

동양란과 서양란

원예식물로서 동양란과 서양란이란 무엇인가? 사실 이 말은 잘못 붙여진 것이다. 보통 색깔이 현란하고 아름다운 꽃이 피는 난을 서양란이라고 하는데 이들은 열대우림에 나는 착생란을 말한다. 이들은 열대우림 속에서 현란한 색깔로 수분매개동물을 유인하려다 보니 아름답고 다양하게 진화했고, 대신 향은 그리 진하지 않다. 그러나 온대지방의 난들은 현란한 색깔 대신에 향으로 승부를 걸었다. 물론 이 기준도 명확한 건 아니지만 대체로 그렇다. 그러면 우리나라에 야생하는 난들은 동양란인가? 이것도 불분명하다. 왜냐하면 난 애호가들이 난이라고 하면 보통 잎이 긴 한란이나 춘란 또는 중국에서 온 보세란을 이야기하기 때문이다. 그러면 우리나라에 야생하는 난은? 이들은 전통적으로 난으로 취급되지 않았으나, 최근 자생식물에 대한 관심이 높아지다 보니 키우게 되었으므로 동양란보다는 자생란이라고 해야 할 것이다.

또 한 가지가 있다. 난은 옛날부터 중국에서 그 가치를 인정받아 사군자(四君子)[동양화의 소재로 사랑받았던 네 가지 식물로, 매화(梅), 난(蘭), 국화(菊), 대나무(竹)를 말함]의 첫째로 꼽혀 선비들의 사랑을 받아 왔다. 그런데 옛날 중국에서 난은 지금 우리가 이야기하는 난초과(Orchidaceae)의 난이 아니라 전혀 다른 식물을 이야기했다. 공자(孔子, 552~479BC)가 좋아했다는 난은 국화과의 향등골나물(*Eupatorium chinense* var. *simplicifolium* for. *tripartitum*)이었다. 그렇다면 언제부터 중국에서 보세란이나 한란이 난으로 통용되기 시작했을까? 북송시대(北宋時代, 960~1126) 중기 이후로 남송시대에 원예적인 재배가 크게 성행했고, 우리나라에서는 고려 중기에 들어와서, 특히 조선이 건국되어(1392년) 유교를 국교로 삼으면서 선비들에게 각광을 받기 시작했다고 하면 충분히 이해할 수 있을 것이다.

3

염생식물

염분의 농도가 높은 토양이나 물에 사는 식물을 염생식물(鹽生植物, halophyte) 이라고 한다. 이들의 뿌리는 식물이 자라고 있는 장소의 농도보다 훨씬 높은 염도를 유지한다. 다시 말해 뿌리세포가 물이나 토양에 비해서 훨씬 고장액 (高張液, hypertonic)[삼투압이 높은 용액]이므로 원형질분리(原形質分離, plasmolysis)[세포에 서 물이 빠져나가 원형질이 세포벽에서 분리되는 현상]가 일어나지 않고 살 수 있다.

대표적인 염생식물의 예는 거머리말과(Zosteraceae)로 온대와 아열대지방의 얕은 바닷물 속에서 산다. 영어로는 eelgrass라고 하는데 잎이 띠 모양으로 길어 뱀장어를 연상시켜 붙여졌을 것이나 우리말 이름의 거머리는 어떻게 붙 여졌는지 좀 어색하다. 이들은 다년생 식물로 물에 의해 수분이 일어나는데 암수한몸이지만 암수꽃이 피는 시기가 달라 자가수분은 일어나지 않는다. 우 리나라에서는 거의 아무 쓸모없는 식물이지만 서양에서는 식물체가 가늘고 길어서 말린 것을 포장재로 쓴다.

제2의 염생식물은 열대지방의 바닷가에 홍수림(mangrove)을 이뤄 경관을 좋 게 해주는 라이조포라(*Rhizophora mangle*)와 아비세니아(*Avicennia marina*)를 들 수 있 다. 이들은 해안가와 하구언에서 뿌리와 가지가 복잡하게 얽혀 많은 동물들 의 피신처이자 서식처를 제공하므로 생태적으로 중요하다.

라이조포라는 라이조포라과(Rhizophoraceae)에 속하는데, 남북미 열대 해안과 섬 그리고 서아프리카와 섬 해안에 널리 분포하는 교목으로 키는 5~24m까 지, 지름은 20~70cm까지 자란다. 그림 7-7 이 식물의 특이한 점은 종자가 식 물체에 붙어 있는 상태에서 뿌리가 자라 내려가 땅속으로 파고 들어가고 다시

그림 7-7 남북아메리카의 염생식물 라이조포라의 화서, 뿌리를 내린 열매, 서식 환경 (Wikimedia)

가지를 뻗는 것이다. 또는 뿌리를 땅에 박지 못한 채 가지에서 떨어지면 물에 둥둥 떠서 파도에 밀려가 다른 곳에서 뿌리를 내리게 된다. 꽃은 작고 노란색이라 곤충에 의해 수분될 만한데 꿀이나 향기가 없고 대신 바닷바람을 이용해 가루 같은 화분을 다른 꽃에 전파해 수분시키거나 자가수분을 해서 열매를 맺는다. 이들이 짠 바닷물에 잘 견딜 수 있게 된 적응 중의 하나는 뿌리가 염분을 빨아들여 잎으로 보내서 잎을 떨어뜨리는 것이다.

아비세니아는 쥐꼬리망초과(Acanthaceae)에 속하는 관목 내지 교목으로 14m까지 자라는데, 열대 아프리카, 아라비아반도, 동남아시아, 오스트레일리아, 뉴질랜드와 근처 섬들의 해안가에 난다. **그림 7-8** 잎을 떨어뜨려 식물체의 염분을 제거하는 것, 노란 꽃을 피우는 것 등이 라이조포라와 비슷하지만, 암수술이 불임성이어서 무수정결실을 하고, 가지에서 떨어지지 않고 발아한 종자가 길게 뿌리를 내리지 않고 떨어져서 정착을 하는 점, 뿌리에서 연필 같은 기근(氣根, pneumatophore)이 나와서 뿌리의 호흡을 도와주는 점 등이 다르다. 식물 이름이, 9세기 말 페르시아의 아비세나라는 젊은 의사가 당시 아무도 고치지 못하는 왕의 병을 이 식물을 가지고 고쳐준 데서 유래되었듯이 폐결핵,

그림 7-8 염생식물 아비세니아의 서식 환경, 화서, 열매

뇌막염 등을 치료하는 성분을 함유하고 있다고 한다.

우리나라에는 갯벌이 발달하여 갯벌에 서식하는 많은 염생식물이 있다. 우리나라 염생식물에는 명아주과(Chenopodiaceae)의 퉁퉁마디(*Salicornia herbacea*), 나문재(*Suaeda asparagoides*), 칠면초(*S. japonica*), 해홍나물(*S. maritima*), 그리고 갯능쟁이(*Atriplex subcordata*) 등이 있는데 모두 일년생 초본식물로 잎이나 줄기가 다육성이다. 특히 나문재, 칠면초, 해홍나물은 붉은색을 띠고 갯벌에 커다란 군락을 이루어 살고 있어 아주 아름답고 특이한 경관을 연출하고 있다. 이런 경관은 다른 나라에서는 거의 볼 수 없어 생태관광자원으로 활용할 수도 있을 것이다. 예전에는 이들 식물을 나물로 먹기도 하여 가난했던 시절, 민초들의 구황자원(救荒資源)으로 큰 역할을 했다.

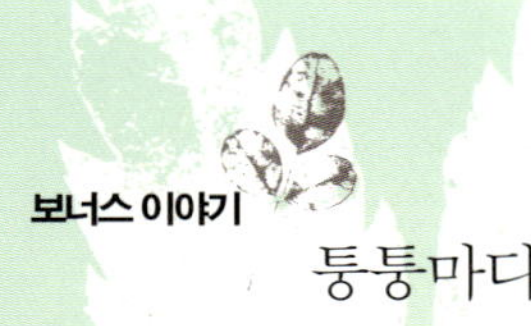

퉁퉁마디

그림 7-9 염생식물인 퉁퉁마디

퉁퉁마디는 줄기가 다육성이고, 잎이 없고, 가지가 대생하며, 꽃은 퉁퉁한 가지에 대생으로 오목한 공간 속에 피므로 겉으로 드러나지 않는다. 퉁퉁마디는 가지 친 모습이 예쁘고 단풍이 들면서 색깔이 초록에서 주황색을 거쳐 붉은색으로 변하는데 그 색깔들을 한 개체에서 볼 수 있어 예쁘다. 퉁퉁마디는 맛이 짜기 때문에 함초(鹹草)라고도 하는데 이런 의미에서 다른 갯벌 식물들도 함초라고 할 수 있으나 흔히 함초라고 하면 퉁퉁마디를 말한다. 퉁퉁마디는 맛이 짜기 때문에 소금 대용으로 쓸 수 있고, 특히 미네랄이 풍부해 '현대인을 위한 천연영양소의 보고' 라는 별명이 붙을 정도다. 요즈음엔 퉁퉁마디를 동결건조해서 건강식품이나 음식 첨가제로 사용해 큰 인기를 얻고 있다.

4
고산식물

　고산식물(高山植物, alpine plants)을 정의하는 것은 간단한 문제가 아니다. 최소한 생태학적인 면에서는 몇 미터 이상이 고산이냐가 그다지 중요한 요소가 아니기 때문이다. 같은 높이라도 극지방 쪽으로 갈수록 온대성 식물이 산 아래로 분포할 것이고, 적도 쪽으로 갈수록 산 위로 올라갈 것이다[기온은 고도가 올라감에 따라 평균 0.5~0.6℃/100m씩 감소되며, 위도가 올라감에 따라 대략 15℃/10° 정도씩 내려간다.]. 또한 같은 위도에서 고산이라고 시간적으로 낮이 더 짧지는 않지만, 고산은 아침에 늦게 따듯해지고 저녁에 일찍 추워지니 기온 면에서 낮이 산 아래쪽보다 짧다.

　그렇다면 고산식물이란 무엇인가? 예를 들어 백두산에 사는 식물은 고산식물인가? 꼭 그렇지는 않다. 백두산 밑에 사는 식물을 제주도 평지에서도 볼 수 있기 때문이다. 따라서 생태적으로 고산식물이란 흔히 고산툰드라(alpine tundra)[고산에 형성되는 초원]의 식물을 말한다[툰드라는 핀란드어로 초원, 황야라는 뜻]. 이런 면에서 백두산[북위 약 42°] 고도 2,000m 이상에 발달한 고산툰드라는, 백두산보다 훨씬 북쪽에 있는 침엽수림대(coniferous forest, taiga) 북쪽에 위치[북위 약 57° 이북]하는 북극툰드라(arctic tundra)와 거의 비슷하다. 왜냐하면 낮은 기온, 큰 일교차, 낮은 강수량, 토양수분함량, 낮의 길이도 같은 경향성을 보이기 때문이다. 따라서 북극초원 식물을 토려면 대체로 고산초원을 보면 된다.

　고산초원 식물의 특징을 보면 우선 추위에 잘 견딘다. 키가 크지 않고 땅에 붙어서 자란다. 뿌리가 깊고, 무성생식을 많이 하며, 식물의 다양성이 높지 않다. 설명하지 않아도 쉽게 수긍할 수 있는 특성이다. 그러나 무엇보다도 아름답다는 것이다. 백두산, 스위스 알프스, 중국 옥룡설산(玉龍雪山)의 초원과 미국의 글레이셔국립공원(Glacier National Park), 레이니어산국립공원(Mt. Rainier National Park)에서 자라는 고산식물은 모두 아름답다. 하지만 다녀온 사람마다 평가가 엇갈린다. 왜 그럴까?

고산 초원 식물들은 생육기간이 약 190일로 짧다. 늦게 봄이 오고 일찍 가을이 오기 때문이다. 그래서 고산초원 식물들은 기온만 적당하면 빨리 꽃을 피워 열매를 맺어야 하는데 생육기간이 짧다 보니 꽃피는 시기도 전체적으로 짧을 수밖에 없다. 모든 꽃들이 거의 동시에 피기 때문에 어느 때 가느냐에 따라서 초원의 모습이 달라진다. 레이니어산국립공원의 초원을 '파라다이스' 라고 하는데, 사실 어느 고산초원이든 꽃이 가장 만발할 때 가면 모두가 파라다이스다.

꽃이 한꺼번에 피기 때문에 아름다운 것만은 아니다. 사실 아름답고 화려한 꽃들이 많다. 꽃이 거의 동시에 피기 때문에 꽃들의 수분매개체에 대한 선택압력(選擇壓力, selection pressure)이 크다. 따라서 꽃들은 저마다 수분매개체를 유인하기 위해서 적응하다 보니 많은 꽃들이 크고 화려한 색깔을 띠고 있다.

많은 고산식물 중 몇 가지만 잠깐 언급해보자. 백두산에 가서 가장 기억에 남는 꽃이 무엇인가 물으면 공통적으로 두메양귀비(양귀비과)와 하늘매발톱(미나리아재비과)을 꼽을 것이다. 어떤 사람은 진달래과의 가솔송이나 노랑만병초를 꼽을 것이다. 사람마다 기준이 다르니 다른 것을 꼽을 수도 있겠지만 중부나 남부지방에서는 볼 수 없는 아름다운 식물들이 많이 난다. 그런데 미국 고산초원에 가보면 백두산 고산식물보다 더 아름답다는 느낌을 받는다. 왜냐하면 빨간색 매발톱(*Aquilegia canadensis, A. formosa*)이나 인디언페인트브러쉬(*Castilleja linariaefolia, C. affinis*)처럼 빨간색이 많아서인데, 이는 벌새가 수분하는 꽃들이 많기 때문이다.

이번엔 열대지방 3,500m 이상의 고산에 사는 식물들 이야기다. 고산초원보다 더 높은 열대 고산에는 돌 틈에 엄청나게 덩치가 큰 식물들이 띄엄띄엄 난다. 물론 그 아래 온대 고산초원 같은 초원에 나는 경우도 있다.

시킴장군풀(*Rheum nobile, Sikkim rhubarb*)은 히말라야산맥[티베트에서 아프가니스탄까지 4,000~4,800m의 고산]에 난다. 그림 7-10 우리나라에도 백두산 지역에 가면 장군

그림 7-10 히말라야 4,000m 이상의 고산에 나는 시킴장군풀

풀(*R. coreanum*)이라는 마디풀과 식물이 있는데 키가 2m나 된다. 시킴장군풀도 키는 비슷한데 전체적인 모양은 보통 식물들과 달리 긴 원추형이다. 아래쪽엔 반짝이는 잎이 달리고 위쪽은 반투명한 흰색으로 덮인 식물이 아무 식물도 없는 바위 사이에 우뚝 서 있다면 얼마나 신기할까? 반투명한 흰색은 사실 포(苞)인데 크고 두께가 얇아, 빛은 이를 통과해 안으로 들어가고 열은 밖으로 나가지 않게 하는 일종의 온실 역할을 하며, 동시에 강력한 자외선을 차단하는 역할도 한다. 제일 꼭대기 포들은 붉은 빛을 띠고, 꽃은 이들 포 안에서 핀다. 그리고 열매를 맺으면 줄기가 길게 신장하고 포는 떨어져 나가 열매(수과)는 바람에 의해 전파된다. 고산에 잘 적응한 식물이다. 이 식물은 1855년 영국의 후커(Joseph Dalton Hooker, 1917~1911)와 톰슨(Thomas Thomson, 1817~1878)에 의해 발표되었다.

거대한 숫잔대(Giant Lobelia) 두 종이 동아프리카 고산에 난다. 데케니숫잔대(*L. deckenii*)그림 7-11는 황량한 산의 계곡 습한 곳에 나고, 텔레키숫잔대(*L. telekii*)그림 7-13는 같은 지역의 건조한 곳에 난다. 데케니숫잔대는 1~18개의 로제트가 지하경으로 연결되어 있는데 좋은 환경일 때 재빨리 자라 개체가 밀집되고

그림 7-11 아프리카 케냐산에 나는 데케니 숫잔대

환경이 좋지 않으면 생장을 멈추거나 크기를 줄인다. 로제트는 꽃이 핀 후 곧바로 죽는다. 데케니숫잔대는 킬리만자로(Kilimanjaro) 3,700m 고지 이상에 나는 유일한 숫잔대다. 데케니숫잔대의 케냐아종(*L. deckenii* ssp. *keniensis*)은 케냐산 3,300~4,600m 고지에 나는데 같은 곳에 살지만 텔레키숫잔대와 다른 점은 기니피그(rock hyrax)가 먹지 않는다는 점이다. 케냐산의 숫잔대는 모두 새에 의해 수분된다.

텔레키숫잔대는 케냐산(Mt. Kenya), 엘곤산(Mt. Elgon), 아버데어 산맥(Aberdare Mts.) 3,500~5,000m 고지에 난다. 이들은 커다란 화서에 수많은 꽃을 피워 생식에 총력을 투입하고 죽어버리는 단번식(單繁殖, semelparous)식물[평생에 한번만 번식하고 죽는 식물]이다. 그래서 화서는 3m나 된다. 텔레키숫잔대는 로제트 하나로 되어 있고, 이것이 수년간 자라면서 꽃을 피우고 죽는다. 그러나 가끔 지하경에서 여러 개의 로제트가 나오기도 한다. 텔레키숫잔대 꽃은 화서의 커다란 포 안에 숨겨져 있고 색깔은 청록색으로 새에 의해 수분된다.

에스플레시아속(*Espeletia*)은 100여 종으로 구성된 국화과 해바라기족에 속한 식물이다. **그림 7-12** 남아메리카의 베네수엘라, 콜롬비아, 에콰도르에 걸친

안데스산맥에 나는데, 베네수엘라와 콜롬비아의 동 코르디예라(Cordillera)에 종들이 많이 분포한다. 에스플레시아는 1909년 봉플랑(Aimé Bonpland, 1773~1858, 프랑스)과 훔볼트(Alexander von Humboldt, 1759~1859, 독일)에 의해 처음 기재되었는데, 그들이 1801년 남미대륙 스페인령을 여행하다가 왕립식물 탐험대장(José Celestino Mutis)을 만나 보고타 고원의 이 식물을 소개받아 탐험하다가 발견했고, 이름은 그 탐험대에 재정 지원을 해준 당시 총독(Don José de Ezpeleta)을 기념해 붙였다[일제강점기

그림 7-12 안데스산맥 고산에 나는 에스플레시아 (Wikimedia)

우리나라 식물을 연구한 나카이도 우리나라 특산속인 금강초롱(Hanabusaya)의 속명에 당시 조선공사의 이름을 붙였다.].

　에스플레시아속의 가장 큰 특징은 아프리카의 거대한 숫잔대나 하와이의 은검초처럼 로제트형 성장을 한다는 것이다. 줄기는 가지를 치지 않고 끝에 털이 난 긴 잎들이 나선상으로 빽빽하게 달려 펼쳐지고, 그 밑줄기에는 죽은 잎들이 남아 두껍게 층을 이루고 있어 내부를 보호한다. 키는 2~5m이고 100년 이상을 산다. 추위와 잦은 서리, 강한 햇빛과 같이 식물이 살기에는 혹독한 환경에 잘 적응된 식물이다. 죽은 잎은 내부를 보호하는 단열 역할을 하고 로제트형 잎은 그 안에 있는 분열조직을 보호한다. 흰 털은 단열재로도 작용하지만 자외선 차단도 한다. 생리적으로도 기온이 하강하면 스스로 열을 내어 얼지 않도록 한다.

　에스플레시아는 형태적으로나 생태적으로 엄청난 다양성을 보여주고 있다. 이들은 2,800m 이상의 고산숲에서도, 4,600m의 빙하 근처에서도, 가파른 벼랑과 메마른 바위언덕에서도, 습한 연못이나 늪지에서도 발견된다. 잎은 5cm 미만의 작은 매트형, 로제트형, 거대한 로제트형, 가지를 친 관목형, 심지어 15m가 넘는 교목형도 있다. 화서의 구조도 다양해서 풍머화도

있고 충매화도 있다.

이 그룹에 대해 많은 연구를 한 쿠아트레카사스(José Cuatrecasas)는 많은 종을 발견해 기재했을 뿐만 아니라 이 그룹의 진화에 대해서도 연구해 이 그룹을 아족(亞族, subtribe)[분류를 하는 범주의 하나로 문-강-목-과-속-종을 주범주라 하고 주범주 밑에는 필요할 때 부범주를 둔다. 아족은 과의 부범주로 과 밑에 아과-족-아족이 있다.]으로 승격시키고 8개의 속[*Espeletia*, *Coespeletia*, *Espeletiopsis*, *Ruilopezia*, *Libanothamnus*, *Tamania*, *Carramboa*, *Paramiflos*]으로 세분했다. 최근의 분자연구는 독립된 아족으로 나누기보다는 다른 아족(Melampodiinae)에 포함시켜야 한다는 것을 시사하고 자연적인 그룹은 아님을 보여준다.

나무솜방망이속(*Dendrosenecio*)은 국화과에 속하며 근연식물인 솜방망이속(*Senecio*)의 아속이었던 것을 독립시킨 것으로, 동아프리카 고산지역에만 나는데, 1914년 루즈벨트(Theodore Roosevelt)에 의해 발견되었다. 나무솜방망이는 큰 로제트형 식물로, 굵은 목본성 줄기 끝의 잎은 로제트형이고, 꽃은 커다란 정생화서를 이룬다. 또한 2~4개의 곁가지가 나와서 오래된 나무는 큰 가지 촛대(candelabra) 모양이고, 키는 전봇대만 하며, 가지 끝마다 로제트형 잎이 달려 있다. 그림 7-13

나무솜방망이는 산맥과 고도에 따라 형태가 다양해서 여러 개의 종, 변종으로 나뉘어 왔는데, 1993년 녹스(E. B. Knox)라는 학자에 의해서 아래와 같이 정리되었다.

중앙 및 동 아프리카는 식물의 종분화와 적응을 연구하는 데 가장 좋은 모델시스템이다. 산들은 멀리 떨어져 있고 그 사이는 평야와 대륙붕으로 나뉘어 있어 산들은 바다 위의 섬처럼 서로 떨어져 있다. 이 산들은 대개 화산섬으로 그들의 빅토리아 호수 주위에서 적도로 가면서 나이와 배열을 하고 있어 단순한 모델이 되고 있다.

케냐산에 나는 종을 보면 높은 고도에 케니오덴드론(*Dendrosenecio keniodendron*)이 나고, 그 아래에 케니엔시스(*D. keniensis*)가 난다. 바티스콤베이(*D. battiscombei*)는 케니엔시스(*D. keniensis*)와 함께 자라는데 좀 더 습한 환경에 난다. 다른 산에서 보면 한 종은 메마른 환경에, 다른 종은 습한 환경 또는 덜 극단적인 환경에 난다. 이런 단순화 모델은 킬리만자로를 제외한 동아프리카의 나무솜방망

그림 7-13 아프리카 케냐산에 나는 나무솜방망이와 텔레키숫잔대(오른쪽)

이를 소개하는데 기막히게 들어맞는다.

3,400~4,500m 사이의 고도에서 가장 극단적인 적응의 예는 다음과 같다.

① 거대한 로제트형 잎과 그 안에서 분화되고 있는 커다란 정단아(apical bud)
② 줄기의 수(髓 pith)[나무의 제 2기 목부 속에 있는 유조직] 안에 물 저장
③ 시들어 죽은 잎을 남겨 줄기를 단열
④ 얼음핵을 만드는 다당류 용액[자연 부동액]의 분비
⑤ 밤에 추워지면 잎이 오므라드는 현상(nyctinastic movement)

3,400m 이하의 고도에서는 낮 기온의 기복은 덜 심하고, 낮의 평균 기온은 급하게 상승하며, 생장형과 생태는 무생물적 요인[예: 밤의 서리]보다는 생물학적 요인[예: 빛을 더 받기 위한 경쟁]이 더욱 강하게 반영된다.

최근의 분자계통학과 생물지리학적 연구는 나무솜방망속이 킬리만자로 고산에서 분화해 킬리만자로솜방망이(D. kilimanjari)가 되어 다른 종들을 분화시켰다고 추정하고 있다. 이 종이 산 아래로 내려가 낮은 지역에 적응한 것이 존스토니(D. johnstonii), 그리고 그 씨가 메루산으로 날아가 메루엔시스(D. meruensis)를 탄생시켰으며, 바티스콤베이(D. battiscombei)를 탄생시켰다. 그리고 바티스콤베이(D. battiscombei)는 애버데어의 습한 고산 서식처로 이주해 브라시치포미스(D. brassiciformis)를 분화시켰다. 애버데어산맥에서 케냐산(Mt. Kenya)으로 전파돼 종분화가 된 제 2의 바티스콤베이(D. battiscombei) 개체군은 케냐산에서 고도별 종분화를 해서 케니오덴드론(D. keniodendron)과 케니엔시스(D. keniensis)를, 케냐산에

표 7-1 **나무솜방망이속 종들의 산맥과 고도별 분포** (Knox & Palmer 1993)

| 산/산맥 | 고도 (elevation) | | |
	높은 곳	중간	낮은 곳
Kilimanjaro	D. kilimanjari ssp.cottonii	D. kilimanjari ssp. kilimanjari	D. johnstonii
Meru		D. meruensis	
Kenya	D. keniodendron	D. keniensis	D. battiscombei
Aberdares	D. keniodendron	D. brassiciformis	D. battiscombei
Cherangani		D. cherangiensis ssp. dalei	D. cherangiensis ssp. cherangiensis
Elgon	D. elgonensis ssp. barbatipes	D. elgonensis ssp. elgonensis	
Ruwenzori		D. adnivalis (two subspecies)	D. eric-rosenii ssp. eric-rosenii
Virunga		D. eric-rosenii ssp. alticola	D. eric-rosenii ssp. eric-rosenii

서 다시 에버데어로 돌아간 케니오덴드론(*D. keniodendron*)은 에버데어에서 체강가니고원(Chegangani Hills)으로 가서 케란가니엔시스(*D. cheranganiensis*)가 된 뒤, 케란가니엔시스 아종(*D. cheranganiensis* subsp. *cherangeniensis*)과 달레이 아종(subsp. *dalei*)를 분화시켰다. 한편 애버데어에서 엘곤산(Mt. Elgon)으로 가서 엘곤엔시스(*D. elgonensis*)를 탄생시키고, 여기서 비룽가산맥(Virunga Mts.)에서 에리치−로서니(*D. erici-rosenii*)를, 엘곤산에서 카후지산(Mt. Kahuzi)으로 가서 에리치−로세니(*D. erici-roseniid*)의 제2개체군을 형성했고, 비룽가산맥에서 루웬조리산맥으로 가서 제3의 개체군을 형성했다.

은검초속(*Argyroxiphium*)은 국화과에서는 가장 작은 5개 속의 하나다. 은검초속은 잎이 칼처럼 가늘고 길고 뾰족하며 종종 은색 털이 있어 은검초(silversword)라고 하고, 듀바시아(*Dubautia*), 윌케시아(*Wilkesia*)와 함께 50종이 하나의 상위 그룹 은검초류(silversword alliance)를 형성하고 있다. 은검초류는 하와이에 들어간 조상식물 하나가 50종 이상으로 적응방산한 하와이 고유식물이다. 은검초속의 꽃은 국화과니까 당연히 두상화서에 달리는데, 이런 두상화 30~600개가 긴 화경에 달린다. 꽃 색깔은 자주색에서 포도색 또는 황색이고, 수술은 진한 색이다. 로제트는 5~20년을 자라고 꽃이 핀 다음 죽는다. 그러나 포복경으로 번식하는 종은 오래 산다. 이들은 곤충에 의해 수분되는데 많은 꽃들이 한꺼번에 피드로 자가수분이 되어 거의 씨가 맺히지 않는다.

샌드위치은검초(*A. sandwicense*)는 마우이섬과 하와이섬에만 분포한다. 그림 7-14 1,500m 이상의 고지 사막이나 소택지의 척박한 토양에 적응한 식물이다. 잎은 은색 털로 덮여 있어 햇빛과 열을 반사하고 태양 방사선으로부터 보호하며 고도 3,000m 이상의 화산섬의 극한적인 건조에도 잘 견디게 해준다. 또한 잎의 내부는 젤라틴 물질로 차 있어 많은 양의 물을 흡수, 저장해 비가 안 오는 기간 동안을 견디게 해준다. 이 물은 식물이 꽃을 피울 때 특히 중요한데 꽃을 피울 때 빨리 자라는 커다란 화서는 엄청난 물을 필요로 하기 때문이다. 이 종은 두 아종으로 나뉘는데 마우이섬에 나는 하나의 큰 로제트를 형성하는 할레아칼라은검초(*A. sandwicense* var. *macrocephalum*)와, 하와이섬에 나는 짧은 가지를 내는 로제트형인 마우나케아은검초(*A. sandwicense* var. *sandwicense*)다.

카우은검초(*A. kauense*)는 가장 적응을 잘 해서 하와이섬 마우나로아화산의

그림 7-14 하와이 마우이섬에 나는 할레아칼라은검초 (Wikimedia)

용암이 흘러 만들어진 바위 위와 소택지, 그리고 숲 가장자리에서도 자란다. 포복경으로 번식하고 은색털이 덮여 있지 않은 종이 녹색은검초(*A. grayanum*)다.

은검초와 아주 가까운 친척 식물이 있으니, 듀바시아속(*Dubautia*)인데, 이들은 서로 아주 다르게 생겼다. 이 속 식물들은 습한 숲에서 고산 사막까지 자라는데 고산으로 가면서 은검초를 닮는다. 할레아칼라분화구(Haleakala Crater)에 가면 은검초와 듀바시아 간의 교잡을 흔히 볼 수 있다. 두 종은 서로 다르게 생겼지만 교잡된 개체들은 두 종 사이의 온갖 형질들을 갖는 갖가지 중간형을 보여 주고 있다.

은검초류는 서식처 파괴에 매우 취약하다. 얕은 뿌리는 쉽게 파괴되고 다육성 잎은 건조한 산 정상에서 염소들에게 뜯어 먹히기 때문이다. 동마우이 은검초(*A. virescens*)는 분명히 멸종되었으나 1989년에 할레아칼라은검초와의 잡종으로 보이는 식물이 발견되었다.

마우나케아은검초와 카우은검초는 둘 다 작은 개체군으로 이루어져 보호지역에서 증식시켜 재배하고 있다. 카우은검초의 가장 큰 개체군(個體群, population)[한 지역에 나는 같은 종에 속하는 개체들의 모임]이 카후쿠(Kahuku)에 있는데 하와이화산국립공원에서 최근에 이 지역을 매입했다. 멸종위기에 처한 종들을 보호하기 위한 국립공원의 역할이 돋보이는 장면이다.

chapter 8

8장
영양을 얻는 기이한 방법

1

식충식물

식충식물(食蟲植物, insectivorous plants)이란 스스로 광합성을 하면서도 동물을 잡아 영양을 섭취하는 식물을 말한다. 동물은 곤충, 거미, 선충, 기타 미소동물, 심지어는 작은 쥐나 도마뱀 같은 것도 포함하므로 육식식물(肉食植物, carnivorous plants)이라고 하는 것이 옳겠지만 우리나라에서는 이를 통틀어 식충식물로 통용하고 있다. 식충식물은 영양, 특히 질소가 부족한 토양, 바위 등에 적응했다. 식충식물은 9과 17속에 속하는 약 500종을 포함하고 있다. 이들은 벌레를 잡아 소화효소로 소화시켜 영양을 흡수하는 식물로 그 종류와 분포지는 표 8-1과 같다.

식충식물은 동물을 잡기 위한 포충기(包蟲器, trap)[벌레를 유인해서 잡는 기관]와 그 내부에 선(腺, gland)[효소를 분비하는 분비샘]이 있어 여기서 단백질, 핵산 등을 분해하는 소화효소를 분비한다. 마치 동물의 위(胃)를 몸 밖에 분리시켜 놓았다고 보면 된다.

포획하는 방법은 ① 포충낭형, ② 덫형, ③ 끈끈이형, ④ 덫함정형, ⑤ 민통발형, 이렇게 5가지로 분류된다.

① **포충낭형 포획**(包蟲囊形, pitcher or pitfall trap) : 포충낭형은 주머니 모양의 포충기로 곤충을 잡아 소화효소를 분비해서 영양을 취하는 방법이다. 포충낭은 흔히 현란한 색깔을 띠고 간혹 입구에 꿀을 분비해서 곤충을 유인한다. 일단 포충낭 안으로 들어온 곤충은 벽이 미끄럽거나 안쪽을 향한 털 때문에 밖으로 빠져나가지 못하고 깊숙이 빠져들게 된다. 곤충은 그 안에 들어 있는 자체 효

소나 공생세균에 의해 소화되어 흡수된다. 포충낭형은 유인물질을 분비하느냐 않느냐에 따라 두 가지로 나눌 수 있다. 유인물을 분비하는 식물은 벌레잡이풀과 70종과 세팔로타스과 1종이고, 분비하지 않는 식물은 사라세니아과 25종이다.

벌레잡이통풀과(Nepenthaceae)는 잎 끝이 길어져 덩굴손처럼 길어지다가 포충낭이 된다. 포충낭은 긴 초롱을 뒤집어놓은 모양이고 빗물막이 덮개를 갖고 있다. 그림 8-1 대부분은 곤충이 들어와 잡히지만 큰 종(*Nepenthes rajah, N. truncata*)의 포충낭엔 작은 쥐나 파충류가 잡히기도 한다. 어떤 종(*N. bicalcarata*)은 자신이 잡은 곤충을 다른 동물에게 빼앗기지 않기 위해 포충낭 입구에 두 개의 날카로운 가시를 갖고 있다. 세팔로터스(*Cephalotus follicularis*)는 서부 오스트레일리아에 나는데, 포충낭 입구의 두툼한 테두리에 꿀을 분비하고 포충낭 쪽을 향한 가시가 있어 잡힌 곤충이 도망가지 못하게 한다.

사라세니아속(*Sarracenia*)도 벌레잡이풀처럼 포충낭 입구에 빗물을 막는 뚜껑[포충낭을 충분히 덮을 만큼 크다.]이 있고 포충낭 속에서 소화액이 분비된다. 그림 8-2 어떤 종(*S. flava*)은 꿀 속에 코닌(coniine)이라는 마취제가 들어 있어 찾아온 곤충

표 8-1 식충식물들의 분류와 분포

과 명	속 또는 종	종수	분 포
파인애플과 ① (Bromeliaceae)	*Brocchinia hectioides, B. reducta, Catopsis berteroniana*	3종	미대륙
비블리다과 ③ (Byblidaceae)	*Byblis gigantea, B. liniflora*	2종	오스트레일리아 뉴기니아
세팔로타스과 ① (Cephalotaceae)	*Cephalotus follicularis*	1종	오스트레일리아
디온코필라과 ⑤ (Dioncophyllaceae)	*Triphyophyllum peltatum*	1종	서아프리카
끈끈이귀개과 ②③ (Droseraceae)	끈끈이귀개속(*Drosera*), 파리지옥속(*Dionaea*), 벌레잡이말속(*Aldrovanda*), *Drosophyllum*	110종	전 세계
통발과 ③④⑤ (Lentibulariaceae)	벌레잡이제비풀속(*Pinguicula*), *Genlisea*, 통발속(*Utricularia*)	280종	전 세계
벌레잡이통풀과 ① (Nepenthaceae)	벌레잡이통풀속(*Nepenthes*)	70종	동남아시아 마다가스카르
로리둘라과 ① (Roridulaceae)	*Roridula roridulae, r. dentata*	2종	남아프리카
사라세니아과 ① (Sarraceniaceae)	*Sarracenia, Darlingtonia, Heliamphora*	25종	남북아메리카
9과	17속		약 500종

① 포충낭형, ② 덫형, ③ 끈끈이형, ④ 덫함정형, ⑤ 민통발형

그림 8-1 포충낭형 포획을 하는 벌레잡이통풀류

을 마취시킨다. 사라세니아는 미국 남동부에 많이 나는데 어떤 종(*S. purpurea*)은 캐나다까지 분포한다. 포충낭의 모양과 크기 그리고 색깔이 종마다 다르고 그들 사이에 교잡이 되어 상당히 많은 원예품종이 있다. 식충식물이 원래 흥미롭지만 관상용으로도 아주 좋은 식물이다.

달링토니아(*Darlingtonia californica*)는 미국 캘리포니아에 서식하는데 포충낭 입구에 반투명한 덮개를 갖고 있다. 그림 8-2 덮개는 빛을 투과할 수 있고 그물 모양의 투명한 유리창을 갖고 있어, 일단 들어온 곤충은 덮개를 입구로 착각하고 들어가려다 지쳐서 포충낭 아래로 떨어진다[이런 덮개는 *Sarracenia psittacina*에도 있고, 비슷한 것이 *S. minor*에도 있다.]. 덮개는 위쪽으로 풍선처럼 부풀어 있는데 덮개가 많이 부풀수록 벌레가 많이 들어온다.

헬리암포라(*Heliamphora nutans*)는 잎이 말려 양쪽 가장자리가 유합된 가장 원시적인 형태의 포충낭을 갖고 있다. 남아메리카의 브라질, 베네수엘라, 가이아나 국경에 있는 로라이마산(Mount Roraima)의 햇빛(heli=sun)이 잘 드는 습지에 살면서 병 모양(amphora=jar)의 포충낭을 갖고 있어 속명이 붙여졌다. 그러나 비가 오면 위쪽에 덮개가 없어 물이 넘쳐 먹이를 놓칠 수 있기 때문에 유합된 봉합선 중간 부분에 찢어진 틈을 남겨 먹이는 남기고 물은 밖으로 내보낸다. 헬리암포라는 효소를 만들지 못해 박테리아의 힘을 빌려 소화시킨다.

파인애플과(Bromeliaceae)의 브로치니아(*Brocchinia reducta*)는 다른 브로멜리아처럼 돌려난 잎 가운데 만들어진 웅덩이에 물을 저장해 놓는다. 보통 브로멜리아는 이 물에 개구리나 곤충, 질소고정세균이 있어 영양을 섭취하지만, 브로치니아는 잎에 미끈미끈한 물질을 내어 곤충들이 미끄러져 떨어지게 해서 곤충을 잡고, 물속에 소화액이 있어 곤충을 소화시켜 영양을 흡수한다.

그림 8-2 포충낭형 포획을 하는 사라세니아

② **덫형 포획**(包獲形, snap trap): 덫형 포획은 잎을 빠르게 접어서 먹이를 잡는 방법으로 파리지옥(*Dionaea muscipula, venus fly trap*)에서 볼 수 있다. **그림 8-3** 파리지옥은 벌린 조개껍질 같은 포충기에 벌레가 들어오면 재빨리 오므려 벌레를 잡는다. 비슷한 방법으로 물속에서 곤충이나 작은 동물을 잡는 벌레먹이말(*Aldrovanda vesiculosa*)이 있다. 파리지옥이나 벌레먹이말이 포충기를 오므리는 방법은 포충기 안에 예민한 감각모가 있어[파리지옥은 3개, 벌레잡이말은 여러 개], 이 감각모를 벌레가 건드리면 감각모 아래쪽의 세포막에 있는 이온채널이 열려 칼륨이온이 세포 밖으로 이동한다. 이렇게 해서 생긴 전위차가 어느 수준 이상이 되면 활동전위(action potential)가 생겨 주맥에 있는 세포로 전파된다. 주맥의 세포들은 칼륨이온을 펌프질해 밖으로 빠져나가게 하면 삼투압으로 물이 유입되어 벌어졌던 덫이 닫히게 되는데, 이 전체 과정이 1초 이내에 이루어진다. 파리지옥은 빗방울이나 날아 들어온 물질 때문에 잘못 닫는 경우를 방지하기 위해서 0.5~30초 간격으로 두 번 자극하는 것이 필요하다. 만약 잡힌 곤충이 저항을 하게 되면 덫 안쪽 벽을 먹이를 향해 부풀려 진공 포장하듯

이 꽉 눌러(hermetical seal) 동물의 위처럼 만든 뒤 소화효소를 분비하는데 1~2주간 그렇게 한다. 만약 곤충이 잡히지 않은 채로 포충기가 닫히면 몇 시간 후 다시 열리고, 곤충을 잡은 포충기는 서너 번 재활용된 후 시든다.

그림 8-3 덫형 포획을 하는 파리지옥

③ **끈끈이형 포획(Flypaper trap)**: 끈끈이형은 잎에 덮인 선모(腺毛, glandular hairs)에 끈끈한 점액(粘液)을 분비하여 먹이를 잡는다. 벌레잡이제비꽃의 경우 선모가 짧고 잎의 움직임이 없지만 끈끈이주걱의 경우 털이 길고 잎이 움직인다. **그림 8-4**

벌레잡이제비꽃(*Pinguicula vulgaris* var. *macroceras*)은 잎뿐만 아니라 꽃대에도 선모가 있어 광택이 난다. 선모는 짧고 움직이지 않는다. 도저히 식충식물로 보이지 않는 이 식물에서는 잎이 포충기다. 벌레잡이제비꽃은 작은 곤충이 잎에 앉으면 비교적 빨리 잎의 표면적을 넓혀 먹이를 말거나 그릇 모양을 만들어 담는다. 잎을 마는 것은 먹이를 소화하기 쉽게 하기 위한 것도 있지만 빗물에 먹이가 씻겨 내려가는 것을 방지하기 위한 목적도 있다.

끈끈이귀개속(*Drosera*)은 촉수(觸手, tentacle)[해파리나 말미잘 같은 동물에서 먹이를 낚아챌 수 있는 긴 돌기]처럼 생긴 긴 잎에서 나온 선모를 움직일 수 있다. 끈끈이주걱(*D. rotundifolia*)은 남극대륙을 제외한 전 세계에 널리 분포하고, 피그미끈끈이주걱 종류[예: *D. pygmaea*]와 덩이줄기를 가진 끈끈이귀개류[예: *D. peltata*]는 오스트레일리아에 많이 난다. 끈끈이주걱 무리는 NOx^-를 NH_4^+나 유기물질로 바꿔줄 수 있는 질산환원효소가 부족해 먹이에 대한 질소원 의존도가 상당히 높다.

드로소필룸속(*Drosophyllum*)은 끈끈이주걱과 비슷한 환경에서 살고 있으나 끈끈이주걱과는 달리 잎이 빨리 움직이지 않는다[오스트레일리아에 나는 비블리스(*Byblis*)도 이와 같다.]. 보통 식충식물들이 습지나 열대에 사는 것과 달리 드로소필룸은 특이하게 반건조지역에서 산다.

로리듈라(*Roridula*)는 잎이 끈적끈적해서 커다란 끈끈이귀개와 비슷하게 보

이지만, 잡은 곤충을 소화시켜 먹는 것이 아니라 잡은 곤충을 먹는 기생충(*Pameridea*)의 분비물을 먹어 진정한 식충식물의 범위에 넣지는 않는다. 이처럼 직접 식충식물인 것과 전혀 아닌 중간에 위치한 식물을 경계식충식물(boderline carnivores)라고 하는데 이런 식물들도 300종이나 된다.

④ **덫함정형 포획(Bladder trap):** 통발[물고기를 잡기 위한 도구]처럼 생긴 주머니가 함정이다. 함정은 뚜껑을 갖고 있고 그 입구에 한 쌍의 긴 감각모가 있어 물벼룩이나 장구벌레 같은 작은 수생무척추동물이 접근해 건드리면 뚜껑을 덫처럼 닫아버려 곤충을 잡는다. 뚜껑을 닫는 기작은 이온의 이동과 관련이 있다. 감각모가 물벼룩에 의해 자극을 받으면 주머니 내부의 이온을 바깥으로 빠르게 빼내면서 삼투압에 의해 물이 같이 이동하여 주머니 안이 갑자기 진공상태가 된다. 이 때문에 물이 바깥쪽에서 주머니 안으로 유입되는데 이 때 먹이가 같이 휩쓸려 들어가면서 뚜껑이 닫히게 된다.

습지(진흙)에 사는 육상 통발류[예: *Utricularia sandersonii*]의 먹이 잡는 방법은 앞에서 설명한 수생통발의 먹이 잡는 방법과는 다르다. 함정에 잡아넣는 것이 아니라 땅속줄기의 잎이 뿌리처럼 갈라져 있고 가지마다 수많은 올무 같은 고리가 있어 지나가는 토양 선충을 갑자기 조여서 잡는다. 마치 미꾸라지를 손으로 잡듯이…… . 통발은 뿌리가 없으며 육상통발의 경우 땅속줄기가 뿌리를 대신해 식물체를 고정하는 역할을 한다.

통발속(*Utricularia*)은 215종이 전 세계에 분포하는데 모두 덫함정형 식충식물이다. 그림 8-5 온대지방에 서식하는 통발은 겨울에 경아(莖芽, turion)[줄기의 끝이

압축되어 작은 덩어리로 된 휴면상태의 눈]로 월동을 한다. 그중 어떤 종[예: *U. macrorhiza*]은 효과적인 영양흡수를 위해 통발의 개수를 마구잡이로 늘이지 않고, 서식하고 있는 물의 영양조건에 따라 스스로 조절한다고 알려져 있다.

그림 8-5 덫함정형 포획을 하는 통발

⑤ **민통발형 포획(lobster-pot trap):** 포충낭으로 쉽게 들어갈 수 있으나 안쪽 방향으로 털이 나 있거나 출구를 찾지 못해 나가기 어렵게 해서 곤충을 잡는 방법이다[영어를 직역하면 가재잡이통발형이라고 해야 하나 우리나라에선 무엇을 잡던 통발이 이런 원리로 잡는 도구이니 통발형이라고 의역한다. 그러나 위에 설명한 수생 식충식물의 이름인 '통발'과 혼동이 되어 민통발형이라고 했다. 우리말로 '유도형'이라고 번역한 것을 보긴 했으나 좀 어색한 느낌이 들어서 민통발형이라는 말을 만들었다.].

겐리시아속(*Genlicia*)이 원생동물을 잡는 방법을 보면 Y자형 포충기[잎의 변형]에 먹이가 들어오면 안쪽으로 향한 털이 먹이를 한 방향으로 이동하게 한다. 먹이가 Y자의 위 두 갈래로 들어오면 털 때문에 자연스럽게 Y자의 아래 갈래로 들어가게 되어 그곳에서 소화되는 것이다. 민통발형이 발달하여 덫함정형이 되었을 것이므로 겐리시아속과 통발속이 진화적으로 서로 연관이 있을 것으로 추정된다. 이외에도 민통발형 포획을 하는 식충식물이 몇 가지 있다[예: *Sarracenia psittacina*, *Darlingtonia californica*, *Nepenthes aristolochioides*].

트리피오필럼(*Triphyophyllum peltatum*)이라는 식물은 다 자라서는 식충활동을 하지 않고 유묘기(幼苗期)에만 식충활동을 한다. 꽃을 피우기 위한 양분흡수와 관련있는 것으로 보인다.

2

기생식물

기생식물은 다른 숙주식물의 영양을 빨아 먹고 산다. 기생식물은 숙주에 흡기 또는 기생근(寄生根, haustorium)을 뻗어 숙주의 관다발과 연결해서 물과 영양을 흡수하는데, 전기생식물(全寄生植物, holoparasite)은 전적으로 숙주에만 영양을 의지하고, 반기생식물(半寄生植物, hemiparasite)은 자신이 광합성을 하면서도 숙주의 영양을 빨아 먹는다. 또한 숙주의 부위에 따라 줄기에 기생하는 종류[예: 겨우살이, 새삼]와 뿌리에 기생하는 종류[예: 초종용, 야고]로 나누기도 한다. 다른 식물, 심지어 동물의 시체로부터 영양을 흡수하며 사는 식물도 있는데 이를 진정한 기생식물이라고는 말할 수 없고, 사물기생 또는 부생식물(腐生植物, saprophyte)이라고 한다[예: 수정난풀, 구상난풀].

피자식물 중에 기생식물은 약 15개의 과에 속한다. 가장 흔한 식물은 겨우살이과(Viscaceae)와 참나무겨우살이과(Loranthaceae)로 전체 기생식물 중 3/4을 차지하고 열대–아열대지방에 많이 서식한다. 다음으로 우리에게 친숙한 것이 열당과(Orobanchaceae)와 새삼과(Cuscutaceae)다.

우리나라의 대표적인 반기생식물로는 겨우살이과의 상록성 겨우살이(*Viscum album* var. *coloratum*)와 낙엽성 동백나무겨우살이(*Pseudicux japonicus*)가 있는데 꽃은 그리 화려하지 않으나 열매는 흰색, 노란색 또는 빨간색을 띠어 새들에 의해 종자가 전파된다. 그림 8-6 다육성 과육이 끈적끈적해서 새의 부리나 털에 의해 전파되며, 같은 과의 어떤 종들은 장과인 열매의 과피에 설사약 성분을 함유하고 있어 새들의 소화관을 통과해 소화되지 않은 상태로 다른 나무로 옮아갈 수 있다. 그러나 겨우살이과의 모든 열매가 다 새에 의해 전파되는 것은 아니다.

그림 8-6 **우리나라의 기생식물들 : 겨우살이, 백양더부살이, 수정난풀**

미국 캘리포니아의 소나무에 기생하는 겨우살이류(*Arceuthobium campylopodum*)는 흰색의 장과(漿果) 안에 들어 있는 액체가 강하게 터져 종자를 전파한다. 따듯한 손을 잘 익은 열매 근처에 가져가면 종자를 튕겨내는데, 이때 바람이 불면 3mm의 종자가 15m 정도를 튕겨 나간다. 이 종자는 작고 끈적끈적해서 손에 닿으면 그 끈적임을 감지할 수 있다.

우리나라 참나무겨우살이과에는 참나무겨우살이(*Loranthus yadoriki*)와 꼬리겨우살이(*L. tanakae*)가 있다. 이들도 보통 식물과 똑같이 엽록성 잎을 갖고 있어 광합성을 하며 기생하는데, 주로 열대, 아열대 지방에 난다. 칠레의 어떤 종(*Tristerix aphylla*)은 사와로선인장에 기생한다.

뿌리에 기생하는 전기생식물엔 열당과(Orobanchaceae) 이외에 여러 과들이 포함되나 우리나라에는 나지 않고[예: *Lennoaceae, Hydnoraceae, Rafflesiaceae, Balanophoraceae, Krameriaceae*], 뿌리에 기생하면서 광합성을 하는 반기생식물에는 단향과(Santalaceae)가 있다. 우리나라에는 열당과에 속하는 식물이 많은데 초종용(*Orobanche coerulescens*), 백양더부살이(*Orobanche filicicola*), 야고(*Aeginetia indica*), 오리나무더부살이(*Boschniakia rossica*), 개종용(*Lathraea japonica*), 가지더부살이(*Phacelanthus tubiflorus*) 등이 있다. 그림 8-6

라플레시아과(Rafflesiaceae)의 라플레시아속(*Rafflesia*)은 세계에서 가장 큰 꽃으로 유명하다. 그림 8-7 라플레시아속은 영국의 식물학자 아놀드(Joseph Arnold, 1782~1818)가 1818년 인도네시아 수마트라 우림에서 발견했는데 당시 탐험대장이었던 래플스(Thomas Stamford Raffles) 경을 기념해 브라운(Robert Brown, 1772~1858)이 이름을 붙인 것이다. 아놀드는 탐험 중 열병이 걸려 탐험을 마치고 돌아와 그해 6월에 생을 마감했다. 그의 이름은 세계에서 가장 큰 꽃을 피우는 라플레시아의 종소명(*R. arnoldii*)으로 남아 있다.

이 속에는 17종이 있는데 모두 말레이반도, 보르네오, 수마트라, 필리핀에 분포한다[이들 나라에서는 라플레시아가 중요한 생태관광자원이다.]. 식물은

그림 8-7 라플레시아는 포도과에 기생하는 전기생식물로 세계에서 가장 큰 꽃이 핀다.

줄기, 잎, 뿌리가 없고 포도과 식물의 땅속줄기에 기생근을 뻗어 영양을 흡수한다. 이 식물은 오직 꽃이 필 때만 볼 수 있는데, 꽃은 꽃잎이 5장이고 색깔은 홍색-홍갈색에 흰 반점이 나 있거나 없다. 큰 꽃은 직경이 1m나 되고 무게가 10kg이나 되는 것도 있고[예: *R. arnoldii*], 작은 것이라도 꽃의 직경이 20cm가 된다. 바야흐로 세계에서 가장 큰 꽃의 기록 보유자들이다. 꽃은 고기 썩는 냄새가 나서 지역 주민들은 시체꽃이라고 하는데 파리나 딱정벌레를 유혹해서 이들에 의해 수분된다. 열매는 쥐 비슷한 동물(treeshrew)들이 전파한다.

새삼과(*Cuscutaceae*)는 메꽃과(Convolvulaceae)의 아과로도 취급되나 독립된 과로도 처리된다. 노랑-주황색의 실같이 생긴 식물로, 콩을 비롯하여 많은 식물을 칭칭 감아 이들이 닿는 곳마다 기생근을 숙주에 꽂아 영양을 빨아 먹고 산다. 이들이 기생한 농작물은 거의 소출을 내지 못해 옛날에는 그 피해가 컸으나 요즘엔 특별히 이들을 구제하기 위해서는 아니라도 다른 농약 때문인지 거의 찾아보기 힘들다. 성숙해서 꽃이 필 무렵이면 실 같은 줄기는 없어지고 주로 기생근 근처에서 꽃들이 피고 삭과 열매를 맺는데 떨어진 열매의 종자는 다음해 같은 식물이 자랄 때 발아하여 줄기를 감기 시작한다. 일단 기생근을 숙주에 박고 나면 땅에서 온 실 줄기는 소멸된다. 우리나라에는 새삼(*Cuscuta japonica*), 실새삼(*C. auastralis*), 갯실새삼(*C. chinensis*) 3종이 난다. 열대지방에도 새삼과 비슷한 녹나무과 식물이 있다[예: *Cassytha filiformis*]. 생김새와 모든 생리, 생태 현상이 새삼과 같다. 전혀 다른 조상으로부터 같은 적응을 한 수렴진화의 전형적인 예다. 그림 8-8

그림 8-8 전기생식물인 메꽃과의 새삼과 녹나무과의 *Cassytha filiformis*의 수렴진화

우리나라에는 반기생식물 즉 기생을 하면서도 광합성을 하는 식물로 현삼과의 애기며느리밥풀(*Melampyrum setaceum*)이 있고, 이외에도 단향과의 제비꿀(*Thesium chinense*)이 있다.

미국 서부지역을 여름에 여행하다 보면 인디언페인트브러쉬(*Castilleja*)라는 반기생식물을 산야에 많이 보는데 꽃의 색깔이 빨갛고 눈에 잘 띄어 새들이 수분을 시킨다.

우리나라의 부생식물에는 난초과에 속하는 많은 종들이 이에 속하는데, 유령란(*Epipogium aphyllum*), 천마(*Gastrodia elata*), 무엽란(*Lecanorchis japonica*), 애기무엽란속(*Neottia*), 애기천마(*Hetaeria sikokiana*), 으름난초(*Galeola septentrionalis*), 대흥란(*Cymbidium macrorrhizum*) 등이 그들이다. 이들은 대개 잎이 없이 균들이 분해한 식물의 유기물에서 영양을 취해 살고 있다.

또 다른 부생식물은 노루발과의 수정난풀(*Monotropastrum globosum*)과 구상난풀(*Monotropa hypopithys*)이다. **그림 8-6** 이들은 20cm 내외의 키에 비늘 모양의 잎이 호생하는데, 꽃이 줄기 끝에 수정난풀은 1개, 구상난풀은 3~4개가 달린다. 식물체와 꽃의 색깔은 전자는 백색이고, 후자는 황백색이다. 이들이 나는 곳은 수정난풀이 전국 숲 속, 구상난풀이 한라산 구상나무 숲 속이다. 엽록체가 없어 순백 또는 미색의 아름다움은 보는 이들의 마음에 감동을 준다. 바로 엽록체가 없는 부생식물이 아니라면 보여줄 수 없는 모습이다.

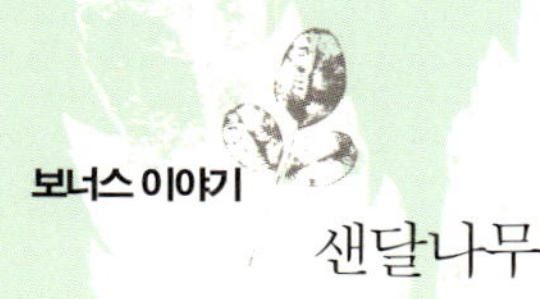

샌달나무

우리나라에는 단향과에 초본인 제비꿀 한 종뿐이지만 같은 과 식물 중 세계적으로 유명한 반기생식물이 바로 샌달나무(*Santalum album*, sandalwood)다. 식물학적인 것보다 목재 때문인데, 목재의 질이 단단하고 향이 좋아 예로부터 중국에서는 조각 재료로, 인도에서는 염주 재료로 많이 쓰였다. 다른 단단한 나무들과 달리 샌달나무의 심재(心材, heartwood)[목재의 중앙 부위]는 향나

그림 8-9 **반기생식물인 샌달나무의 꽃** (Wikimedia)

무 향이 나는데 무려 60년 이상이나 간다고 한다. 나무에서 추출한 샌달유는 화장품, 의약품, 향수, 윤활유 등에 쓰이고, 그 중요성 때문에 금, 은, 흑박, 상아 등과 함께 화폐로도 쓰였다고 한다. 따라서 샌달나무는 부의 상징으로 여겨졌으며, 이 대문에 솔로몬왕은 레바논의 샌달나무를 절멸시킨 장본인이라고 한다. 케플러라는 사람에 의하면 1980년 초에 인도에서 20달러에 사온 5×15cm 크기의 샌달나무 조각이 뉴욕에서 200달러어 팔렸다고 한다. 하지만 샌달나무가 반기생식물이기 때문에 재배하기가 힘들어 값은 계속 오르그 식물은 멸종되고 있다.

chapter 9

9장
생존을 위한 투쟁

1

구조적 및 물리적 방어

산에서 맛있는 산딸기를 따 먹으려면 가시에 손을 찔리는 것쯤은 감수해야 한다. 식물이 초식동물로부터 기계적인 방어를 위한 수단으로 가장 많이 사용하는 것이 가시다. 그림 9-1

가시는 세 가지로 나눌 수 있는데, 잎이 변해서 만들어진 엽침(葉針, spine), 표피가 변해 만들어진 피침(皮針, cortical spine), 어린가지가 변해 만들어진 경침(莖針, thorne)이 있다. 엽침을 갖고 있는 대표적인 식물로는 선인장을 들을 수 있다. 선인장은 종류에 따라 가시의 굵기와 크기와 종류가 다양하다. 아까시나무(*Robinia pseudoacacia*), 노박덩굴(*Celastrus orbiculatus*)의 엽침은 탁엽이 변한 것이다. 이런 가시들은 잎이 나는 자리, 즉 마디(節, node)에 난다. 경침도 마디에 나지만 어린가지가 변해서 만들어진 것이므로 여기서 잎이 나오고 이것이 자라서 큰 가지가 된다. 탱자나무(*Poncirus trifolia*), 주엽나무(*Gleditsia japonica* var. *koraiensis*), 보리수나무속(*Elaeagnus*), 산사나무속(*Crataegus*)의 가시가 이것이다. 피침은 마디가 아니라 마디 사이(節間, internode)에 난다. 산딸기속(*Rubus*), 실거리나무(*Caesalpinia japonica*), 음나무(*Kalopanax pictus*), 많은 두릅나무과(Araliaceae) 식물의 가시가 가장 좋은 예이다. 피침은 줄기로부터 쉽게 떼어낼 수 있지만 경침은 줄기와 한 몸이므로 떼어내기 힘들다.

식물들은 가시뿐 아니라 여러 가지 방어기구를 사용해 초식동물에게 뜯어먹히는 기회를 줄인다. 어떤 식물들은 수지, 리그닌, 실리카, 왁스로 잎의 표피를 싸서 질감을 변화시킨다. 예를 들어, 호랑가시나무(*Ilex cornuta*)의 잎은 딱딱하고 매끄러우며 가장자리에 가시가 나서 초식동물들이나 곤충의 애벌레

그림 9-1 물리적으로 초식동물을 방어하는 여러 가지 가시들 : 1 꽃기린 2 산사나무 3 산초나무 4 선인장
5 아까시나무 6 탱자나무 7 주엽나무 8 *Pachypodium horombense*

가 먹기 힘들고, 벼과 식물들은 실리카를 잎에 부착시켜 까끌까끌하게 만들든가 심지어는 날카롭게 만든다. 억새속(*Miscanthus*) 잎가장자리의 실리카로 된 잔가시에 손을 베일 수 있다. 실리카는 초식동물의 어금니를 닳게 해서 보호하는 장기적인 작전용으로 개발한 것이다[연마제에도 실리카를 넣는다. 그래서 잎의 실리카는 동물의 이빨을 연마시킨다.].

식물의 털은 곤충 애벌레들이 뜯어 먹기 불편하게 해서 피하게 하거나 최소한 덜 선호하게 만든다. 종종 이 털이 독이나 가렵게 하는 물질을 포함하기도 한다. 쐐기풀속(*Urtica*)은 털에 포름산(formic acid)[벌이나 개미가 갖고 있는 것과 같은 물질]을 만들어 동물의 피부를 자극해 아마도 동물을 퇴치하는 가장 강력한 수단이 아닌가 생각된다. 이런 털이나 가시는 산토끼, 산양, 염소, 소, 말, 낙타, 임팔라, 기린 같은 커다란 초식동물이 식물을 뜯어 먹는 기회를 감소시킨다.

식물의 가지나 잎의 배열도 어떤 종들에겐 먹힐 기회를 감소시키도록 진화했다. 뉴질랜드의 관목들이 넓게 가지를 펼친 것은 모아새(moa)가 자기의 어린 잎을 먹는 걸 피하도록 하는 적응으로 해석된다. 아프리카 아카시아는 수관 속 가지에는 가시가 없지만 가장자리나 줄기에는 많은데, 줄기를 뜯어 먹는 기린에 대한 방어일 것이다.

코코스야자(*Cocos nucifera*)는 열매를 여러 층으로 무장해 열매를 보호함으로써 씨나 그 내용물을 꺼내기 위해 특별한 도구나 기술을 필요로 하고, 크고 비교적 부드러운 줄기 역시 동물들이 기어오르는데 기술과 노력을 필요로 하게 한다.

경촉성(傾觸性, thigmonasty)은 식물의 일부가 물체에 닿으면 구부러지는 현상을 말한다. 미모사(*Mimosa pudica*)의 잎은 손을 대거나 진동, 전기, 온도 등 자극을 받으면 펴졌던 잎을 닫는다. 이것은 엽침(葉枕, pulvinus)[엽병의 기부에 불룩하게 된 부분]에 있는 세포의 삼투압을 변화시켜 물을 갑작스럽게 들어가게 함으로써 생긴 팽압이 잎을 오므라들게 하는 것이다[곤충을 잡아먹는 식충식물인 파리지옥이 포충엽을 오므리는 것과 같은 원리]. 오므라든 잎이 펴진 잎보다 초식동물에게 덜 먹히는 것은 당연하다. 물리적으로도 먹기 힘들 것이고 시각적으로도 시든 잎처럼 보이기 때문이다.

이보다 더 희한한 방법으로 초식동물로부터의 피해를 줄이는 경우도 있다. 자기 잎에 곤충의 알처럼 생긴 구조를 만들어 알을 낳으러 오는 곤충을 속이는 것이다. 곤충은 자기의 알이 나중에 부화하여 가급적 잘 먹을 수 있도록 하기 위해 이미 다른 어미가 알을 낳은 잎에는 낳지 않으려는 경향이 있다. 이런 방법을 채택한 식물이 시계꽃(*Passiflora*)이다.**그림 9-2** 중남미 열대지방에 나는 시계꽃은 헬리코니우스(*Heliconius*) 나비가 수분시키는데 이들 애벌레는 시계꽃 잎을 먹고 산다. 시계꽃 잎은 독성이 강해서 다른 곤충들의 애벌레는 먹지 못하나 오직 헬리코니우스 나비만은 예외다. 서로 이익을 주고받는 일종의 공생이다. 그러나 이들 사이라고 경쟁이 없겠는가? 너무 많이 먹힐 필요는 없으니 조금만 오라는 뜻으로 2%에 달하는 종들은 탁엽을 변형시켜 나비의 알과 같은 모양과 색과 크기의 구조를 만들어 놓음으로써(擬態, mimicry) 과도한 피해를 줄인다.

간접적인 방법으로 초식동물을 퇴치하는 경우도 있다. 어떤 아카시아(*Acacia collinsii*)는 가시를 부풀려 그 안에 개미가 살도록 해서 초식동물의 접근을 막는다. 이런 예는 허다하므로 뒤에서 따로 설명하겠다.

'수난의 꽃' 시계꽃

시계꽃속(*Passiflora*)은 중남미에 나는 약 500종이나 되는 시계꽃과(Passifloraceae) 단형속의 총칭이다. 영어로 passion flower라고 한다. 그래서 이 식물을 우리나라에서는 속칭 '정열의 꽃' 이라고 부르고 가요 제목에도 나온다. passion은 영한사전에 '정열' 로 되어 있으니 문제가 없는 것 같지만 '수난' 이란 뜻도 있다. 사실 이 꽃의 이름은 '정열의 꽃' 이 아니라 '수난의 꽃' 이라고 해야

그림9-2 곤충을 속이는 시계꽃

한다. 왜냐하면 이 꽃을 처음 유럽에 전한 사람은 남아메리카에 살던 스페인 신부인데, 식물과 꽃의 구조가 예수 그리스도의 수난을 상징한다고 해서 '수난의 꽃(passion flower)' 으로 부른 데서 비롯되었기 때문이다. 즉, 뾰족한 잎 끝은 예수를 찌른 칼을, 덩굴손은 예수를 때린 채찍을, 열 개의 꽃잎과 꽃받침은 10명의 충실한 사도(예수를 부인했던 베드로와 배반한 유다를 빼고)를, 많은 실 모양의 수술이 방사상으로 펴진 모습은 예수 머리의 가시면류관을, 술잔 모양의 자방은 마지막으로 마신 물의 잔, 즉 성배를, 3개로 갈라진 주두는 3개의 못을, 5개의 큰 진짜 수술은 5개의 상처를, 그리고 꽃의 푸른색과 흰색은 하늘과 순수를 상징한다고 했다. 그래서 기독교 나라들에선 이 식물의 이름을 예수 또는 예수의 수난과 연관된 이름을 붙였다. 그러나 이스라엘, 일본, 하와이 등 기독교 이외의 나라에서는 꽃의 모양이 시계를 닮았다고 해서 시계꽃이라고 한다.

2

다른 식물들과의 투쟁

식물들은 생태계에서 생산자로서 토양의 어디서든지 자랄 수 있다. 그러다 보니 같은 능력을 갖고 있는 식물들 간의 경쟁이 불가피하다. 생물들이 자신의 생존과 자손의 번식을 위해 모든 노력을 아끼지 않는 것을 본능이라고 볼 때, 움직이지 못하고 한군데서 평생을 살아야 하는 식물의 입장에서 다른 식물들과의 경쟁에서 살아남기 위한 방법을 개발하는 것은 당연한 일일 것이다.

생물들이 경쟁자들을 물리칠 수 있는 방법의 하나로 개발한 방법이 타감작용(他減作用, allelopathy)이다. 타감작용이란 용어는 1937년 독일의 몰리쉬(Hans Molisch, 1856~1937) 박사가 최초로 정의하였듯이 다른 생물들에게(allelon=to each other) 피해를 입히는(pathos=suffer) 현상을 말한다. 여러 가지 방법으로 피해를 줄 수 있겠지만, 타감작용이란 흔히 생물이 화학물질을 생성하여 방산함으로써 다른 생물체에 직간접적으로 일으키는 유해한 작용에 한정해 사용한다[이건 동물, 균류, 조류, 미생물도 마찬가지다.].

우리나라에는 200여 종의 귀화식물이 외국에서 들어와 우리나라 자생식물(自生植物, native plant)[옛날부터 우리나라에 살아온 식물]처럼 자라고 있다. 그중 우리나라 전역의 도로변, 하천변, 공터 등 어디서나 자라면서 하얀 꽃을 피우는 개망초(*Erigeron annus*) 군락을 볼 수 있는데 이들의 번식력은 무시무시하다. **그림 9-3** 이 식물은 미국에서 들어와 우리나라에 널리 퍼진 귀화식물(歸化植物, naturalized plant)[외국에서 들어와 우리나라 식물처럼 자연에서 자라고 있는 식물]로 타감작용의 대표적인 사례로 손꼽히고 있다. 개망초 뿌리는 맛을 보면 아주 쓴데 바로 다른 식물의 생장을 억제하는 물질[예: cis-matricaria ester(cis-ME), trans-matricaria

그림 9-3 **타감작용이 큰 식물들 : 1 개망초 2 호두나무 3 소나무 4 유칼리나무**

ester(trans-ME), cis-lachnophyllum ester(cis-LE) 등]이 들어 있어 다른 식물의 방해 없이 큰 군락을 이루어낼 수 있는 것이다. 이처럼 귀화식물 중에는 타감작용을 하는 식물이 많다[예: 미역취, 돼지풀, 달맞이꽃]. 이들은 척박한 환경에서도 잘 자랄 수 있는 능력, 씨를 널리 전파할 수 있는 능력도 있지만 이처럼 다른 식물들의 생장을 억제함으로써 쉽게 귀화할 수 있었다.

타감작용을 하는 식물로 호두나무가 유명하다. 그림 9-3 예로부터 호두나무(*Juglans manschurica, J. nigra*)를 밭둑에는 절대로 심지 않는다. 그 이유는 이 나무의 잎과 나무껍질에서 주글론(juglone)이라는 타감물질이 나와 빗물에 씻겨 땅에 떨어져 땅 속에서 곡식은 물론 다른 식물의 성장을 방해하기 때문이다.

우리나라에 가장 널리 자라고 있는 소나무(*Pinus densiflora*)도 마찬가지다. 그림 9-3 소나무 숲 밑에는 김의털, 억새, 개솔새, 그늘사초 등은 출현하지만 활엽수림에서 흔히 보이는 다양한 풀들은 없다. 소나무 잎과 나무껍질에서 나오는 저해물질[예: benzoic acid, phenolic acids 등]이 빗물에 의해 토양 속으로 스며

들기 때문인 것으로 알려져 있다. 가죽나무 (*Ailanthus altissima*)도 비슷한 작용을 한다.

벼(*Oryza stiva*)도 화학적 억제물질[예: 3-Isopropyl-5-acetoxycyclohexene-2-one-1, momilactone B, 5,7,4′-trihydroxy-3′,5′-dimethoxyflavone]에 의한 강한 타감작용을 보이는데, 자포니카 품종이 인디카나 자포니카-인디카 잡종보다 그 효과가 훨씬 크다고 알려져 있다.

그림 9-4 화서가 병을 닦는 솔 같은 병솔나무의 타감물질에서 제초제를 합성한다.

댑싸리(*Kochia scoparia*)도 밀밭에 나면 밀 (*Triticum aestivum*)의 발아를 늦추고 생장을 저해해서 결국 밀의 생산량이 줄어드는 데, 사실 댑싸리의 이런 효과는 다른 곡류에도 적용된다는 연구결과가 있다.

외국에서 타감작용을 하는 식물로 코알라가 좋아하는 유칼리나무속 (*Eucalyptus*)이 있다. 그림 9-3 유칼리나무 숲에는 다른 식물들이 자라지 못해 다양성이 낮다. 그 이유는 유칼리나무 뿌리에서 나온 타감물질[예: alloocimene, α-pinene, γ-terpinene, terpenes]이 토양세균과 다른 식물종의 생장을 억제하기 때문이다.

레피디모이드(lepidimoide)는 모든 식물이 만드는 타감물질이지만 특히 해바라기나 메밀의 발아하는 종자에서 많고, 벼, 양상추, 비름, 파, 큰개불알풀에도 꽤 들어 있다. 레피디모이드의 함량은 속이나 과 간에 큰 차이는 없는 것으로 알려져 있다.

타감작용을 하는 물질들은 일종의 식물이 만들어내는 제초제라고 할 수 있다. 사실 이런 물질을 농업에서 제초제로 이용하기도 한다. 오스트레일리아의 아름다운 병솔나무(*Callistemon citrinus*)에서 추출한 렙토스퍼몬(leptospermone)과 그 유도체인 메소트리온(mesotrione)은 옥수수 밭의 광엽성 잡초 제거와 잔디밭에 나는 바랭이(*Digitaria*) 제거에 효과적이다. 그림 9-4

3
초식동물로부터의 방어

식물들이 초식동물에게 먹히지 않도록 하는 적응에는 앞에 이야기한 물리적 또는 기계적 방어방법 외에 독성물질을 만들어서 초식동물에 해를 입히거나 죽이고, 소화가 안 되는 물질을 만들어 보호하는 것 등이 있다. 식물에서 화학적 방어기작은 기본적인 대사활동과 무관한 물질을 생산함으로써 이루어진다. 이 물질을 2차 대사산물이라고 하는데 흔히 1차 대사산물을 합성하는 동안 부산물로 생산된다.

식물들이 만들어 내는 2차 대사산물에는 질소화합물(alkaloids, cyanogenic glycosides, glucosinolates), 테르펜류(terpenoids), 페놀류(phenolics)의 세 가지가 있다.

① **질소화합물:** 알칼로이드(alkaloids)는 여러 가지 아미노산의 유도체[예: nicotine, caffeine, morphine, dopamine. colchicine, ephedrine, ergolines, strychnine, quinine, solanidine, aconitine 등]로 어떤 알칼로이드는 효소의 작용을 저해하거나 활성화하고, 탄수화물을 지방으로 변하게도 하며, 핵산과 결합하여 단백질의 합성을 저해하고, DNA 수리기구에 영향을 미친다. 알칼로이드는 세포벽과 세포 내 골격에 영향을 줘서 세포가 약해지고 벽이 파괴되게 하고 신경전도에 영향을 주기도 한다. 시아노제닉 글리코사이드(cyanogenic glycosides)는 초식동물이 이를 먹고 소화시킨 물질이 세포호흡을 방해하는 물질[예: hydrogen cyanide나 prussic acid]을 방출해서 독성을 갖게 하는 것이다. 글루코시놀레이트(glucosinolates)는 전자와 비슷하지만, 그 산물이 위장염, 타액 제거, 설사, 입의 염증을 유발한다. 많은 질소화합물이 사람과 동물에게 약리적 효과가 있

어 질병의 치료에 많이 이용된다.

② **테르펜류(terpenoids)**는 흔히 이소프레노이드(isoprenoids)라고도 하는데 1 만 가지 이상이나 알려져 있다. 테르펜류는 서로 다른 두 가지 구조로 되어 있다. 모노테르핀류(monoterpenoids)는 휘발성 필수지방[예: citronella, limonene, menthol, camphor, pinene]으로 2개의 아이소프렌 단위로 구성되어 있다. 다 이테르펜류(diterpenes)는 아이소프렌 단위 4개로 되어 있고, 유액과 수지에 포 함되며 독성이 강하다. 만병초(Rhododendron) 잎에 있는 독성물질이 바로 이것 이다. 스테로이드(steroids)와 스테롤(sterols)도 테르펜류 선구물질[예: vitamin D, glycosides, saponins]로부터 만들어진다.

③ **페놀류(phenolics)**는 방향성 6탄소 고리에 수산기를 가진 물질로, 어떤 것 은 항균성을 갖고 어떤 것은 내분비계에 영향을 준다. 페놀류는 간단한 타닌 류(tannins)로부터 복잡한 플라보노이드(flavonoids)를 포함하고 있는데, 그중 플라 보노이드는 백색, 청색, 황색 색소를 만든다. 복잡한 페놀류를 폴리페놀류 (polyphenols)라고 하는데, 식물의 방어작용에 도움을 주는 물질[lignin, silymarin, cannabinoids]도 있고, 항산화물질을 포함해서 인간에게 여러 가지 건강에 관 련된 효과를 주는 것들도 있다. 응축된 타닌류는 2~50개의 프라보노이드로 된 고분자물질인데, 식물 단백질에 결합해서 동물이 소화하기 어렵게 만들고 단백질의 흡수와 소화효소의 역할을 저지한다. 실리카(silica)와 리그닌(lignins)은 동물들이 소화하지 못하고, 곤충들은 씹지도 못하게 한다.

앞의 세 가지 물질 외에 지방산, 아미노산, 그리고 펩티드도 방어 역할을 하는데 쓰인다. 예를 들어, 삼나무의 콜린 독(cholinergic toxine, cicutoxin)은 지방 산 대사에서 나온 폴리인(polyyne)이다. 완두콩에 함유된 아미노산(β-N-oxalyl-L-α,β-diaminopropionic acid)도 사람한테 독이 된다. 여러 식물의 플로로아세트산 (fluoroacetate)도 초식동물의 시트르산회로를 교란시키는 역할을 한다.

이상 식물이 생산하는 화학물질에 대해 그 종류와 초식동물에게 미치는 영 향에 대해 간단하게 살펴봤다. 수많은 물질들이 식물에 의해 생산되고 초식 동물에 대한 효과도 다양하므로 이제 몇 가지 예를 들어가며 관련된 이야기를

그림 9-5 **중요한 약재로 사용되는 식물들 : 디기탈리스의 원료인 디키탈리스와 빈크리스틴의 원료인 빈카**

소개한다.

식물들은 그들이 함유하고 있는 화학물질 때문에 의학적으로 중요하다. 25만 종의 피자식물은 모양뿐 아니라 그들이 갖고 있는 화학물질도 서로 다르다. 이런 물질들은 인간에게도 피부병, 신경계 장애, 심지어는 갑상선종까지 일으켜 문제가 되는 반면, 다양한 병을 치료하는 물질도 대개 이들 식물에서 나오는 생약들이다. 예부터 사용된 생약을 보면, 그림 9-5 진경제인 양귀비(*Papaver somniferum*)에서 뽑은 파파베린(papaverine), 점비약으로 쓰이는 콩과 식물(*Psoralea corylifolia*)에서 뽑은 소라렌(psoralen), 첨규콘딜로마를 치료하는 매자나무과 포도필룸(*Podophyllum hexandrum*)에서 뽑은 포도필로톡신(podophyllotoxin) 등이 대표적이다. 또한, 디기탈리스(*Digitalis*)에서 디기탈리스(digitalis), 미국쑥(*Aremisia annua*)에서 아테미시닌(artemisinin), 필로카퍼스(*Pilocarpus*)에서 피로카핀(pilocarpine), 라우월피아(*Rauwolfia serpentina*)에서 레서핀(reserpine), 빈카(*Vinca*)나 카타란더스(*Catharanthus*)에서 빈크리스틴(vincristine), 콜키쿰(*Colchicum autumnale*)에서 콜히친(colchicine), 아트로파(*Atropa*)에서 아트로핀(atropine)을 뽑아 질병 치료에 사용하고 있다. 이들은 모두 인간이나 동물들에게 독이 되기도 하지만 여러 가지 병을 치료하는 약도 되니, 식물들은 인간에게 병 주고 약 주는 대표적인 생물이다.

벼과 식물은 자랄 때 청산(prussic acid)을 다량 함유해 자신을 뜯어 먹는 초식동물에 독을 준다[청산은 청산가리로 된다. 이런 물질은 아몬드나 복숭아씨에도 들어 있다.]. 이와 같은 시아노젠화합물은 벼과 식물의 초식동물에 대한 기본적인 방어체계라 할 수 있다. 또한 많은 식물들은 몸 안에 미생물을 들여 공생하고 있다. 물론 이들이 병을 일으키기도 하지만 어떤 식물에선 미생물이 만드는 독성물질이 숙주를 공격하는 동물들을 퇴치하는 역할을 해준다[예: *Festuca arundinacea*와 같은 벼과 식물에 흔히 내생하는 균류가 이런 알칼로이드를 만든다.].

초식동물에게 독성을 주는 화학물질은 살충제로 사용될 수 있다. 17세기 말부터 사용된 살충제는 담배(*Nicotiana tabacum*)에서 축출한 니코틴(nicotine)이다. 또한 발칸반도의 달마티아(Dalmatia)에서 나는 제충국(除蟲菊, *Chrysanthemum cineriaefolium*)이라는 국화꽃은 피레트린(pyrethrin)을 함유하고 있어 살충제로 쓰였다. 이와 같은 식물 살충제는 안전하고 돈도 적게 들어 농업에 활용되기 시작했으나 공업생산에 밀려 그 자취를 찾아보기 어렵게 되었다. 이외에도 님나무(*Azadirachta indica*)에서 추출한 아자디라크틴(azadirachtin), 귤나무에서 뽑은 라이모닌(d-limonene), 열대아시아산 콩과 식물인 데리스(*Derris elliptica*) 뿌리에서 뽑아낸 로테논(rotenone), 고추(*Capsicum*)에서 뽑아낸 캡사이신(capsaicin) 등이 천연살충제로 유명하다.

남아메리카 열대우림에 나는 기나나무(*Cinchona pubescens*)는 자기 잎을 뜯어 먹는 나비를 퇴치하기 위해 여러 가지 알칼로이드를 만드는데 그중 키니네(quinine)가 있다. 키니네는 기나나무의 나무껍질에도 함유되어 있는데 아주 쓰기 때문에 초식동물들이 접근도 하지 못한다. 키니네는 말라리아병 치유와 해열제로 널리 사용되었다.

역사적으로 맨드레이크(*Mandragora officinarum*)라는 가지과 식물은 최음 및 환각 효과 때문에 유럽에서 많이 재배되고 이용되었다. 그러나 뿌리에서 만드는 스코폴라민(scopolamine)이라는 알칼로이드는 중추신경계에 손상을 줘 초식

그림 9-6 약에 쓰는 식물들 : 스코폴라민을 함유한 미치광이풀과 택솔을 함유한 주목

동물에게 치명적이다. 그러나 스코폴라민은 소량 투여하여 분만시 진통제로, 극미량을 써서 멀미약으로 사용된다. 이 성분은 우리나라 산에 흔히 나는 가지과의 미치광이풀(*Scopolia japonica*)에도 들어 있어 조심해야 한다. 그림 9-6

북아메리카 서북부[알래스카 남부로부터 캘리포니아 중부까지]에 분포하는 주목 (*Taxus brevifolia*)에서 뽑아낸 택솔(taxol)이라는 테르펜은 항암제로 잘 알려져 있다. 그림 9-6 이뿐 아니라 기생식물인 겨우살이(*Viscum coloratum*)는 비스코톡신 (viscotoxin C1, B5, B8)이라는 폴리펩티드를 함유해 항암제로 사용되고 있다. 흔해서 오히려 효과가 의심스러운 쑥, 대추, 민들레, 율무, 고구마, 양배추, 마늘, 양파, 호박, 부추, 가지 등도 다양한 항암성분을 함유하고 있어 한방에서는 물론 양방에서도 이를 직간접적으로 이용하고 있으며, 다양한 식물로부터 새로운 항암제를 찾기 위해 안간힘을 쓰고 있다.

스테로이드계 호르몬은 부신피질이나 우황(牛黃)에서 뽑아야 하기 때문에 값이 비쌌으나 많은 식물, 예를 들어 마과의 마(*Dioscorea floribunda, D. composita*), 대극과의 카사바(*Manihot esculenta*), 메꽃과의 고구마(*Ipomoea batatas*), 가지과의 캥거루사과(*Solanum aviculare*)에 들어 있는 사포닌을 뽑아 합성해 염가로 다량의 관련 약품을 생산하고 있다.

독성물질로 사람을 죽게까지 하는 물질이 있는데, 이것은 사약으로 또는 자살하는 데도 사용된다. 유럽산 산형과의 나도독미나리(*Conium maculatum*)의 추출액은 젊은이들에게 올바른 교육의 필요성을 주장하다가 '악법도 법'이라며 사형선고를 받은 그리스의 철학자 소크라테스에게 내려진 사약이다. 우리나라 조선시대에는 왕이나 세력가들이 많은 충신과 인재들에게 사약을 내려 제거했는데, 미나리아재비과의 투구꽃 종류가 사약의 재료로 사용되었다. 그림 9-7 부자라고 부르는 투구꽃의 덩이뿌리에 들어 있는 아코니틴과 아코닌이 중추신경계를 흥분시켰다가 마비시켜 사망에 이르게 한다. 이외에도 중국이나 동남아에서는 양귀비과의 아편(*Papaver somniferum*), 마전과의 스트리크노스(*Strychnos nuxvomica, S. toxifera*), 가지과의 독말풀(*Datura stramonium*)이, 멕시코와 중앙아메리카에서는 대극과에 속하는 후라(*Hura crepitans*), 갈매나무과의 갈매나무의 일종(*Rhamnus cathartica*), 스리랑카에서는 협죽도과에 속하는 테베티아 (*Thevetia peruviana, T. nerifolia*)와 유도화(*Nerium indicum*), 남아메리카에서는 독개구리

(*Phyllobates terribilis*)의 독이 같은 목적으로 사용되었다.

돼지풀속(*Ambrosia*), 자작나무속(*Betula*), 개암나무속(*Corylus*) 등을 비롯한 많은 온대지방의 낙엽성 식물의 화분은 알레르기를 일으키는 것으로 유명하다. 유럽에서는 공중에 날아다니는 화분을 표시한 달력을 만들어놓고 화분 예보를 한다고 한다. 우리나라의 돼지풀(*Ambrosia artemisiifolia* var. *elatior*)과 단풍잎돼지풀(*A. trifida*)은 미국에서 들어온 귀화식물로 화분 생산량이 많고 알레르기 유발 효과가 커서 많은 사람들이 피해를 입고 있는데

그림 9-7 화피가 투구처럼 생긴 투구꽃. 뿌리를 사약의 재료로 썼다.

점점 그 분포가 확산되고 있어 걱정이다. 전역으로 퍼지기 전에 제거할 필요가 있다. 나라마다 알레르기를 유발하는 대표적인 식물들이 있으니, 동아프리카에서 제충국(*Chrysanthemum cineriaefolium*), 일본에서 삼나무(*Cryptomeria japonica*)도 알레르기를 일으키는 식물로 유명하다.

직접 피부에 닿게 되면 두드러기를 일으키는 식물로 우리나라의 옻나무(*Rhus vernicifera*), 미국의 독옻나무(*Toxicodendron radicans*), 미국 중부지방의 옻나무류 몇 종(*T. rydbergi, Rhus juglandifolia, R. vernix*). 중앙아메리카의 콩과 식물인 미록실론(*Myroxylon balsamum* var. *pereirae*) 등이 있다.

고무는 식물의 유액(乳液, latex)에서 천연고무를 뽑아 다른 물질을 섞어 합성해서 만드는데 원래 유액은 곤충에게 독을 주고, 나무의 상처 부위를 막아 세균의 침입을 막는 역할을 한다. 가장 중요한 자연고무는 남아메리카의 대극과 식물인 파라고무나무(*Hevea benthamiana, H. brasiliensis, H. nitida*)에서 뽑았으나 다른 식물의 유액으로부터도 종류는 다르나 고무의 원료가 되는 유액을 뽑는다. 미국이나 멕시코에서는 국화과 식물인 구아율레(*Parthenium argentatum*), 뽕나무과의 카스티로아(*Castilloa elastica*), 중앙아시아에서는 민들레의 일종(*Taraxacum scariosum*)과 뽕나무과의 인도고무나무(*Ficus elasticus*), 브라질에서는 대극과의 마

니호트고무나무(*Manihot glaziovii*)와 협죽도과의 소바나무(*Couma utilis*), 아프리카에서는 협죽도과의 비단고무나무(*Funtumia elastica*), 아시아에서는 협죽도과의 마다가스칼고무나무(*Landolphia gummifera*)와 무환자나무과의 구타퍼차(*Palaquium gutta*), 동남아시아에서는 무환자나무과의 파예나(*Payena leeri*)와 발라타고무나무(*Manilkara bidentata*)에서 뽑아서 사용했다. 2차대전 이후에 수요가 커진 데다 자연고무나무 재배가 어려워지면서 많은 양을 화학적으로 합성해서 사용하고 있지만 아직도 용도와 특성을 합성고무가 따르지 못하는 경우 천연고무를 사용한다.

사람들은 요리방법을 통해서 식물의 방어화학물질을 무력화할 수 있다. 즉 곡류와 콩류에 들어 있는 효소억제제, 특히 콩류에 들어 있는 트립신 억제제는 열처리 요리로 파괴시켜 몸에 아무런 지장을 주지 않게 한다. 독성을 가지고 있는 독초들, 그래서 약에 사용하는 약초들도 오래 끓이면 독이 파괴되어 먹을 수 있다. 스페인전쟁에서 식량이 떨어진 낙오병들이 자살하려고 협죽도과 식물을 끓여 먹었는데 오히려 이것을 먹고 연명하다가 구조되어 살아났다는 일화도 있다.

흔히 수확량이나 맛을 향상시킨 재배식물은 그들의 야생 조상에 비해서 병에 대한 저항성이 낮다. 그래서 이런 야생종과 교배를 통해서 저항성을 높이는 육종연구가 활발했다. 최근에는 유전자 재조합 기술을 이용해서 초식동물에게 독성을 갖는 물질을 생산하는 유전자를 원하는 식물의 유전자에 끼워 넣는데 대표적인 예가 박테리아(*Bacillus thuringiensis*)의 유전자다. 이 박테리아는 독성 단백질을 생산해서 나비류의 유충을 죽이는데 바로 이 유전자를 각종 재배식물에 재조합시킴으로써 큰 효과를 보고 있다.

다양한 휘발성 물질

미국 농업연구소 과학자들[James H. Tumlinson III 등]은 파밤나방(*Spodoptera exigua*) 유충이 식물을 갉아먹을 때 식물이 방향(芳香)을 내어 말벌을 꼬이게 만든다는 것을 발견했다. 말벌은 그 작물을 공격하는 해충인 그 유충의 천적 가운데 하나다. 연구자들은 말벌을 꾀는 방향을 내도록 촉진하는 그 유충의 침샘에서 발견되는 어떤 화학물질을 분리해 인공 합성했다. 그들은 곧이어 유충 종마다 식물에서 유도하는 방향이 특이적이어서, 바로 그 모충의 천적을 꼬인다는 사실을 알게 되었다. 결국 과학자들은 유충이 자신의 무덤을 파는 기작을 가지고 있다는 사실을 발견한 것이다.

농업연구소 학자들[Consuelo M. De Morae 등]은 담배(*Nicotiana tabacum*)가 초식곤충의 침입을 받으면 여러 가지 휘발성 화합물질을 주로 밤에 배출한다는 사실도 밝혔다. 이 화학물질은 알을 낳을 자리를 찾으러 다니는 암컷 나방(*Heliothis virescens*)으로 하여금 그 식물을 기피하게 하는 것으로 알려졌다. 나방이 어떤 화학 방향을 감지하면 그 작물은 이미 유충이 있다는 사실로 알고 유충이 없는 다른 식물을 찾아 나선다는 것이다.

또 다른 새로운 사실도 있다. 식물이 내는 휘발성 물질 중에 종 간의 의사전달을 담당하는 물질(allelomones), 상위 영양단계의 생물들이 먹을 것이 있는 장소를 알려주기 위해 사용하는 물질(kairomones)이 있는데, 한 식물이 곤충의 공격을 받으면 이들 의사전달물질(allelochemics)이 비정상적인 비율로 방출된다. 초식동물을 잡아먹는 포식자는 이것을 먹잇감의 신호로 감지해서 그 식물에 찾아와 뜯어 먹고 있는 초식동물을 잡아먹는다는 것이다. 2008년 미국 국립대기연구소의 칼(Thomas Karl) 박사는 호두나무가 공격이나 스트레스를 받을 경우 의사전달물질로 아스피린을 방출한다는 보고가 있었다. 아마도 초식동물의 피해를 공동으로 대처하려는 일종의 반응일 텐데 이런 연구는 아직 초보 단계에 있다.

4

저 높은 곳을 향하여

숲 속에서 사는 식물들은 햇빛을 받기 위해 경쟁을 한다. 큰키나무(喬木, tree)는 크게 자라서 숲을 이루며 태양에너지를 마음껏 받아 광합성을 할 수 있지만 작은 나무(灌木, shrub)는 큰 나무들 사이로 비치는 미약한 햇빛을 이용할 수밖에 없다. 따라서 이들은 약간의 에너지로 광합성을 해서 자신이 자랄 수 있는 한도의 키에 만족할 수밖에 없다. 그렇다면 숲 바닥(林床, forest floor)에 사는 초본식물들은 어떤가? 햇빛이 너무나 미약하므로 생존에 위협을 느끼며 살아야 한다. 그나마 온대지방의 나무는 열대지방의 나무에 비해서 수관이 조밀하지 않아 미약한 햇빛이나마 만족하며 살고 있지만[그래서 대부분의 온대 낙엽수림의 임상 식물들은 잎이 나오기 전에 자라서 꽃을 피운다.], 열대우림에서는 수관이 조밀해서 거의 밑바닥까지 햇빛이 들어오지 않으므로 임상에서 사는 것은 거의 불가능하고, 착생식물이 되어 큰 나무 가지 위에서 살든지 덩굴식물이 되어 다른 나무를 감고 올라가야만 한다. 열대우림에 착생식물이나 덩굴식물이 많은 이유가 바로 여기에 있다.

온대지방의 숲에도 덩굴식물은 흔하다. 그러나 착생식물은 그리 흔하지 않다. 그 이유는 무엇일까? 착생식물은 나뭇 가지와 줄기를 따라 흘러내려 오는 물을 흡수해서 사는 식물들이다. 열대우림지역에는 비가 수시로 내려 수분을 얻는 데 지장이 없지만 온대지방의 숲은 비가 지속적으로 내리지 않아서 착생식물이 되려면 말라죽을 위험을 감수해야 한다. 따라서 상대적으로 착생해서 사는 것보다는 덩굴성으로 사는 전략이 더 유리하다.

덩굴성 식물들이 다른 나무의 줄기를 감고 올라가는 데에는 여러 가지 방법

그림 9-8 줄기를 칭칭 감아 다른 식물을 감고 올라가는 덩굴식물 : 1 쥐방울덩굴 2 나팔꽃 3 돌콩 4 칡

이 있다. 우선 그냥 칭칭 감으면서 올라가는 방법이다. 덩굴성 줄기가 나무의 줄기를 감으면서 자라서 자연스레 높은 나무 위까지 도달하게 된다. **그림 9-8** 그런데 감는 방향도 대부분은 위에서 보아 반시계방향으로 감으면서 올라가는 반면[예: 등나무, 칡, 메꽃, 댕댕이덩굴, 으름덩굴, 다래], 어떤 것은 시계방향으로 감고 올라간다[예: 부채마, 박주가리, 인동덩굴]. 그러나 박이나 더덕 같은 식물은 아무 방향으로나 감는다.

그러나 감기만 하고 올라가는 것은 위험 부담이 있다. 간혹 나무가 흔들리거나 충격을 받으면 간신히 올라갔다가도 땅바닥으로 추락해버릴 수 있기 때문이다. 따라서 이를 방지하기 위해 개발한 방법이 잔뿌리를 내는 것이다. 송악, 줄사철나무, 능소화 등은 감고 있는 버팀 줄기의 오목한 부위에 잔뿌리를 내려 간신히 올라간 몸체가 추락하는 걸 방지한다.

이것보다 나은 방법도 있다. 바로 줄기 전체에 가시를 만들어 놓고 감으며 올라가는 것인데[예: 덩굴장미, 며느리밑씻개, 며느리배꼽, 환삼덩굴, 노박덩굴], 중간에

그림 9-9 **가시(1 며느리배꼽)와 덩굴손(2 돌외, 3 갯완두) 또는 둘 다(4 청미래덩굴) 이용하여 다른 식물을 감고 올라가는 식물들**

뿌리를 내는 것보다는 떨어질 확률이 훨씬 적다. 이런 가시는 흔히 끝이 아래쪽을 향하고 있어 단순히 방어 역할만 하는 가시와는 차별이 된다. 그림 9-9

가장 강력한 감기 수단은 줄기가 위의 덩굴식물들처럼 나무를 감으며 올라갈 뿐만 아니라, 잎의 일부나 전부, 또는 줄기나 가지를 덩굴손(tendril)으로 만들어 다른 나무 가지를 칭칭 감아 이를 짚고 계속 올라가는 것이다. 덩굴손이 떨어져 나가지 않는 한 줄기가 절대로 땅에 떨어지지 않는다. 덩굴손을 개발한 과는 덩굴식물 중에도 얼마 되지 않고, 설사 덩굴손이 개발되었다 하더라도 분류군들 중의 일부인 것도 허다하다. 다음은 덩굴손을 개발한 식물들이다. 그림 9-10

① 현삼과의 금어초속(*Antirrhinum*) 중에서 미국 캘리포니아 종(*A. filipes*)은 화경이 덩굴손으로 변해 다른 식물들을 감고 올라간다.

② 능소화과는 열대지방에 많이 분포하는데 많은 종들이 덩굴성이고 복엽

그림 9-10 덩굴손을 이용해 올라가는 식물들 : 1 으아리 2 박 3 들완두 4 시계꽃

의 한 소엽이 변한 덩굴손을 갖는다. 덩굴손은 대개 길고 여러 개로 가지를 치고 있다[예: *Pithecoctenium cruciferum*].

③ 미나리아재비과의 으아리속(*Clematis*)도 소엽이 변한 덩굴손을 갖고 있다.

④ 꽃고비과의 복매화인 멕시칸아이비(*Cobaea*)도 우상복엽의 윗부분이 덩굴손으로 되어 있다.

⑤ 박과의 많은 덩굴식물들이 덩글손을 갖고 있어 아마도 가장 전형적인 덩굴손을 볼 수 있는 과가 아닌가 생각된다. 오이, 호박, 박, 참외, 수박, 수세미오이, 엽주 등 재배식물을 포함해서 돌외, 하늘타리, 새박, 뚜껑덩굴, 산외 등 우리나라에서 볼 수 있는 모든 종들이 덩굴손을 갖고 있다.

⑥ 마과의 마속(*Dioscorea*) 여러 종들[*D. batatas, D. alata, D. macrostachys*]도 덩굴손을 갖는데 우리나라에 있는 마속의 8종 중 덩굴손을 갖는 종은 없다.

⑦ 콩과의 덩굴성 식물 중 완두콩(*Pisum sativum*), 연리초속(*Lathyrus*), 갈퀴덩굴

속(*Vicia*)은 제일 끝 소엽이 변한 덩굴손을, 바우히니아(*Bauhinia*)는 덩굴손과 함께, 감지는 않으나 갈고리처럼 생겨 다른 식물의 가지에 거는 고리도 갖는다.

⑧ 갈매나무과의 미대륙 식물인 구아니아(*Gouania lupuloides*)는 화경이 변해서 고리를 만들어 감고 올라간다.

⑨ 벌레잡이풀과는 잎 끝이 변해서 덩굴손이 되는데 감고 올라가는 데 쓰이기도 하고 이것이 변해 벌레 잡는 포충기를 만들기도 한다.

⑩ 시계꽃과는 줄기덩굴손을 갖는다[예: *Passiflora auriculata*, *P. vitifolia*]. 이는 덩굴손이 되는 것과 같은 위치의 분열조직에서 한두 개의 꽃이 달리는 것을 보면 알 수 있다.

⑪ 무환자나무과의 서자니아(*Serjania mexicana*)는 줄기를 따라 가시와 덩굴손이 달려 감고 올라간다. 이런 덩굴손은 커다란 초식동물이 자신을 뜯어 먹을 때 성가시게 해서 다소 먹히는 것을 감소하는 역할도 한다.

⑫ 청미래덩굴과의 청미래덩굴속(*Smilax*)은 탁엽이 덩굴손이 되는 경우로 청미래덩굴, 청가시덩굴에서 잘 관찰할 수 있다.

⑬ 포도과는 줄기나 가지가 변한 덩굴손을 갖는다. 이 덩굴손은 잎과 대생으로 달리기 때문에 간혹 잎이 변한 것으로 오인되기도 하지만 같은 위치에서 화서가 나오는 걸 보면 잎이라기보다는 가지 또는 줄기가 변한 것으로 보는 것이 옳다. 포도과의 덩굴손은 포와 가지를 달고 있고 어떤 종에서는 그 끝에 물을 방출하는 배수조직(hydathode)을 갖기도 한다. 포도과에서 많은 재배종들은 덩굴손의 전형적인 예를 잘 볼 수 있다.

⑭ 콜키쿰과(Colchicaceae)의 어떤 종(*Littonia modesta*)은 잎의 끝이 가늘고 구부러져 약간의 덩굴손 역할을 한다.

⑮ 국화과의 페루산 덩굴 종들(*Mutisia* spp.)은 잎 끝이 가늘게 되고 둘로 갈라져서 덩굴손이 된다.

포도과의 담쟁이덩굴(*Parthenocissus tricuspidata*)은 이보다 더욱 적극적이고 독특한 방법을 사용한다. 그림 9-11 줄기가 변한 덩굴손[같은 과의 다른 종들은 실제로 줄기가 변한 덩굴손을 가진다.]이 다른 물체를 감는 대신 가지를 치고 그 끝에 흡반(吸盤, adhesive sucker, 빨판)을 달아 합반과 편평한 물체 사이에 약한 진공을 만들어 줄기를 부착시킨다. 붙어 있는 힘이 하도 강력해서 줄기뿐 아니라 편평한 담벼락을 둘둘 감고 올라가지 않고도 자신의 무게를 지탱하는데 줄기를 잡아당기면 빨판이 벽에 붙은 채로 남아 있기도 한다.

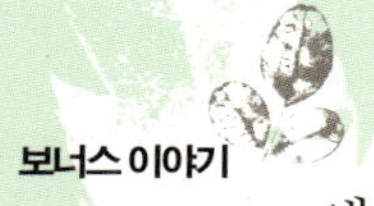

보너스 이야기

왜 반시계방향으로 감을까?

덩굴식물이 버팀목을 감고 올라갈 때의 방향이 왜 대부분 반시계방향일까? 이에 대한 해답은 아직 명확한 것이 없다. 일부 지구의 자전방향과 관계가 있어 남반구와 북반구가 다르다는 말도 있지만 사실과 전혀 다르다. 왜냐하면 남반구든 북반구든 관계없이 반시계방향이 많고(90%), 일부 시계방향도 있고(8%), 드물게 아무렇게나 감는 덩굴식물도 있기(2%) 때문이다. 따라서 식물 마음대로라고, 다시 말해 그 식물의 유전자 때문이라고 설명하는 수밖에 없다.

그림 9-12 나팔꽃은 반시계방향으로 감고 오른다

그렇다면 왜 반시계방향이 많은가? 이에 대해선 물관의 섬유소(셀룰로오스)가 꼬이는 방향과 관계가 있다지만 역시 예외가 있어 명확한 해답이 되지 못하고 있다. 역시 자연의 세계에는 신비한 것이 많고 아무리 과학이 발달해도 모두를 설명할 순 없는 것 같다.

chapter 10

10장

공생도 살 길이다

1

질소고정 박테리아

    질소는 생명의 기본 물질인 핵산이나 단백질을 만드는 데 쓰이는 원소 중 하나다. 질소의 가장 큰 저장고는 지구의 대기이며, 대기 중에서 차지하는 비율은 자그마치 79%나 된다. 그런데 대기 중에 존재하는 질소는 N_2 상태여서 고등식물이 이용할 수 없다. 왜냐하면 식물체는 질산염(NO_2^-, NO_3^-), 암모니아(NH_3)와 같은 질소화합물 상태로만 이용할 수 있기 때문이다. 간혹 번개에 의해서 자연적으로 암모니아가 생성되는 경우도 있지만 자연계에서 식물을 먹여 살리기엔 턱없이 부족한 양이다.

    다행스럽게도 자연에는 질소고정을 해서 대기의 질소를 빨아들일 수 있는 생명체들이 있다. 니트로게나제(nitrogenase)를 이용한 생물질소고정(生物窒素固定, biological nitrogen fixation) 반응[$N_2+8H^++8e^-+16ATP{\rightarrow}2NH_3+H_2+16ADP+16Pi$]을 하는 이른바 질소고정 생물(窒素固定生物, dizaotroph)이다. 그림 10-1 이들은 남세균(cyanobaceria), 방선균(actinobacteria), 그리고 호기성과 혐기성세균(aerobic and anaerobic bacteria)을 포함하고, 심지어는 흰개미 같은 동물들도 질소고정 능력을 갖고 있으며, 최근에는 고생물군[예: *Crenarcheota*]도 질소고정을 하고 있음이 밝혀

표 10-1 질소고정을 하는 주요 세균들

독립		식물과 공생	
호기성	혐기성	콩과	다른 식물들
Azotobacter, Beijerinckia Klebsiella (일부), *Cyanobacteria* (일부)*	*Clostridium, Desulfovibrio*(일부), Purple sulphur bacteria*, Purple non-sulphur bacteria*, Green sulphur bacteria*	*Rhizobium, Bradyrhizobium*	*Frankia, Azospirillum*

* 광합성세균

그림 10-1 질소고정을 하는 콩과 식물인 자운영과 질소고정균을 담고 있는 뿌리혹

져 지구상에서 질소고정이 그간 생각했던 것보다 훨씬 크다는 것을 알게 되었다. 이들에 의해 고정된 암모니아(NH_3)는 여러 세균들에 의하여 질산염(NO_2^-, NO_3^-) 형태로 바뀌어 식물에게 흡수된다. 초식동물이 식물을 먹고 육식동물이 초식동물을 먹는 생태계의 영양단계를 거쳐 모든 생물들이 생육하고 번성한다.

많은 질소고정 생물들은 육상이나 토양, 수중에서 독립생활을 하지만 다른 식물들과 함께 공생을 하는 경우도 있다. 공생은 서로 이익을 주며 사는 것으로 일찍이 20여 억 년 전부터 생물의 조상들이 유용하게 썼던 전략이 아니었던가? 질소고정 생물이 밖에서 독립생활을 하는 것보다는 다른 식물 속에 들어가서 살게 되면서 환경으로부터의 충격에서 벗어나거나 최소화할 수 있고, 생물들은 이들로부터 질소원을 확보할 수 있다. 특히 질소원이 충분하지 않거나 결핍된 서식처에서 사는 식물이라면 이렇게 질소고정 생물과 공생하는 것은 할 수만 있다면 마다할 이유가 없다. 오죽하면 이런 환경에서 사는 식물들이 곤충을 잡아먹고 살아가는 방법까지 개발했을까?

가장 잘 알려진 질소고정 생물과 공생하는 식물은 거의 모든 콩과 식물이다[예외: *Stypholobium*는 어떤 질소고정 박테리아와도 공생하지 않는다.]. 이들은 뿌리에 혹(nodule)을 만들고 그 안에 라이조비움(*Rhizobium*)이라고 불리는 질소고정 박테리아를 살게 해서 공생한다[예외: 콩에는 *Bradyrhizobium*이라는 박테리아가 공생한다.]. 이렇게 공생 박테리아가 질소를 고정해 질소를 공급해줌으로써 콩과 식물은 척박한 토양에서도 다른 식물과의 경쟁에서 우위를 점할 수 있다. 그리고 식물이 죽으면 토양에 고정된 질소를 남겨 토양을 비옥하게 한다. 전통적인 농업에서 밭이나 논에 여러 가지 작물을 돌려가며 심는데 콩과의 자운영이나 토끼풀을 흔히 '녹비'라고 부른다. 그 이유는 동물의 배설물로 거름을 하듯 식물의 배설물로 토양에 질소를 더해주기 때문이다.

이제까지 알려진 질소고정 식물은 대개 콩과이지만 아닌 것들도 있다. 이들은 방선균식물(放線菌植物, actinorhizal plants)이라고 하는데, 8과 22속의 목본식물을 포함한다. 과의 수도 얼마 안 되지만 극히 일부에 지나지 않는다. 예를 들어 장미과 122속 중 4속만 질소고정을 할 수 있다. 다음은 방선균식물의 예다.

① 자작나무과(Betulaceae): 오리나무속(*Alnus*)

② 삼과(Cannabaceae): *Trema*

③ 캐주아리나과(Casuarinaceae): *Allocasuarina*, *Casuarina*, *Gymnostoma*

④ 코리아리아과(Coriariaceae): *Coriaria*

⑤ 다티스카과(Datiscaceae): *Datisca*

⑥ 보리수나무과(Elaeagnaceae): 보리수나무속(*Elaeagnus*), *Hippophae*, *Shepherdia*

⑦ 소귀나무과(Myricaceae): *Comptonia*, *Morella arborea*, 소귀나무속(*Myrica*)

⑧ 갈매나무과(Rhamnaceae): *Ceanothus*, *Colleti*, *Discaria*, *Kentrothamnus*, *Retanilla*, *Trevoa*

⑨ 장미과(Rosaceae): *Cercocarpus*, *Chamaebatia*, 담자리나무속(*Dryas*), *Purshia*

광합성을 하는 시아노박테리아는 흔히 사막 같은 척박한 토양이나 천이과정의 초기에 즉 아무 생물도 살 수 없는 곳에서도 독립적으로 살고, 천이(遷移, succession)[생물이 없는 장소에 식물이 들어가 살기 시작하면서부터 이들이 숲으로 변해 가는 과정] 초기에 나타나는 지의류(地衣類, lichens)와 공생하기도 한다. 시아노박테리아가 공생하는 식물은 선태류 중 태류(liveworts), 고사리류의 물개구리밥, 나자식물인 소철 등을 포함한다. 물개구리밥은 물 위에 떠서 사는데 그 속에 공생하는 시아노박테리아는 논에 중요한 녹색분뇨의 역할을 한다. 소철은 땅속으로가 아니라 위를 향하여 자라는 산호 모양의 뿌리가 있는데 이것이 콩과의 뿌리혹 같은 것이다.

또한 직접 공생은 아니지만 뿌리에 붙어서 사는 시아노박테리아(*Azospirillum*)도 있는데 밭에 심은 옥수수, 열대지방의 화본과 식물에서 볼 수 있다. 이 경우 식물은 이들로부터 질소원을, 시아노박테리아는 식물로부터 당을 비롯한 뿌리에서 씻겨 나오는 영양분을 섭취한다. 그러나 뿌리혹에서 합성되어 제공하는 질소원의 양에 비해서 박테리아가 식물에 주는 효과는 미미하다.

2
곤충들과의 공생

　곤충과 식물들의 공생(共生, symbiosis) 관계는 수분에서 많이 다루었다. 식물은 곤충이나 다른 동물에 의해 화분을 전달하고 곤충은 식물로부터 꿀과 영양을 얻는데 단순한 관계가 아니라 너무나 밀접해서 서로를 위해 호진화를 하고 종종 아주 특이성이 있어서 한 식물이 한 매개체에 의존하기도 한다.

　여기서는 다른 유형의 식물-동물의 공생관계에 대해서 다루고자 한다. 바로 개미와 식물에 대한 공생관계인데 너무나 종류가 다양하지만 몇 가지만 소개한다. 많은 식물들은 개미가 살 집과 그들의 먹이를 제공해 그들로 하여금 자기를 뜯어 먹는 초식동물을 퇴치하는 방법을 개발했다. 이런 식물들은 대개 화학적으로 방어하는 능력이 없는 것들이다. 곤충과 공생하는 대표적인 식물로 개미와 공생하는 콩과의 아카시아(Acacia)가 있다.

　앞의 착생식물에서 설명한 어떤 브로멜리아류(Bromeliads)는 자신의 뿌리와 줄기 사이의 공간에 독개미를 살도록 해서 개미가 분비하는 물질로부터 양분을 흡수한다. 어떤 동남아시아의 꼭두서니과 종들[예: *Myrmecodia*, *Hydnophytum*]은 줄기를 부풀려서 그 안에 방을 만들고 개미들이 살도록 해준다. 어떤 방에는 물을 저장해 식물이 광합성을 할 때 소비하게 한다. 따라서 식물은 위험으로부터 보호해 줄 개미들이 가지 위에 살게 하기 위해 꿀을 생산하는 것이다.

　어떤 식물들은 꿀을 일정 기간만 분비한다. 북아메리카 동부에 널리 분포하는 미국귀룽나무(*Prunus serotina*)는 1년 중 딱 3개월만 꿀을 분비하는데 이는 자신을 갉아먹는 미국텐트나방(*Malacosoma americanum*)의 애벌레가 생기는 기간과 일치한다.

아카시아(*Acacia*)는 열대와 아열대지방에 많이 분포하고 가시를 갖고 있어 자신을 포식자로부터 보호하고 있다. 아프리카의 아카시아에는 개미가 살고 있는데 개미들은 가시에 구멍을 내어 그 안에서 산다. 개미들은 나뭇잎에서 분비되는 꿀을 먹고 살면서 다른 곤충들의 애벌레가 있으면 잡아먹는다. 꿀은 아카시아 줄기에 존재하는데 풍부한 단백질과 지방질을 함유한 꿀의 유일한 기능은 개미를 먹이는 것이다. 개미들은 자신도 이 꿀을 먹고 개미의 유충도 먹인다. 그렇다면 나무가 개미로부터 얻는 대가는 무엇인가? 나무에 사는 일개미들은 다른 곤충들보다 그 크기에 관계없이 훨씬 공격적이다. 커다란 곤충이 나무에 올라오면 그들을 공격해 물어버린다. 그리고 근처에 다른 나무순이 땅에서 올라오면 물어 상처를 입혀 자라지 못하게 한다. 그래서 아카시아로부터 개미를 제거하면 다른 곤충들의 공격과 피해를 더 많이 받는다는 보고들이 많다. 또한 자기가 살고 있는 나무에 다른 나무가 그늘을 지게 하면 가서 그 나무의 잎과 줄기도 절단내버린다. 그래서 학자들은 개미를 아카시아가 고용하고 있는 '사립군대조직' 이라고 부른다.

그림 10-2 휘파람가시아카시아 가시 밑둥의 부푼 주머니에 개미가 들어가 산다. 구멍으로 바람이 불면 휘파람소리가 난다. (Flickr)

휘파람가시아카시아(*Acacia drepanalobium*)는 동아프리카 적도지방 특히 세렝게티초원에 자란다. **그림 10-2** 높이는 6m 정도 되는데 가시가 10cm나 되어 스스로를 보호하지만 탁엽이 변해서 생긴 가시는 부풀어 직경이 2.5cm나 되는 주머니를 만든다. 바로 이 주머니 속에서 개미가 구멍을 뚫고 들어가 살면서 침입자가 나타나면 떼로 몰려가서 그들을 퇴치하고, 기린이나 커다란 동물들에 대해서는 자신의 페로몬을 풍겨 쫓아버린다. 식물 이름은 구멍 난 주머니에게 바람이 불면 휘파람소리가 나서 붙여졌다. 크레마토개스터개미(*Crematogaster nigriceps, C mimosae*)는 가지나 꽃을 잘라내어 다른 나무의 개미집단이 옮겨오지 못하도록 하고, 이 전지 과정이 아카시아의 잎 끝을 자극하여 꿀을 생산하도록 한다. 개미들은 우기에 사바나의 토양을 말리고 건기에는 틈을 내어서 다른 개미가 땅속에 집을 짓기 힘들게 만든다.

그런데 이 둘 간의 공생관계에 제3의 파트너가 있다는 것이 밝혀졌다. 미국 플로리다대학교의 파머(Tod Palmer) 박사가 조사한 케냐의 12곳 가운데 반은 코끼리나 기린 같은 거대 초식동물로부터 안전하게 보호되고 있다. 1995년 이후 거대 초식동물을 보호하기 위해 특별보호구역으로 옮겨 놓았기 때문이다. 나머지 반은 여전히 코끼리가 맘껏 돌아다닐 수 있다. 코끼리가 사라진 곳에서는 아카시아가 꿀을 덜 생산하고 속이 비어있는 가시도 많았다. 개미가 먹을 음식과 집이 줄어든 것이다. 연구팀은 아마도 초식동물이 사라졌기 때문에 아카시아가 자신을 보호할 필요가 적어졌기 때문일 것으로 해석한다. 이렇게 아카시아에 변화가 일어나면서 함께 살던 개미는 30% 정도 줄고, 대신에 다른 종류의 개미(C. sjostedti)가 아카시아에 사는데, 이 개미는 줄기를 파먹는 곤충이 오도록 부추기기 때문에 아카시아에 해를 입힌다. 공생하던 기존 개미 종(C. mimosae)도 마음이 바뀌었다. 음식이 줄어들고 살 공간이 부족해지자 아카시아를 공격하는 동물들을 퇴치하기를 멈췄을 뿐만 아니라 수액을 빨아 먹어 아카시아에 해를 입히는 존재로 변했다. 이 때문에 거대 초식동물이 사라진 곳의 아카시아는 그렇지 않은 곳과 비교했을 때 성장이 느리고 커지기 전에 죽는 개체들도 많다. 아카시아와 개미의 공생관계에 코끼리와 같은 거대 초식동물이 영향을 미친다는 것이 실제로 현장에서 발견된 것은 이것이 처음이다.

어떤 아카시아는 도마티아(domatia)라고 불리는 깊고 큰 구멍을 갖고 있는데 이는 개미 집단의 살림집 이외에는 아무런 기능도 하지 않는다. 도마티아는 개미가 드나들 수 있는 얇은 장막이 있고 그 안에 개미를 위해 식량을 숨겨 놓는다. 나무가 준비한 이 식량은 오직 개미의 먹이일 뿐 아무런 역할도 하지 않는다. 도마티아의 내부 온도와 습도는 개미가 살기에 최적조건을 유지해준다. 도마티아는 개미에게 호화호텔인 것이다. 물론 개미는 그 대가로 아카시아를 지켜준다.

개미는 토양을 기름지게 하는 역할도 한다. 개미들은 땅을 뒤집어 탄소를 풍부하게 하고 분뇨나 찌꺼기를 배출해 토양을 비옥하게 한다. 그리고 토양의 온도와 습도를 조절한다. 이로 인해 개미가 사는 땅은 다른 곳보다 늘 더 비옥하다.

동남아 우림에 사는 필리드리스
(*Philidris*)라는 개미는 박주가리과에
속하는 디스키디아(*Dischidia major, D.
rafflesiana*)에서 사는데 이 식물은 착
생식물로 뿌리가 없다. 그림 10-3 개
미들은 죽은 개미나 다른 곤충들의
시체를 이 식물의 개미잎(ant leaf)이
라고 불리는 특별한 잎에 저장해 놓

그림 10-3 **디스키디아. 필리드리스 개미는 이 식물의
개미잎에 애벌레를 기른다.**

는데 여기서 애벌레를 기른다. 나무는 이로부터 질소를 얻고, 그들의 호흡에
서 나오는 이산화탄소를 이용해 광합성을 한다. 이로써 나무는 건조할 때 밖
으로 난 기공을 열지 않고도 수분의 증발 없이 광합성을 할 수 있는 것이다.

중앙아메리카 열대우림의 그늘에 나는 후추(*Piper*)는 갈색개미(*Pheidole bicornis*)
를 위해 음식과 살 집을 제공한다. 어린 후추는 잎이 2~3개로 잎과 가지 사
이에 도마티아를 만들어 여왕개미로 하여금 그 안에서 알을 낳도록 한다. 식
물은 개미를 위해서 잎의 안쪽에 미세한 주머니를 만들어 놓고 단백질과 지방
을 분비하면 개미가 이를 빨아다가 새끼에게 먹인다. 후추의 풍부한 먹이를
먹은 개미들은 후추를 뜯어 먹는 다른 곤충들로부터 이들을 돌본다. 식물은
개미가 자신을 떠나 이주해 나가면 먹이 생산을 중지한다.

식물과 공생관계를 맺고 있는 개미들은 흔히 공격적인 습성을 갖고 있다.
이들은 인간을 포함해서 포유동물들도 공격해서 큰 타격을 줄 수도 있다. 아
카시아 개미들은 떼를 지어 몰려와 팔과 손을 쏘고, 만약 사람이 아카시아 근
처에 바람이 불어오는 방향으로 서 있으면 사람 냄새를 맡고 나무에서 뛰어내
려 사람에게 달려든다. 남아메리카 숲의 콩과 식물인 타키갈리아(*Tachygalia*)에
사는 개미(*Pseudomrymex*)가 사람의 피부를 스치면 쐐기에 쏘인 것처럼 부풀고
통증이 엄청나다. 조심해야 한다.

이보다 더 지독한 개미는 남아메리카 우림의 크고 털이 나고 아주 불쾌한
카포노터스(*Camponotus femoratus*)로 살짝만 건드려도 일개미들은 미친 듯이 집근
처를 돌아다니고 사람이 있으면 바로 공격한다. 데이비슨(Diane Davidson)이란

그림 10-4 개미들이 살고 있는 머메코디아의 괴경 (Wikimedia)

미국 곤충학자는 "내가 그들의 둥지에 1~2m 정도 접근했을 때 일개미들은 이리저리 날뛰기 시작하더니 내게로 뛰어올랐다. 여러 종류의 일벌들이 있었지만 살을 뚫을 수 있는 정도의 큰 턱을 가진 개미들만 달려들어 물어뜯고 상처에 호박산을 뿌려대 쏘는 듯한 통증을 느꼈다."는 경험담을 들려주었다. 이들 개미는 식물이 만든 방에서 사는 것이 아니라 아주 복잡하고 정교한 개미정원에서 살고 있다. 정원은 흙, 식물 조각들, 식물의 섬유들을 나뭇가지에 감아 뭉쳐놓은 둥근 덩어리로 골프공에서 축구공만 한 크기이고 그 안에서 여러 종류의 초본식물들이 자라고 있다. 개미들은 이 둥지를 만들기 위해 재료를 모으고 공생할 식물의 씨를 둥지 안에 심는다. 식물이 흙과 다른 재료로부터 영양공급을 받으면서 자라면 그들의 뿌리는 정원의 골격을 만들고 개미들은 식물이 제공하는 음식 덩어리, 열매의 섬유질, 꿀 등을 먹는다. 중앙 및 남 아메리카의 개미정원은 필로덴드론(*Philodendron*)을 포함한 천남성과, 브로멜리아, 무화과, 게스네리아과, 후추속, 심지어 선인장류를 비롯한 16개 속의 식물에 형성된다.

머메코디아(*Myrmecodia beccarii*)라는 착생식물은 오스트레일리아의 동북부 맹글로브 숲에 난다. 그림 10-4 이들은 맹글로브 나뭇가지에 여러 개의 줄기를 내어 자라는 작은 식물인데 줄기가 괴경처럼 커지고 괴경 표면엔 가시가 나서 울퉁불퉁하다. 식물이 자라면서 괴경 속이 비게 되면 개미[대개 *Iridomyrmex cordatus*]가 들어가서 사는데 개미들은 식물로부터 살 곳을, 식물은 개미로부터 개미가 가져온 음식 찌꺼기를 추가 영양분으로 얻는다.

세크로피아(*Cecropia*)는 코스타리카에 자생하는 뽕나무과[또는 쐐기풀과, 세크로피아과] 식물로 절간(節間, internode)[잎과 잎 사이의 줄기 부분]에 차있던 속(髓, pith)이 소실되어 대나무의 빈 속 같은 도마티아를 형성한다. 그림 10-5 그리고 절간의 얇은 부분이 약간 함몰되어 있는데 이곳이 나중에 입구가 된다. 잎의 엽병 기부에 잔털이 조밀하게 난 받침대가 있는데 이곳에 지름 1~2mm의 염주 같

그림 10-5 세크로피아의 도마티아 입구와 엽병 기부에 나 있는 뮬러체들(흰색). 개미들은 여기서 나오는 글리코겐을 먹고 산다.

은 돌기가 있어 이를 뮬러체(Muellerian body)라고 한다. 도마티아에 들어가 사는 개미은 주로 아즈텍개미(Azteca)로, 수정을 한 새 암개미가 이 식물에 와서 이빨로 도마티아의 얇은 곳(prostoma)을 씹어 입구를 내어 그 안으로 들어가서는 알을 낳고 새끼를 기른다. 한 배를 키우면서 암개미는 다른 절간의 공간에도 알을 낳아 결국 한 나무를 완전히 차지하게 된다. 개미들은 뮬러체에서 나오는 글리코겐을 먹고 살고 일개미들은 나무를 기어오르는 덩굴식물을 잘라내고 다른 초식동물을 퇴치한다.

숲개미루(Formica)는 숲의 다른 식물들과 공생관계를 맺고 있다. 어떤 종은 그들의 종자 전파를 개미에게 의존한다. 며느리밥풀속의 일종(Melampyrum pratense)은 화판 밑 쪽에 작은 꿀샘을 갖고 있어 개미가 먹도록 꿀을 분비한다. 씨는 개미의 번데기 모양을 하고 있어 개미들은 이를 자기 집으로 운반해 간다. 벌목(伐木)을 한 숲에서는 이런 개미의 도움을 받지 못하므로 숲을 되살리려할 때는 이런 점을 감안해야 한다.

카메룬 연안 우림의 임상에 자라는 콩과의 레오나독사나무(Leonardoxa africana)는, 개미를 위해 절간이 부풀어 속이 빈 개미 둥치를 제공한다. 두 종류의 개미가 이 나무에서 사는데 페탈로머멕스(Petalomyrmex phylax)란 개미가 3/4, 캐터라커스(Catzulacus mckeyi)란 개미가 1/4 정도 된다. 이들의 효과를 알아보기 위해 실험을 해본 결과, 페달로머멕스 개미는 어린잎을 보호하고, 반면에 캐터라커스개미는 이의 1/3 밖에 보호하지 못함을 알았다. 페달로머멕스 개미는 어린잎을 밤낮으로 돌보면서 어린잎에 있는 작은 나비 애벌레를 잡아먹는데 비해, 캐터라커스개미는 오직 꿀을 분비하는 밤에만 활동을 한다. 이를 통해

그림 10-6 **개미와 공생하고 사는 벌레잡이통풀**
(Wikimedia)

페달로머멕스 개미는 아카시아와 공생관계를 맺고 있지만 캐터라커스 개미는 자신의 목적을 위해서 찾아오는 약탈자로 공생자들 간에 끼어있는 기생자임을 알게 되었다.

동남아시아의 대극과에 속하는 마카랑가(*Macaranga*)나무는 밀납질의 줄기를 가져 개미나 다른 곤충들로부터 자신을 보호하는데, 특별한 개미(*Crematogaster*의 일종)만 미끄러지지 않고 그들의 둥지와 음식물을 찾아다닐 수 있다. 이 개미는 다리에 두 개의 집게와 하나의 접착판을 갖고 있는데 밀납질의 표면을 다닐 때는 이 둘을 사용해서 잘 다니지만, 유리판 위를 다닐 때는 집게를 사용할 수 없으므로 접착판을 사용해서 다닌다. 접착판이 없는 개미들은 미끄러운 표면에서 미끌어져 떨어진다.

인도 서부지역에 나는 벌레잡이통풀(*Nepenthes bicalcarata*)은 유리물병 모양의 포충기 안에 개미(*Camponotus schmitzi*)를 거느리고 산다. **그림 10-6** 벌레잡이통풀은 자기 몸 위에 기어 다니는 곤충은 물론 다른 벌레도 잡아먹는다. 그러나 거의 개미들만 보이고 다른 곤충들은 보이지 않는다. 개미는 잡혀 먹힐 위험이 있긴 하지만 살 집을 얻고, 식물은 개미를 위한 먹이 조직을 주면서 개미 덕분에 적으로부터 보호받는다.

아프리카의 어떤 아카시아는 꿀을 생산하는데, 그 나무들 주위에 울타리를 쳐서 동물들이 못 들어가게 하면 식물들은 꿀 생산량을 줄이고, 개미들은 식물 지키기를 소홀하게 해서 다른 곤충들 특히 진딧물이나 흰깍지벌레가 들어오도록 허용한다. 대신 개미들은 진딧물이 배출하는 꿀을 먹는다. 이건 개미와 진딧물의 공생으로 많은 개미들이 이런 습성을 갖고 있다. 이렇게 해서 개미는 식물을 친구로 대하다가 적으로 변심하게 된다. 반면에 아카시아가 꿀을 생산하기 시작하면 개미들은 다시 돌아오고 그들의 새 친구인 진딧물과 결별하고 나무를 위해 충성을 다하는 나무지기가 된다.

식물의 자연사(自然史, natural history)도 동물의 그것만큼이나 끝이 없고 재미있다.

자연사(natural history)

자연사라는 말을 책의 말미에 처음으로 사용했는데, 자연의 역사를 이야기하는 것 같지만 사실은 그렇지 않다. 그리스시대와 16세기에 많은 생물학자들이 'Historia Naturae', 'Historia Planta' 식으로 자연이나 식물에 대한 이야기를 썼는데 이것은 역사가 아니라 당시에 알려진 또는 저자가 알아낸 과학적 사실들을 기술한 것이다. 대표적인 것으로 아리스토텔레스의 'Historia Animalium'을 들을 수 있다. 거북이가 어떻게 진흙에서 걷는가, 문어가 어떻게 새끼를 돌보는가, 해양동물의 해부 등 자신이 관찰한 이야기를 써 놓았지 이들의 진화과정을 써 놓지는 않았다. Historia는 역사가 아니라 이야기 또는 당시의 과학이란 뜻이었으므로 자연사를 '자연의 역사'라고 해석해서는 안 된다. 영어로 된 책에서는 지금도 생물의 'natural history'라고 하면서 그들의 생태나 습성을 쓰고 있는 점은 마찬가지다.

최근 우리나라에서 'Natural History Museum'을 우리말로 '자연사박물관(自然史博物館)'이라고 번역하는 데 대한 논란이 분분한데, 위의 주장대로 이야기 또는 과학이란 의미로 자연사를 쓴다면 상관이 없는데 역사이므로 반드시 '사'를 붙여야 한다는 것은 옳지 않다고 본다. 1988년 캐나다국립박물관(National Museum of Canada)이 자연사를 분리하면서 '캐나다자연박물관(Canadian Museum of Nature)'이라고 명명한 점은 이런 문제에 대해 시사해주는 바가 크다.

이런 배경에서 본서의 영어 제목을 'Natural History of Plants'로 정했으나, 우리말로 '식물의 자연사'로 하려니 아직도 친숙하지 않아서인지 어색해 그냥 '식물의 역사'로 했다.

용어해설

ㄱ

가경, 假莖, pseudobulb : 착생란에서 괴경 모양으로 부푼 줄기(석곡)

가과, 假果, false fruit, pseudocarp : 자방 이외의 부분이 합쳐져서 만들어진 열매(사과, 딸기)

가교미, 假交尾, pseudocopulation : 순판이 벌의 모양으로 되어 있고 페로몬을 내어 수벌이 찾아와 교미를 함으로써 꽃가루받이를 하게 된다.(난과의 *Ophrys*속)

가근, 假根, rhizoid : 헛뿌리, 관다발이 들어 있지 않은 뿌리 모양의 구조로 식물체를 고착시킨다.(송엽란)

가도관, 假導管, tracheid : 헛물관, 양 끝에 천공판이 없는 수분 통도조직(원시 관속식물)

가시, 針 : 끝이 뾰족하고 딱딱한 구조로 식물체를 보호하는 역할을 한다. 기원에 따라 엽침(spine), 피침(cortical spine), 경침(thorn)이 있다.(아까시나무, 산딸기, 주엽나무)

가엽, 假葉, enation, phyllodia : 헛잎, 잎 모양이나 구조적으로 잎이 아닌 구조(송엽란)

가엽설, 假葉設, enation theory : 관다발이 없는 가엽이 변해서, 1개의 관다발을 갖는 소엽이 되고, 이것이 다시 수많은 관다발을 갖고 크기가 큰 대엽이 되었다는 학설

가종피, 假種皮, aril : 배주의 주피 이외의 부위가 발달하여 만들어진 종피(주목, 노박덩굴)

개과, 開果, dehiscent fruit : 과피가 육질이 아니라 말라 있고 봉선에 의해 열리는 열매(반: 폐과)

개방차상분지, 開放叉狀分枝, open dichotomous branching : 엽맥이 똑같은 굵기로 Y자로 갈라짐(고비, 은행나무)

개체군, 個體群, population : 한 지역에 나는 같은 종에 속하는 개체들의 모임

개화수정, 開花受精, chasmogamy : 보통 꽃들처럼 꽃이 핀 후에 수분매개체가 수술에서 화분을 다른 꽃의 암술에 묻혀 수분함으로써 수정이 되는 현상

거, 距, spur : 꽃잎의 일부가 뒤쪽으로 가늘게 돌출한 구조(제비꽃, 현호색)

거치, 鋸齒, serrate : 톱니 모양의 잎가장자리

건과, 乾果, dry fruit : 과피가 육질이 아니고 목질, 혁질 또는 막질인 열매(반: 육질과)로 열리는 개과와 열리지 않는 폐과로 나뉜다.

격벽, 隔壁, septa : 두 방 사이의 벽

격벽밀선, 隔壁蜜腺, septal nectary : 자방의 격벽 바깥쪽에 나 있는 꿀샘(난초과)

견과, 堅果, nut : 과피가 목질이고 열개되지 않는 열매(밤나무, 참나무)

결각, 缺刻, lobed : 잎 같은 것의 가장자리가 들쑥날쑥한 것, 정도에 따라 천열, 중열, 심열, 전열이 있다.

경엽체, 莖葉體, leafy : 쇠뜨기말이나 솔이끼처럼 줄기, 가지, 잎과 같은 모습의 체제를 갖춘 몸체

경촉성, 傾觸性, thigmonasty : 식물의 일부가 물체에 닿으면 구부러지는 현상(덩굴식물의 덩굴손)

경침, 莖針, thorn : 가지가 변형되어 생긴 가시(보리수나무, 산사나무)

고유식물, 固有植物, endemic plants : 특산식물, 세계의 다른 곳에서는 나지 않고 제한된 지역에서만 나는 식물

고초본류, 古草本類, paleoherbs : 분자분류학자들에 의해 피자식물의 조상으로 알려진 원시적인 식물들(수련목, 후추목, 쥐방울덩굴목)

골돌과, 蓇葖果, follicle : 열개하는 봉선이 한 개이며 단심피로 된 열매(작약, 박주가리)

공개, 孔開, porous dehiscence : 열매나 약에 구멍이 생겨 열개하는 것(진달래의 약, 비: 종개, 판개)

공생, 共生, symbiosis : 다른 두 가지 생물이 서로 영향을 주고 받는 관계(꽃과 벌, 콩과 식물과 뿌리혹박테리아)

과피, 果皮, pericarp : 열매의 껍질로 자방벽이 성숙한 것임. 과피가 육질이면 육질과, 아니면 건과

관다발 =관속

관목, 灌木, shrub, frutex : 2.5m 정도 이상 자라지 않는 나무(진달래, 노린재나무)

관속, 管束, vascular bundle : 물과 양분을 수송하는 관으로 물관과 체관으로 구성되어 있다. 관다발 또는 유관속이라고도 함

관속초, 管束鞘, bundle sheath : C4 식물에서 관다발을 둘러싸고 있는 유조직으로, 엽육에서 CO_2를 PEP(phosphoenolpyruvate)로 만든 것을 이곳에서 C4 화합물인 oxaloacetate로 만들어 저장했다가 CO_2를 방출해 Calvin회로를 이용, 포도당을 합성한다.

광-, 廣-, widely : 넓은. 형태를 뜻하는 용어의 접두어로 씀. 광타원형, 광심장형 등

광합성, 光合成, photosynthesis : 광합성세균이나 식물이 공중의 이산화탄소(CO_2)와 뿌리에서 빨아들인 물(H_2O)을 햇빛을 이용해서 포도당($C_6H_{12}O_6$)으로 전환시키는 반응. 이 과정에서 산소(O_2)가 발생한다.

괴경, 塊莖, tuber : 줄기가 변해 생긴 덩이 모양의 땅속 줄기(감자)

교목, 喬木, tree, arboreous : 키가 2.5m 이상 크는 큰 키나무(은행나무, 참나무)

구과, 毬果, cone : 솔방울 모양을 한 열매(소나무, 굴피나무)

구심적, 求心的, centripetal : 밖에서 안을 향해 성장하는(반: 원심적)

군체, 群體, colony : 원시적인 생물에서 같은 모양과 크기의 세포들이 여러 개가 모여 한 덩어리가 된 몸체

귀화식물, 歸化植物, naturalized plant : 외국에서 들어와 우리나라 식물처럼 자연에서 자라고 있는 식물

균생, 菌生, mycotrophic : 균과 공생해서 영양을 얻는(만강홍, 소철, 콩과, 난과)

극핵, 極核, polar nucleus : 피자식물의 배낭에서 중앙에 있는 2개의 핵으로, 한 개의 정자와 수정돼 배유(배젖)를 만든다.

기근, 氣根, aerial root : 대기 중에 나와 있는 뿌리(난과)

기근, 氣根, pneumatophore : 물가에 나는 나무의 뿌리가 수면 위로 솟아올라 자라서 통기 역할을 하는 것(낙우송, *Avicenia*)

기생성, 寄生性, parasitic : 다른 식물에 붙어 영양을 빼앗아 사는(천마, 겨우살이)

기생근, 寄生根, haustorium : 다른 식물 조직에 침입하여 영양을 흡수하는 뿌리(겨우살이)

기저층, 基底層, footlayer : 화분의 껍데기인 표벽의 층상구조 중 제일 안쪽 층

기저태좌, 基底胎座, basal placentation : 방이 하나인 자방의 밑바닥에 1개 또는 소수의 배주가 달린 태좌(밤나무, 벼과)

기판, 基瓣, vexillum, standard : 콩과 식물의 꽃에서 꽃잎 중에 가장 큰 상부에 있는 꽃잎(비: 익판, 용골판)

꽃가루, 花粉, pollen : 꽃밥에서 만들어지는 웅성 배우자체

꽃받침, 萼片, sepal : 꽃의 가장 밖에서 꽃잎을 싸고 있는 조각(비: 악)

꽃받침통, 萼筒, calyx tube : 꽃받침의 하부가 서로 융합해서 이루어진 통(벗나무, 패랭이꽃)

꽃밥, 葯, anther : 수술의 끝에 화분을 담고 있는 주머니(소포자낭)

꽃부리, 花冠, corolla : 꽃잎의 총칭

꽃실, 花絲, filament : 수술에서 꽃밥을 달고 있는 가는 자루

꽃잎 = 화판

꽃자루, 花柄, pedicel : 하나의 꽃을 달고 있는 자루(비: 화경)

꽃차례 = 화서

꿀샘, 蜜腺, nectary gland : 꿀을 분비하는 샘

ㄴ

나선상, 螺旋狀, spiral : 나사가 꼬인 것처럼 말린 또는 돌려서 나는

나자식물, 裸子植物, gymnosperm : 종자가 자방벽에 둘러싸여 있지 않고 나출되어 있는 식물

낙엽성, 落葉性, deciduous : 잎이 당년에 떨어지는(잎 이외의 기관의 경우엔 조락성이라 함)

난형, 卵形, ovate : 달걀처럼 하반부가 상반부보다 넓은 모양

낭퇴, 囊堆, 苞子囊群, sorus : 고사리 잎 뒷면에 모여 있는 포자낭 무리(고사리)

내공생설, 內共生說, endosymbiosis theory : 핵만 있는 원핵생물에 광합성세균이나 호기성세균이 들어가 공생해서 진핵생물이 진화되었다는 설

내과피, 內果皮, endocarp : 열매의 껍질 중 가장 안쪽 층

내포자성, 內胞子性, endosporic : 포자 안에서 배우자체가 만들어지는 현상(바위손, 네가래)

눈, 芽, bud : 가지에서 새로운 꽃이나 잎을 낼 어린 단위체(화아, 엽아)

ㄷ

다년생, 多年生, 多年草, 宿根草, perennial : 풀이 여러 해 사는

다육질, 多肉質, fleshy : 조직이 살이 찌고 내부에 수분이 많은(선인장, 쇠비름)

다체웅예, 多體雄蕊, polyadelphous stamen : 화사가 융합하여 여러 개의 몸을 이룬 수술(귤, 물레나물)

다화과, 多花果, multiple fruit : 여러 개의 꽃이 밀집한 화서가 성숙해서 하나의 열매가 된 것(뽕나무, 굴피나무, 산딸나무)

단구형, 單溝型, monosulcate : 일부 나자식물과 원시 피자식물 화분의 발아구로 한 일(一)자처럼 생겼다.

단립, 單粒, monad : 화분을 구성하고 있는 세포의 수가 하나인 것(거의 모든 종자식물)

단성화, 單性花, imperfect or unisexual flower : 암술, 수술 중 한 가지만 있는 꽃(비: 양성화)

단엽, 單葉, simple leaf : 한 장의 엽신으로만 이루어진 잎

단자엽, 單子葉, monocotyledonous : 떡잎이 하나인(단자엽식물)

단정화서, 單頂花序, solitary inflorescence : 가지나 꽃대 끝에 1개의 꽃이 피는 화서(목련, 복수초)

단지, 短枝, spur shoot : 마디사이(節間)가 극히 짧아

잎이 총생하는 가지(은행나무, 잎갈나무)

단지형, 單枝形, monolete : 포자의 발아구가 일(一) 자 처럼 길게 되어 있는 것

단체웅예, 單體雄蘂, monadelphous stamen : 전체 의 화사가 유합해 한 몸을 이룬 수술(아욱과)

단축분지, 單軸分枝, monopodial branching : 주축 이 잘 발달하고 가지가 옆으로 나는 보통의 분지법(비: 차상분지)

단형, 單型, monotypic : 한 분류군 안에 하위 분류군이 하나뿐인(은행나무과, 파리풀과)

대생, 對生, opposite : 두 개가 한 마디에 서로 마주 나 는(비: 호생, 윤생)

대엽성, 大葉性, megaphyllous : 중심주에 엽극을 남 기며 엽적에 유관속이 여러 가닥인 잎(반: 소엽성). 소엽 성인 잎이 작은 인편상인 데 비해 흔히 크다.(고사리류, 종자식물)

대포자, 大胞子, megaspore : 포자에 암수가 있을 때 암포자(반: 소포자)

대포자낭, 大胞子囊, megasporangium : 대포자가 들 어 있는 주머니

덩굴성, 蔓莖性, 蔓木性 : 줄기가 다른 식물체를 감고 올라가는(머루, 등칡)

덩굴손, 卷鬚, tendril : 줄기나 잎의 끝이 물체를 감기 위해 꼬임(오이, 포도)

돌나물형 유기산 대사, CAM, Crassulacean acid metabolism : 건생식물들이 밤에 기공을 통해 탄산가스 를 흡수해 유기산을 만든 다음, 낮에 탄산가스를 방출해 기공을 닫은 채 Calvin회로반응을 수행, 포도당을 생산 하는 현상

도-, 倒-, ob- : 뒤집힌 상태를 뜻하는 접두어(도난형, 도 피침형)

도관, 導管, vessel : 피자식물의 수분 통도조직으로 양 끝의 천공이 분명하다.

도난형, 倒卵形, obovoid : 뒤집힌 난형

도생배주, 倒生胚珠, anatropous : 주공이 배병 쪽을 향한 배주(반: 직생배주)

독립중앙태좌, 獨立中央胎座, free central placentation : 격벽이 소실된 합생자방의 중축에 배주 가 달린 태좌(석죽과)

동합, 同合, connate : 같은 단위가 서로 완전히 붙어 하 나가 된 것(합판화, 합생심피, 비: 이합)

동형접합자, 同型接合子, homozygote : 서로 다른 대립인자(A, a)가 있을 때, 같은 대립인자끼리(A와 A, a 와 a) 만난 접합자

동형접합자 열세현상, 同型接合子 劣勢現象, homozygosity inferiority : 동형접합자를 가진 개체가 이형접합자를 가진 개체보다 적응력이 약한 현상

동형포자성, 同型胞子性, homosporous : 포자에 암 수가 없는(반: 이형포자성)

두상, 頭狀, capitate : 머리 모양으로 둥근

두상화서, 頭狀花序, head, capitulum : 여러 개의 꽃 이 한 화탁에 착생한 화서(국화과, 버즘나무)

ㅁ

마디, 節, 關節, node : 긴 기관의 일정 부위를 가로지르 는 마디

마디사이, 節間, internode : 마디와 마디의 사이

막질, 膜質, membranous : 질이 얇은

망상, 網狀, reticulate, netted : 그물의 눈과 같이 서로 이어진

망상맥, 網狀脈, reticulate or net veined : 그물의 눈 과 같이 서로 이어진 맥(쌍자엽식물의 잎)

목본, 木本, arbor, tree : 2기 목부(목질)조직이 발달한 다년생 식물

목부, 木部, xylem : 고등식물의 수분 통도조직으로 도 관, 가도관, 섬유, 유조직으로 구성된다.

무수정결실, 無受精結實, agamospermy : 수정 없이 배주가 바로 씨를 만드는 무성 번식(민들레)

무판화, 無瓣花, apetalous : 꽃잎이 없는 꽃

물관부 = 목부

물관 = 도관

미토콘드리아, mithochondria : 진핵세포에서 TCA 회로를 돌려 에너지를 생산하는 세포 내 기관

밀선 = 꿀샘

ㅂ

박벽포자낭군, 薄壁胞子囊群, leptosporangiates : 벽이 한 층으로 얇고 자루가 있는 포자낭을 만드는 식물 로 고사리류의 발달한 대부분의 식물을 말한다.

반기생식물, 半寄生植物, hemiparasite : 자신이 광 합성을 하면서도 숙주의 영양을 빨아먹는 식물(겨우살 이)

반상화, 盤上花, disk flower : 국화과 두상화서의 가장 자리 꽃을 제외한 관상화(반: 주변화)

반점, 斑点, dotted : 유점 또는 묵점이 있는

반족세포, 反足細胞, antipodal cell : 피자식물의 배 낭에 난자와 반대편에 있는 3개의 영양세포

발아구, 發芽口, aperture : 관속식물의 포자나 화분이 발아하도록 표벽에 있는 얇은 막이나 구멍

발온현상, 發溫現象, thermogenesis : 식물체가 얼지 않도록 자신의 체온을 주변 온도보다 높이는 현상

방사상칭, 放射相稱, actinomorphic : 꽃의 중심에서 방사대칭인 형태(양지꽃, 메꽃)

배, 胚, embryo : 씨 속에 있는 어린 식물체(포자체)

배낭, 胚囊, embryo sac : 피자식물의 암배우자체로 하

나의 커다란 세포질에 1개의 난자, 2개의 조세포, 2개의 극핵, 3개의 반족세포를 갖고 있다.

배봉선, 背縫線, dorsal suture : 자방벽에서 심피의 배 행유관속(중앙맥)이 달리는 선(반: 복봉선).

배상화서, 盃狀花序 : 술잔 모양의 화상 내부에 암수꽃 이 달린 화서(대극속)

배우자체, 配偶子體, gametophyte : 배우자(난자와 정자)를 만드는 몸체로, 하등 관속식물에서는 한 배우자 체에서 난자와 정자를 만드나, 발달하게 되면 암배우자 체는 난자를, 수배우자체는 정자를 만든다.

배유, 胚乳, endosperm : 씨 속의 배를 둘러싸고 있는 영양조직

배젖 = 배유

배주, 胚珠, ovule : 종자식물의 대포자낭. 겉은 주피, 속은 주심이고, 주심 속의 한 세포가 감수분열하여 대포 자를 형성하고, 그중 한 개가 수천 세포로 된 자성배우자 체를 만들거나(나자식물), 3회 분열하여 1난, 2조세포, 2극핵, 3반족세포가 든 배낭을 만든다(피자식물)

배축성, 背軸性, abaxial: 중심축을 등진(반: 향축성)

벨라멘층, velamen : 난과 식물의 뿌리를 덮고 있는 여 러 층으로 된 스펀지 모양의 표피로 공기 중의 물을 흡수 해 저장하는 역할을 한다.

변연태좌, 邊緣胎座, marginal placentation : 자방벽 의 복봉선 쪽을 따라 배주가 달린 태좌(목련과, 콩과)

변형설, 變形說, transformation theory : 2N과 1N 세 대가 교대를 하는 식물에서 2N(포자체) 세대가 길어져서 육상식물이 되었다는 설

복매화, 蝠媒花, chiropterophous : 박쥐에 의해 꽃가 루받이가 이루어지는 꽃

복봉선, 腹縫線, ventral suture : 자방벽에서 심피의 가장자리가 유합된 선(반: 배봉선)

복산형화서, 複傘形花序, compound umbel: 산형화 서가 다시 산형으로 달리는 화서

복엽, 複葉, compound leaf : 여러 개의 소엽이 모여 이 루어진 잎(호두나무, 칠엽수)

복와상, 覆瓦狀, imbricate : 지붕의 기왓장을 포개 놓 은 것과 같은 모양

봉선, 縫線, suture, raphe : 열매가 터지는 선(비: 복봉 선, 배봉선)

부생, 浮生, floating: 식물체가 물에 떠서 살아가는

부생식물, 腐生植物, saprophyte : 다른 식물이나 심 지어 동물의 시체로부터 영양을 흡수하며 사는 식물(수 정난풀, 구상난풀)

분리과, 分離果, loment : 협과의 종자 사이에 관절이 있어 관절마다 분리되는 열매(도독놈의갈고리)

분열과, 分裂果, schizocarp : 원래 합생심피이나 성숙 하면서 작은 소폐과로 분열하는 열매(산형과, 꿀풀과, 지치과, 단풍나무과)

불염포, 佛焰苞, spathe : 육수화서를 에워싸고 있는 총 포(천남성과)

불임성, 不稔性, sterile : 생식기능이 없는, 중성(반: 임 성)

비라스타틴, virastatin : 크레졸나무가 생산하는 화학 물질로 세포의 항산화작용 효과가 크고, 바이러스나 박 테리아의 증식을 억제한다.

뿌리, 根, radix, root : 식물체를 고정시키면서 양분의 흡수와 저장 역할을 하는 기관

人

사강웅예, 四强雄蘂, tetradynamous stamen : 6개의 수술 중 4개가 길고 2개는 짧은(십자화과)

사부, 篩部, phloem : 체관부, 관다발에서 영양분을 통 도시키는 조직

사상체, 絲狀體, filamentous : 원시적인 식물에서 같 은 모양과 크기의 세포들 여러 개가 실 모양으로 길게 붙 어 있는 몸체

4탄소 식물, C4 plants : 탄산가스를 엽육조직 안 에서 PEP로 만들어 관속초로 보내 C4 화합물인 oxaloacetate를 합성 저장한 다음, 이 물질로부터 탄산 가스를 방출해 정상적인 식물(C3 식물)처럼 Calvin회로 를 통해 포도당을 합성하는 식물

삭과, 蒴果, capsule : 2개 이상의 심피가 합생한 자방이 성숙해 열리는 열매. 열리는 방법에 따라 종개, 판개, 공 개 횡개 등이 있다.

산방화서, 繖房花序, corymb : 꽃자루의 높이가 위에 서 편평한 화서(기린초)

산형, 傘形, umbellate : 우산살 모양으로 한 점에서 같 은 거리를 두고 갈라지는

산형화서, 傘形花序, umbel : 줄기 끝에 길이가 같은 꽃대에 모여 나는 화서(산형과)

삼구형, 三溝型, tricolpate : 피자식물 화분의 발아구 로 한 일(一)자처럼 긴 것 3개가 종으로 배열한다.

삼지형, 三枝形, trilete : 포자의 발아구가 Y자처럼 3개 로 갈라진 것

삼출엽, 三出葉, trifoliate : 3개의 소엽(잎조각)으로 이 루어진 복엽

삼화주성, 三花柱性, tristyly : 한 꽃에 암술이 길거나 짧거나 중간의 길이 중 2가지가 있고, 수술은 이와 같지 않은 나머지 길이의 것만 있어, 서로 다른 형의 꽃 사이 에서만 수분이 이루어지고 열매를 맺는 성질(부처꽃, 괭 이밥)

삽입설, 揷入說, interpolation theory : 1N 세대로만 된 생활환이 2N(포자체) 세대가 끼어들어 육상식물이 되 었다는 설

상동설, 相同說, homologous theory = 변형설

상록성, 常綠性, ever-green, sempervirent : 잎이 나 서 1년 이상 달려 있어 사계절 녹색을 띠는

생식기관, 生殖器官, reproductive organ : 다음 세대

를 만드는 데 필요한 기관(꽃, 과실)

생식엽, 生殖葉, fertile frond : 포자낭이 형성되는 양치류의 잎(반: 영양엽)

선모, 腺毛, glandulour hair : 끝이 팽대되어 분비물을 함유하고 있는 털

선형, 線形, linear : 좁고 길어 그 양면이 평행하게 된(솔잎가래나 시호의 잎)

설상, 舌狀, ligulate : 혀 모양. 국화과 식물의 주변화나 민들레아과의 모든 낱꽃에서 볼 수 있듯이 통꽃인 화관의 한쪽이 길어져 혀 모양으로 되어 있다.

섭합상, 鑷合狀, imbricate : 어떤 넓적한 구조가 서로 포개지지 않고 나란히 마주 붙어 있는

세대교대, 世代交代, alteration of generation : 식물의 몸체가 2N(포자체)과 1N(배우자체) 세대가 교대되어 일어나는 현상. 세대교번이라고도 한다.

소수, 小穗, spikelet : 수상화서를 구성하고 있는 작은 화서(벼과, 사초과)

소엽, 小葉, 잎조각, leaflet : 복엽을 이루고 있는 작은 잎

소엽성, 小葉性, microphyll : 유관속이 한 가닥이며 중심주에 엽극을 남기지 않는 작은 잎(석송, 쇠뜨기)

소포자, 小胞子, microspore : 포자에 암수가 있는 경우 수포자(반: 대포자). 여기서 만들어지는 수배우자체는 정자를 낸다.

소포자낭, 小胞子囊, microsporangium : 소포자가 들어 있는 주머니(반: 대포자낭)

소화경, 小花梗, 花柄, pedicel : 꽃 하나하나를 달고 있는 자루(비: 화경)

속, 髓, pith, metra : 줄기 가장 내부에 있는 유조직

속생, 束生, fasciculate : 잎이나 꽃이 다발로 되어 모여나는(잣나무, 윤노리나무)

수 = 속

수과, 瘦果, achenium, achene : 1개의 종자를 포함하고 과피가 혁질 또는 막질이며 열개하지 않는 열매(미나리아재비, 국화과)

수관, 樹冠, crown : 나무의 둥치를 뺀 가지와 잎 부분

수근 = 수염뿌리

수꽃, 雄花, staminate flower, male flower : 수술은 발달하고 암술은 퇴화해 버린 꽃(반: 암꽃)

수매화, 水媒花, hydrophilous : 물에 의해 꽃가루받이를 하는 꽃

수렴진화, 收斂進化, convergence : 같은 기능을 수행하기 위해, 또는 환경에 적응하기 위해 서로 다른 식물의 기관이 같은 형태적, 기능적 변화를 하는 진화 현상(기원이 다른 식물이 사막에 적응하기 위해 다육성이 되거나, 같은 수분매개체에 적응하기 위해 꽃 색깔과 모양이 비슷해지는 것)

수분, 受粉, pollination : 꽃가루가 꽃밥을 떠나 암술머리까지 옮겨지는 방법. 꽃가루받이

수분증후군, 受粉症候群, pollination syndrome :

수분매개체에 따라 꽃들이 적응하여 비슷한 모양과 색깔을 띠는 현상(예: 풍매화는 꽃잎과 꽃받침이 퇴화되고, 꽃가루 생산량이 높으며 말라 있고, 암수꽃이 따로 피며, 암술의 화주나 주두의 길이가 길다.)

수상화서, 穗狀花序, spike : 긴 화축에 꽃대가 없는 꽃이 착생하는 화서(보리, 질경이)

수생식물, 水生植物, hydrophyte : 물에 사는 식물(개구리밥, 물수세미, 거머리말)

수술, 雄蕊, stamen : 소포자(화분)를 만드는 포자엽으로 꽃밥과 꽃실로 구성. 소포자엽

수염뿌리, 鬚根, fibrous root : 가는 여러 개의 뿌리가 수염과 같이 많이 나온 뿌리(비: 주근)

수지선, 樹脂腺, resin duct : 소나무과 식물에서처럼 식물이 만드는 수지를 운반하는 통도조직

순판, 脣瓣, labellum : 난과 식물의 꽃의 입술 같은 모양의 꽃잎으로 모양, 색깔, 크기가 다양하다.

스트로마톨라이트, stromatolite : 세포의 진화과정에 있어, 광합성세균이 진화되어 엄청나게 증식한 것이 쌓여 바위가 된 것

스포로폴레닌, sporopollenin : 포자나 꽃가루의 세포벽을 감싸고 있는 표벽의 구성물질로, 화학적 물리적으로 아주 단단하다.

시과, 翅果, samara, wing : 날개를 달고 있는 열매(단풍나무, 느릅나무, 물푸레나무)

실편, 實片, ovuliferous scale, cone scale : 섭합상인 취과(구화)의 각 열매를 싸고 있는 조각(소나무, 자작나무)으로 향축면에 배주가 달린다.

심장형, 心臟形, cordate, cordiform, heart-shaped : 한쪽은 뾰족하고 반대쪽은 파인 원 모양(피나무, 졸방제비꽃의 잎)

심피, 心皮, carpel : 대포자낭(배주)을 싸고 가장자리가 맞붙은 대포자엽으로 암술을 구성하는 한 개의 단위. 발달한 식물에선 심피 여러 개가 모여 암술을 이루고 있다.

쌍자엽, 雙子葉, dicotyledonous : 떡잎이 둘인(쌍자엽식물)

씨방 = 자방

ㅇ

아-, 亞-, sub- : 비슷함을 뜻하는 접두어. 아관목, 아원형, 아차상 등

악, 萼, calyx : 한 꽃 안에서 꽃받침의 총칭

악열편, 萼裂片, calyx lobe, calyx segmnt : 악의 열편 조각

악통 = 꽃받침통

악편 = 꽃받침

암꽃, 雌花, pistillate flower, female flower : 암술만 있고 수술이 없는 꽃

암술, 雌蕊, pistil, pistillum : 이생하는 하나 또는 합생한 여러 개의 심피가 한 단위를 이룬 구조로, 자방(씨방),

화주(암술대), 주두(암술머리)로 이루어짐. 다포자엽

암술대, 花柱, style : 암술에서 주두와 자방 사이의 부위

암술머리, 柱頭, stigma : 암술의 끝으로, 수분된 화분
이 부착되는 곳

액생, 腋生, axillary : 잎자루와 줄기의 사이에 나는

약 = 꽃밥

양성화, 兩性花, perfect flower, bisexual flower : 한
꽃에 수술과 암술이 다 갖추어져 있는 꽃

양체웅예, 兩體雄蕊, diadelphous stamen : 1개를 제
외한 나머지의 화사가 융합하여 전체적으로 2몸을 이루
고 있는 수술(콩과)

열개, 裂開, dehiscent : 꽃밥이나 열매가 저절로 갈라
지는

열개과, 裂開果, dehiscent fruit : 열개하는 열매(골돌
과, 삭과, 협과)

열매, 果實, fruit : 자방이 성숙해 만든 생식기관으로 그
안에 씨를 내장한다.

열성, 劣性, recessive : 한 유전자의 서로 다른 형질을
나타내는 대립인자가 수정되었을 때, 한쪽이 다른 쪽에
의해 억제돼 나타나지 못하는 현상(반: 우성)

염생식물, 鹽生植物, halophyte : 갯벌이나 바닷가의
염도가 높은 곳에서 살도록 적응된 식물(통통마디, 해홍
나물, *Rhizophora, Avicenia*)

엽극, 葉隙, leaf gap : 줄기의 중심주에서 유관속의 일
부가 잎으로 들어가며 중심주에 남긴 공간

엽록체, 葉綠體, chloroplast : 진핵세포에서 광합성을
하는 기능을 수행하는 세포 내 기관

엽맥, 葉脈, leaf vein, venation : 엽신 안에 갈라져 나
간 유관속의 맥(주맥, 측맥)

엽병, 葉柄, petiole : 잎의 자루로 엽신과 줄기를 이어
준다.

엽상체, 葉狀體, thallose : 파래나 우산이끼처럼 같은
모양과 크기의 세포들 여러 개가 평면으로 붙어 있는
몸체

엽신, 葉身, lamina, leaf blade : 잎의 편평하고 넓은 부
분으로 엽병 끝에 달린다.

엽액, 葉腋, axil : 잎짬, 잎과 줄기 사이의 짬. 잎겨드랑이

엽연, 葉緣, leaf margin : 잎몸의 가장자리. 잎 가장자리

엽원설, 葉源說, foliar theory : 꽃이 잎에서 기원되었
다는, 즉 수술은 소포자엽, 암술은 대포자엽의 변형이고
여기에 이들 밑에 있는 잎들이 꽃받침과 꽃잎으로 변화
했다는 가설

엽초, 葉鞘, leaf sheath : 잎자루 또는 잎몸의 기부가 줄
기를 감싼 것

엽침, 葉枕, pulvinus : 엽병 기부가 비후되거나 잎이 달
리는 줄기의 부위가 돌출한 구조(콩)

엽침, 葉針, spine : 탁엽이 변해 만든 가시

엽흔, 葉痕, leaf scar : 잎이 탈락한 흔적

영과, 穎果, caryopsis : 과피가 종자에 밀착해서 떨어지
지 않는 열매(벼과)

영양엽, 營養葉, sterile frond : 포자낭이 형성되지 않
는 양치류의 잎(고사리 삼)

외과피, 外果皮, epicarp : 과피의 외층

외화피, 外花被, outer perianth : 2열의 화피가 있을
경우 바깥에 위치한 화피

용골판, 龍骨瓣, keel, carina : 접형화관의 꽃잎 중에
최하부에 있는 2장의 꽃잎(콩과)

우림, 雨林, rain forest : 연간강수량이 2,500mm 이상
인 수림. 보통 뚜렷한 건기가 나타나지 않는다.

우상, 羽狀, pinnate 주축에 양측으로 같은 크기와 간
격으로 편평하게 어떤 구조가 붙거나 갈라져 깃털 모양
을 한

우상복엽, 羽狀複葉 pinnately compound leaf : 소
엽이 깃털 모양으로 나는 복엽. 정단에 소엽의 유무에 따
라서 있는 것을 기수우상복엽, 없는 것을 우수우상복엽
이라 한다.

우성, 優性, dominant : 한 유전자의 서로 다른 형질을
나타내는 대립인자가 수정되었을 때, 한쪽이 다른 쪽을
억제시키고 발현되는 현상(반: 열성)

우편, 羽片, pinna : 우상복엽에서 분열의 회수에는 관계
없이 제일 작은 분편

운무림, 雲霧林, cloud forest : 수관이 항상 옅은 구름
으로 덮여 있는 열대나 아열대 고산에 볼 수 있는 숲

웅예 = 수술(반: 자예)

웅예군, 雄蕊群, androecium : 웅예의 총칭으로 서로
떨어져 있거나 일부(화사 또는 약)가 서로 붙어 있기도
한다.

웅예선숙, 雄蕊先熟, protandrous : 양성화에서 암술
보다 수술이 먼저 성숙하는 현상(물봉선)

웅화 = 수꽃

원심적, 遠心的, centrifugal : 중심에서 점차로 멀어지
면서 차례로 성숙하는(반: 구심적)

원주층, 圓柱層, columella : 화분의 껍데기인 표벽의
층상구조 중 중간층

원추화서, 圓錐花序, panicle : 위로 갈수록 점점 좁아
져 전체적으로 원뿔 모양인 화서(광나무)

원핵생물, 原核生物, eukaryotes : 핵을 갖고 있지 않
는 세포로 진핵생물과는 달리 세포 내 기관을 갖고 있지
않다.

원형질분리, 原形質分離, plasmolysis : 세포에서 물
이 빠져나가 원형질이 세포벽에서 분리되는 현상

위과, 僞果, pseudocarp, false fruit = 가과

유공상, 有孔狀, fovulate : 표면에 작은 구멍이 뚫려 있는

유관속 = 관속

유이화서, 葇荑花序, ament, catkin : 거의 자루가 없
는 단성화가 아래로 처진 화축에 밀생한 이삭 모양의 화
서(버드나무, 자작나무, 호두나무)

유이화서군, 葇荑花序群, Amentiferae : 유이화서를
갖고 있는 식물들로 엥글러는 이들을 피자식물의 조상으
로 보았다

육수화서, 肉穗花序, spadix : 육질로 비후한 기둥 모양의 화축에 꽃이 빽빽히 달린 화서(천남성과)

육질, 肉質, succulent, fleshy : 즙액을 함유하여 다육 비후한(선인장)

육질과, 肉質果, fleshy fruit : 과피가 육질인 열매(장과, 핵과, 취과, 다화과)

육질종피, 肉質種皮, 肉質種衣, aril, arillate : 종피가 다육성인(주목)

윤생, 輪生, whorled, verticillate : 2개 이상이 한 마디에 돌려 나는(비: 호생, 대생)

은두화서, 隱頭花序, hypanthodium : 화서의 축 부분이 발달해서 항아리 모양으로 되고 그 내면에 많은 꽃이 달리는 화서(무화과)

이강웅예, 二强雄蘂, didynamous stamen : 4~5개의 수술 중 2개가 길고 나머지는 짧은 수술(꿀풀과, 현삼과)

이과, 梨果, pome : 자방 외부에 화탁과 꽃받침통이 유합하여 다육화된 열매(사과, 배)

이년생, 二年生, biennial : 초본식물 중에서 2년 동안 사는

이생, 離生, free, distinct : 같은 또는 다른 기관이 서로 유합되지 않고 떨어져 있는(반: 합생)

이생심피, 離生心皮, apocarpous : 하나의 꽃에서 심피가 각각 분리되어 있는 것(미나리아재비)

이판화, 離瓣花, polypetalous flower : 꽃잎이 한 장한 장 떨어져 있는 갈래꽃(반: 합판화)

이합, 異合, adnate : 다른 기관끼리 완전히 유합한(개나리의 수술과 꽃잎, 비: 동합)

이형접합자, 異型接合子, heterozygote : 서로 다른 대립인자(A, a)가 있을 때, 서로 다른 대립인자(즉 A와 a)가 만난 접합자

이형접합자 강세현상, 異型接合子 强勢現象, heterozygosity superiority : 이형접합자를 갖는 개체가 동형접합자를 갖는 개체보다 적응력이 큰 현상

이형포자성, 異形胞子性, heterosporous : 포자에 암수가 있어 대포자와 소포자를 만든 현상(부처손)

이화주성, 異花柱性, heterostyly, heterostylism : 같은 종에서 암수술의 길이가 서로 다른 현상. 길이의 가지 수에 따라 2화주성과 3화주성이 있다(개나리, 괭이밥).

이화주성, 二花柱性, distyly : 한 종에 긴 암술과 짧은 수술을 갖는 꽃(장주화)과 짧은 암술과 긴 수술을 갖는 꽃(단주화)이 있다. 장주화와 단주화 사이에서만 수분이 이루어져 열매를 맺는다.

익판, 翼瓣, alate, wing : 접형화관에서 양측에 있는 2개의 꽃잎으로 기판과 용골판 사이에 있다(콩과).

인델 부위, INDEL 부위 : 유전자서열에서 삽입(insertion)되거나 빠진(deletion) 부분

인엽, 鱗葉, scale leaf : 인편 모양의 작은 잎(측백나무, 편백의 잎)

인편, 鱗片, scale : 인편상의 조각 같은 구조

인편상, 鱗片狀, scaly : 작고 얇은 비늘 모양의

일년생, 一年生, annual : 식물체가 1년 밖에 생존할 수 없는

일액현상, 溢液現象, guttation : 기온이 낮고 습한 새벽 식물 잎의 끝이나 거치에 물방울이 맺히는 현상

임성, 稔性, fertile : 생식 기능이 있는(반: 불임성, 중성)

잎, 葉, leaf : 줄기의 마디에 나는 편평하고 녹색인 구조로 광합성과 증산작용을 한다. 종에 따라서 여러 가지 형태로 변형되기도 한다.

잎몸 = 엽신
잎자루 = 엽병

ㅈ

자가수분, 自家受粉, self pollination, autogamy : 같은 꽃 또는 개체의 꽃가루에 의해 이루어지는 꽃가루받이

자매군, 姉妹群, sister group : 하나의 조상에서 Y자처럼 두 갈래로 진화된 두 그룹을 말함

자방, 子房, ovary : 암술의 일부분으로 배주를 갈무리하는 방. 피자식물의 대포자엽의 변형으로 끝에 화주와 주두를 갖고 있다.

자방벽, 子房壁, ovary wall : 자방에서 자방실을 둘러싸고 있는 벽. 이것이 성숙해서 과피가 된다.

자방상생, 子房上生, epigynous : 꽃받침, 꽃잎, 수술이 자방 위에 달리는(동: 자방하위)

자방상위, 子房上位, superior ovary : 자방이 꽃받침, 꽃잎, 수술 위에 있는 것(냉이, 미나리아재비)

자방실, 子房室, locule : 자방 안에 있는 방으로 심피의 숫자와 같다. 방은 격벽에 의해 나뉘거나 격벽이 소실되어 전체가 하나로 되어 있기도 하다.

자방주생, 子房周生, perigynous : 꽃받침, 꽃잎, 수술이 자방 주위에 달리거나 꽃받침통의 후부에 달리는(벚나무)

자방하생, 子房下生, hypogynous : 꽃받침, 꽃잎, 수술이 자방 밑에 달리는(동: 자방상생)

자방하위, 子房下位, inferior ovary : 자방이 꽃받침, 꽃잎, 수술 밑에 있는 것(호박, 해바라기)

자생식물, 自生植物, native plant : 옛날부터 그 지역에 살아온 식물

자예, 雌蘂, pistil = 암술(반: 웅예)

자예군, 雄蘂群, gynoecium : 자예의 총칭으로 자예가 서로 떨어져(이생) 있거나 붙어 있다.(합생)

자예선숙, 雌蘂先熟, protogynous : 양성화에서 암술이 먼저 성숙하는(질경이, 달맞이꽃)

자웅동주, 雌雄同株, monoecious : 암꽃과 수꽃을 동일 개체에 다 가지고 있는 것(오이, 밤나무)

자웅일가, 雌雄一家, 雌雄同株, monoceious : 암수꽃이 같은 식물체에 달리는(오이, 자작나무)

자웅이가, 雌雄二家, 雌雄異株, dioecious : 암수꽃이 다른 식물체에 달리는(버드나무, 은행나무)

자화 = 암꽃

잡성주, 雜性株, polygamous : 한 식물체에 양성화와

단성화가 섞여 나는(느티나무)

잡종강세, 雜種強勢, heterosis = 이형접합자 강세현상

장과, 漿果, berry : 종자가 육질의 과피 속에 매몰되어 있는 열매(포도, 호박, 감)

장란기, 藏卵器, 頸卵器, archeogonium : 배우자체에서 분화하여 난세포가 만들어지는 자성생식기관(솔잎란, 고사리). 원래 oogonium이 장란기의 번역이나 우리나라에서는 경란기를 장란기로 써서 혼동을 초래하고 있다.

장미과, 薔薇果, hip, cynarrhodium : 꽃받침통이 육질이 되고 내부에 이생심피가 성숙한 여러 개의 진과가 들어 있는 열매(장미속)

장상, 掌狀, palmate : 손바닥을 편 모양

장상맥, 掌狀脈, palmiveined : 주맥이 따로 없이 엽병 끝에서 손가락같이 뻗은 엽맥(단풍나무, 팔손이나무)

장상복엽, 掌狀複葉, palmately compound leaf : 소엽이 손바닥 모양으로 달리는 복엽(쇠스랑개비)

장정기, 藏精器, antheridium : 배우자체에서 분화하여 정자가 만들어지는 웅성생식기관(솔잎란, 고사리)

장타원형, 長楕圓形, oblong : 좁고 긴 타원형

적응방산, 適應放散, adaptive radiation : 같은 조상으로부터 서로 다른 여러 가지 적응을 해서 다양한 형태와 기능을 갖는 진화 양상(예: 꽃고비과는 벌, 나비, 나방, 박쥐, 자가수분 등에 의해 수분되어 서로 다른 수분 증후군을 나타냄.)

전기생식물, 全寄生植物, holoparasite : 전적으로 숙주에만 영양을 의지하는 식물(새삼)

전분립, 澱粉粒, starch grain : 전분으로 이루어진 입자

전엽체, 前葉體, prothallium : 고사리의 배우자체로 장란기와 장정기를 분화시켜 난자와 정자를 생산한다.

절간, 節間, internode : 마디와 마디의 사이

정단, 頂端, 頂部, apex : 모든 器官의 머리 또는 끝부분

조락성, 早落性, caducous, fugacious : 본연의 시기보다 빨리 떨어지는(미나리아재비의 꽃받침)

조매화, 鳥媒花, ornithophilous : 새에 의해 이루어지는 꽃가루받이

조세포, 助細胞, subsidiary cell : 기공의 공변세포를 둘러싼 표피세포. 흔히 다른 표피세포와 모양이 다르고, 분류계통에 따라 특징이 있음

조세포, 助細胞, synergid : 피자식물의 배낭에서 난자 옆에 있는 두 개의 영양세포

종개, 縱開, longitudinal dehiscent : 세로로 갈라서 쪼개지는(나리속의 약)

종자, 씨, 種子, seed : 자방 속의 배주가 발육되어 만든 생식기관

종피, 種皮, seed coat : 종자의 껍질로 배주의 주피가 변한 것이다.

좌우상칭, 左右相稱, zygomorphic : 한 개의 대칭면에 의해 겹치는 형태(콩과, 꿀풀과의 화관)

주공, 珠孔, micropyle : 배주에 화분관이 들어가는 구멍

주두 = 암술머리

주변화, 周邊花, ray flower : 국화과의 두상화서 가장자리에 달리는 꽃(반: 반상화)

주심, 珠心, nucellus : 배주의 중심에 있는 조직으로 여기서 포자모세포가 분열하여 암배우자체를 만든다.

주아, 珠芽, bulblet, bulbil : 줄기의 잎짬에 생기는 영양생식 기관(참나리, 마)

주피, 珠皮, integument : 배주의 껍질로 안의 배젖과 배를 보호한다.

줄기, 莖, stem : 뿌리와 연결 지상부를 지탱하며 잎, 꽃과 열매를 부착하는 식물체의 일부. 흔히 직립한 기둥 모양이나 식물에 따라 여러 가지 변형이 있다.

중복수정, 重複受精, double fertilization : 피자식물에서 화분관에 실려 온 2개의 정자 중 하나는 배낭에 있는 난자와 수정하고, 다른 하나는 2개의 극핵과 수정하는 수정방법으로 전자는 배를, 후자는 배유를 만든다.

중성화, 中性花, 無性花, neutral or asexal flower : 수술과 암술 다 없는 꽃. 열매를 맺지못하는 장식용 꽃이다.

중심주, 中心柱, stele : 고등식물의 줄기나 뿌리의 가장 내부를 차지하는 유관속과 그에 수반된 조직계

중축, 中軸, rachis : 복엽이나 화서의 소엽이나 꽃들이 달리는 중심축

중축태좌, axile placentation : 격벽으로 방이 나뉜 합생자방의 중축에 배주가 달린 태좌(무궁화, 메꽃)

증산작용, 蒸散作用, transpiration : 식물이 기공을 통해 수분을 증발시키는 작용. 이 작용의 힘에 의해서 물이 뿌리에서 나무의 높은 곳까지 올라간다.

지시식물, 指示植物, indicator plants : 특정한 사실을 알려주는 식물(예: 지의류는 아황산가스가 많으면 죽어 대기오염의 지표가 된다.)

지하경, 地下莖, rhizome : 땅속에서 수평으로 기는 줄기

직근, 直根, tap root : 주근 또는 곧은 뿌리

직립, 直立, erect : 곧게 선

진과, 眞果, true fruit : 자방 부분만 변해 이루어진 열매(반: 가과)

진정포자낭군, 眞正胞子囊群, eusporangiates : 원시 고사리류와 그 이하의 관속식물로 이들의 포자낭은 여러 개의 시원세포에서 출발하고 포자낭의 벽이 두꺼우며 포자낭 자루가 없다.

진핵생물, 眞核生物, eukaryotes : 핵을 갖고 있는 생물로 이들은 다른 세포 내 기관(미토콘드리아, 엽록체, 골지체, 소포체 등)을 갖고 있어 원핵생물에서 진화된 것이다.

질소고정, 窒素固定, nitrogen fixation : 박테리아에 의해서 공중의 질소(N_2)를 식물이 흡수할 수 있는 아질산(NO_2), 질산(NO_3), 암모니아(NH_3) 등으로 전환하는 반응

차상, 叉狀, furcate, forked : 한 가지가 같은 크기의 두 가지로 갈라지는. 차상맥(고비, 은행나무의 잎)

차상분지, 叉狀分枝, dichotomous branching : 줄기가 똑같은 굵기로 Y자로 갈라짐(솔잎란)

착생식물, 着生植物, epiphyte : 나무나 바위에 부착해 살아가는 식물(석곡, 풍란)

체관부 = 사부

초상, 鞘狀, sheath : 원통형의 구조를 감싸고 있는 것

초상탁엽, 鞘狀托葉, ochrea : 줄기를 둘러싼 탁엽(마디풀과)

총상화서, 總狀花序, raceme : 가지 없는 줄기 끝에 엽병을 가진 여러 개의 꽃이 차례로 달리는 화서(아까시나무, 냉이)

총생, 叢生, fasciculate : 한 곳에 여러 개가 모여서 나는(은행나무 단지의 잎)

총포, 總苞, involucre : 화서를 받치고 있는 인편상의 포(국화과, 산딸나무)

충매화, 蟲媒花, entomophilous : 곤충에 의해 이루어지는 꽃가루받이

취과, 聚果, aggregate fruit : 여러 개의 이생심피로 된 암술이 성숙해 만들어진 열매. 각각의 심피는 소핵과(산딸기), 골돌과(목련), 수과(할미꽃), 소견과(딸기), 시과(튤립나무) 등으로 구성됨

취산화서, 聚繖花序, cyme : 선단의 꽃 밑에 여러 개의 꽃이 달리는 형식이 반복된 화서(작살나무, 백당나무, 덜꿩나무)

취약웅예, 聚藥雄蘂, syngenesious or synantherous stamen : 화사는 서로 떨어져 있고 약만 서로 유합된 수술(국화과)

측벽태좌, 側壁胎座, parietal placentation : 격벽이 소실된 합생자방의 자방벽에 배주가 달린 태좌(제비꽃, 버드나무)

침엽, 針葉, acicular or needle leaf : 바늘 모양으로 된 잎(소나무, 낙엽송)

침형, 針形, acicular, subulate : 바늘 모양 또는 끝으로 갈수록 가늘어지는 모양

ㅋ

칼라미테스, 蘆木, Calamites : 속새류의 화석으로 석탄기에 번성했으며 식물체는 30m 정도로 커서 숲을 형성했다.

코아서베이트, coacervate : 생명의 진화과정에서 막으로 둘러싸여 있어 외부환경에서 자신이 필요한 물질을 빨아들여 보유할 수 있고 자체 복제를 하는 물질을 갖고 있는 세포가 만들어지기 직전의 상태

ㅌ

타감작용, 他感作用, allelopathy : 식물에서 화학물질을 분비하여 다른 식물의 발아나 성장을 억제하는 작용

타가수분, 他家受粉, cross pollination, allogamy : 다른 개체 간의 꽃가루받이

타원형, 楕圓形, elliptical : 원형이 좀 길게 된 모양

탁엽, 托葉, stipule : 잎자루 기부에 있는 잎 조각

태좌, 胎座, placenta, placentation : 자방 안에서 배주가 달린 위치

텔롬설, telome theory : 관다발을 여럿 갖고 있고 크기가 큰 고사리류의 대엽이 차상분지를 하는 하등관속식물의 가지가 물갈퀴처럼 붙어 퍼져서 진화되었다는 가설

통속명, 通俗名, common name : 학명은 학술적으로 사용하지만 통속명은 일반인들이 사용하는 이름

튜브 모양, 筒狀, tubular : 긴 원통 모양(국화과 엉거시아과의 반상화관의 모양)

ㅍ

페로몬, pheromone : 동물들이 자기의 이성을 유인하기 위해 내는 호르몬

평행맥, 平行脈, parallel veined : 엽맥과 엽맥이 평행하게 달리는 것(벼과)

평활상, 平滑狀, psilate : 표면에 돌기나 구멍이 없이 편평한

폐과, 閉果, indehiscent fruit : 과피에 봉선이 없어서 열리지 않는 열매(반: 개과)로 건과(견과, 수과, 시과)와 육질과(장과, 핵과)가 있다.

폐쇄화, 閉鎖花, cleistrogamous flower : 화관이 열리지 않고 자화의 암술과 수술로 수정을 하는 꽃(제비꽃, 개별꽃)

폐화수정, 閉花受精, cleistogamy : 꽃이 피지 않고 자기 꽃의 화분이 자신의 암술에 수분되어 수정되는 현상(개별꽃이나 제비꽃의 폐쇄화)

포, 苞, bract : 꽃의 밑에 있는 작은 잎

포간개열, 胞間開裂, septicidal : 삭과의 각방의 격벽을 따라서 갈라지는 것(진달래의 열매, 비: 포배개열)

포공개열, 胞孔開裂, poricidal : 삭과의 위쪽에서 열려 갈라지는 것(양귀비)

포막, 苞膜, indusium : 고사리류의 포자낭군 즉 낭퇴를 덮고 있는 막편

포배개열, 胞背開裂, loculicidal : 삭과에서 각 방의 등쪽을 따라서 갈라지는 것(개나리의 열매, 반: 포간개열)

포복경, 匍匐莖, creeper, creeping stem : 지면을 기듯이 뻗어 나가는 줄기

포자, 胞子, spore : 포자낭에서 포자모세포가 감수분열하여 만든 무성생식단위. 포자가 성숙하여 배우자체를 형성하고, 배우자체에서 배우자(난자와 정자)가 생산된다. 발달한 식물에서는 대포자와 소포자가 있어 각각 암배우자체와 수배우자체를, 이들에서 각각 난자와 정자가 생산된다.

포자낭, 胞子囊, sporangium : 포자낭을 만드는 주머니로 포자체의 줄기나 잎에 난다.

포자낭과, 胞子囊果, sporocarp : 포자낭군이 완전히 주머니 속에 싸여 있는 것(네가래, 생이가래)

포자낭군 = 낭퇴

포자수, 胞子穗, strobilus : 포자이삭, 포자낭이 붙어 이삭과 같이 보이는 것(석송, 쇠뜨기)

포자모세포, 胞子母細胞, spore mother cell : 포자낭 중앙부에서 감수분열하여 포자를 만드는 세포

포충엽, 捕蟲葉, insect-catching leaf : 식충식물이 곤충을 잡아먹는 잎(끈끈이주걱, 통발)

표벽, 表壁, exine : 화분의 껍질로 스포로폴레닌이라는 물질로 되어 있어 강산과 강알칼리에 넣고 끓여도 용해되지 않는다. 표벽의 층상구조나 그 표면의 무늬, 발아구의 수와 위치 등이 식물마다 달라 종이나 속 뜨는 과를 인식하고 계통을 파악하는 데 이용된다.

표피, 表皮, epidermis : 고등식물의 몸을 덮고 있는 한 층의 세포층으로 체표의 보호와 수분의 증산을 방지하는 작용을 한다.

풍매화, 風媒花, anemophilous : 바람에 의해 이루어지는 꽃가루받이

피자식물, 被子植物, angiosperm : 종자가 자방벽에 둘러싸여 있는 식물

피복, 被複, tectum : 화분의 껍데기인 표벽의 층상구조 중 제일 바깥 층

피침, 皮針, cortical spine : 표피가 변해 만들어진 가시 (산딸기, 음나무)

피침형, 披針形, lanceolate : 장타원형보다 좁고 양 끝이 뾰족하게 된

하위자방, 下位子房, inferior ovary : 자방이 꽃잎, 꽃받침, 수술보다 밑에 위치하는 것.

학명, 學名, scientific name : 종에 대해 학술적으로 붙이는 이름으로 속명과 종소명, 그리고 명명자로 구성된다. 속명과 종소명은 라틴어로 되어 있고, 전자는 명사, 후자는 형용사다. 명명자 이름은 유명한 경우 약자로 사용한다. 벼 *Oryza sativa* L.에서 *Oryza*는 속명, *sativa*는 종소명, L.은 린네의 약자이다.

합생, 合生, fused : 같은 기관의 일부가 서로 유합된 (반: 이생)

합생심피, 合生心皮, syncarpous : 하나의 꽃의 암술에서 여러 개의 심피가 합착하여 외견상 1개로 보이는

합판화관, 合瓣花冠, gamopetalous corolla : 꽃잎이 유합하여 통꽃을 이루는 화관

핵과, 核果 : 내과피가 목질이 되어 1개의 종자를 싸고 있는 육질성 열매(복숭아, 살구)

향축성, 向軸性, adaxial : 중심축을 향한(반: 배축성)

헛물관 = 가도관

협과, 荚科, legume : 1개의 심피가 성숙한 개과로 봉선이 2개이다.(콩과)

호생, 互生, alternate : 서로 어긋나는(비: 대생, 윤생)

호진화, 互進化, coevolution : 공진화(共進化), 서로 다른 생물들이 서로의 이익을 극대화하기 위해 서로 변화하는 진화 현상(예: 박쥐가 매개하는 꽃은 크고 질기고 꿀을 많이 생산하고, 박쥐는 체구가 작고, 주둥이가 뾰족하고, 털이 꽃가루를 많이 묻힐 수 있도록 갈라짐)

화경, 花梗, peduncle : 화서가 달리는 자루(비: 화병)

화관 = 꽃부리

화병, 花柄, pedicel : 하나의 꽃을 달고 있는 자루, 꽃자루 또는 꽃대(비: 화경)

화분 = 꽃가루

화분관, 花粉管, pollen tube : 꽃가루가 발아하여 정핵을 배낭까지 운반하는 관

화분관핵, 花粉管核, tube nucleus : 화분관에서 끝 쪽어 있는 영양핵으로 화분관을 배주의 난자 쪽으로 유인하는 역할을 하고, 정자는 이를 따라 가서 수정을 하게 된다.

화분괴, 花粉塊, pollinia, pollen mass : 여러 개의 꽃가루가 흩어지지 않고 한 덩어리로 뭉친 것(박주가리과, 난과)

화분방, 花粉房, pollen chamber : 나자식물의 배주에서 주공 안쪽에 있는 방. 이곳에 물방울(액적)이 주공 밖까지 나와 화분을 잡고, 액적이 마르면서 화분이 화분방으로 들어와 발아하면 화분관을 낸다.

화사 = 꽃실

화서, 花序, inflorescence : 꽃이 달리는 차례의 총칭. 단정화서, 총상화서, 수상화서, 육수화서, 유이화서, 원추화서, 산방화서, 기산화서, 취산화서, 두상화서, 산형화서, 배상화서 등이 있다.

화주 = 암술대

화탁, 花托, 花床, receptacle : 꽃에서 꽃잎, 꽃받침, 암술, 수술이 붙어 있는 자루

화판, 花瓣, petal : 화관의 낱장, 꽃의 생식구조를 싸고 있는 영양기관으로 독특한 색깔과 모양을 가져 수분매개체를 유인하는 역할을 한다.

화판상생, 花瓣上生, epipetalous : 어떤 구조가 화관 안쪽 위에 난(물푸레나무과, 꿀풀과, 지치과의 수술)

화판상, 花瓣狀, petaloid : 모양과 색이 꽃잎과 비슷한 (붓꽃의 꽃받침, 산딸나무의 총포)

화피, 花被, perianth : 꽃의 생식기관을 둘러싸고 있는 영양기관으로 밖의 외화피(꽃받침)와 안쪽의 내화피(꽃잎)로 분화된다. 이 둘이 분화되어 있지 않을 때, 이를 구성하는 낱장을 화피편이라 한다.

화피편, 花被片, tepal : 화피가 꽃잎과 꽃받침으로 분화되어 있지 않을 때 그 조각을 말한다.

횡선개열, 橫線開裂, circumsicidal : 삭과 전체가 상하 둘로 나뉘어 갈라지는 것(명아주과, 쇠비름과)

흡반, 吸盤, sucker, adhesive disk : 덩굴성 식물이 타물체에 부착하기 위해 발달한 원반형 구조(담쟁이덩굴)

Index-English

A

Abeliophyllum 191
Abies 96
absorbing scale 203
Acacia 243, 269
Acanthaceae 151, 188
Acballium 191
Aceraceae 190
Acetocella 164
achene 133
Acoraceae 155
Acorus 155
Actinidiaceae 144
actinobacteria 264
actinomorphic 131
actinorhizal plants 266
action potential 229
adaptive radiation 175
adhesive sucker 261
Adiantum 70
adnation 112
Aeginetia 234
agamospermy 177
Agathis 101
Agavaceae 161
Agave 197
aggregate fruit 133
Aglaophyton 46
Aizoaceae 197
Aldrovanda 229
Alisma 153
Alistmatidae 155
alkaloids 248
Allauidia 197
allelopathy 245
Alnus 191
Aloe 197
Aloeaceae 161
alpine plants 213

alpine tundra 213
Alsomitra 191
alteration of generation 33
alternate 130
Amaryllidaceae 158
Amborella 120
Ambrosia 164
ament 134
Amentiferae 117
anathropous 130
androecium 111
anemophily 164
Angiopteris 65
angiosperm 110
Angraecum 205
Annularia 57
ant leaf 271
anther 120, 130
antheridium 45
antipodal cell 114
Antirrhinum 258
apical 134
apocarpous 112
apopetalous 112
Aquilegia 214
Aracales 155
Araceae 155
Arachis 192
Araliaceae 240
Araucaria 101
Araucariaceae 98
Arceuthobium 234
Archaeanthus 119
Archaefructus 123
Archaeosperma 82
archegonium 32, 45
Archeopteris 67
arctic tundra 213
Arecidae 155
Argyroxiphium 219
aril 90
Artemisia 164, 198

Asclepias 168
Aspidiaceae 73
Aspleniaceae 73
Asplenium 73, 74
Asteraceae 151
Asterales 151
Asteridae 137, 149
Asteroideae 187
Asteroxylon 47
Astromyelon 57
autogamy 178
Avicennia 209
Axelrod 124
axile 134
Azolla 76
Azospirillum 267
Azteca 273

B

Bacillus 254
ball moss 207
Barbeya 139
Barnadesia 151
basal 134
Bennettitales 127
berry 133
Bessey 118
betalain 141
Betula 191
Bidens 192
Bignoniaceae 151
bioimmuration 86
biological nitrogen fixation 264
bisexual 181
Bladder trap 231
boderline carnivores 231
Bombacaceae 129
Bonpland 217

stipule 130
stomata 196
Strelitzia 176
Strelitziaceae 176
strobilus 49
stromatolite 17
style 120, 130
Suaeda 211
succession 266
succulent 197
sunken garden 75
superior ovary 112
suture 132
syconium 187
symbiosis 268
sympetalous 112
Symplocarpus 192
syncarpous 112
synergid 114
syngenesious 131

T

Tachygalia 271
taiga 213
Takhtajan 137
tank bromelia 206
tannins 144, 249
Taraxacum 191
Taxales 96
Taxodiaceae 98
Taxodium 98
taxol 96, 252
Taxus 96, 252
tectum 131
Tegeticula 169
telome theory 59
tepal 130
Tetradynamia 135
tetradynamous 131
Tetrandria 135
thallose 30
Theales 144
Themeda 192
thermogenesis 192
Thesium 236
thigmonasty 242
Thomson 215
thorne 240
thrum 180

Thymelaeaceae 148
Tillandsia 203
Tmesipteris 59
Torreya 96
trace fossil 86
tracheid 131
transformation theory 37
transpiration 197
Trapa 192
Triandria 135
trilete 49, 60
Trillium 153
Triphyophyllum 232
tristyly 180
Trochodendrales 139
true fruit 133
Tubiflorae 187
tubular 187
Tulipiae 154
Turonian 139
Typhaceae 153
Typhales 158

U

Ulmus 190
Ulva 35
umbel 134
unisexual 181
upland hypothesis 124
Urtica 242
Urticales 139
Utricularia 231

V

Vallisneria 173
Valmeyerodendron 48
valvate 132
vegetative propagation 181
velamen 205
ventral suture 132
venus fly trap 229
vessel 115
vestured pits 147
Viburnum 186
Violales 144
Viscaceae 233

Viscum 190, 233
Voltziales 83

W

walking fern 74
water clover 75
Welwitschia 105
Westphalian 83
white pine 97
Williamsoniella 127
wing 133, 188
Winteraceae 120
Wollemia 101
Woodsia 73

X

Xanthium 164, 192
xanthophyll 26

Y

Yockey, Hubert P. 14
Yucca 169, 197

Z

Zamiaceae 92
Zamiineae 92
Zingiberales 158
Zingiberidae 158
Zostera 174
Zosteraceae 209
Zosterophyllum 46
zygomorphic 131
Zygophyllaceae 148

Axelrod, D.I. 1970. Mesozoic paleogeography and early angiosperm history. Bot. Rev. 36: 277.

Bessey, C.E. 1915. The phylogenetic taxonomy of flowering plants. Ann. Missouri Bot. Gard. 2: 109.

Bower, F.O. 1908. The Origin of a Land Flora. Macmillan, London.

Brown, R. 1821. *Rafflesia arnoldi R.* Br. Trans. Linn. Soc. 13: 201.

Cavalier-Smith, T. 1987. The origin of eukaryote and archaebacterial cells. Ann. N. Y. Acad. Sci. 503: 17.

Celakovsky, J. 1874. Über die verschiedenen Formen und Bedeutung des Generationswechsels der Pflanzen Sitzungsbericht der königlischen böhmischen. Gesellschaft der Wissenschaft Prag.

Chase, M.W., M.J.M. Christenhusz, D. Sanders, and M.F. Fay. 2009. Murderous plants: Victorian Gothic, Darwin and modern insights into vegetable carnivory. Bot. J. Linn. Soc. 161: 329.

Coen, E. S. and E.M. Meyerowitz. 1991. The war of the whorls: Interactions controlling flower development. Nature 353:31.

Cronquist, A. 1981. An Integrated System of Classification of Flowering Plants. Columbia University Press, New York.

Darwin, C.R. 1859. Origin of Species by Means of Natural Selection. Oxford Univ. Press.

De Candolle, A.P. 1819. Théorie Élémentaire de la Botanique. 2nd éd., Paris, Chez Déterville.

De Candolle, A.P. 1827. Organographie végétale. Paris.

Delphia, C.M., M.C. Mescher, G.W. Felton and C.M. De Moraes. 2006. The role of insect-derived cues in eliciting indirect plant defenses in tobacco, *Nicotiana tabacum.* Plant Signaling & Behavior 1: 243.

Dilcher, D.L. and P.R. Crane. 1984. *Archaeanthus*: An early angiosperm from the Cenomanian of the Western interior of North America. Ann. Missouri Bot. Gard. 71: 351.

Donoghue, M.J., J.A. Doyle, J. 1989. Phylogenies and the analysis of evolutionary sequences, with examples from seed plants. Evolution 43: 1137.

Engler, H.G.A. 1882(1964). Syllabus der Pflanzenfamilien, H. Melchior (ed), 12th ed. Borntraeger, Berlin.

Foster, A.S. and E.M. Gifford, Jr. 1974. Comparative Morphology of Vascular

Plants. Freeman and Co., San Francisco.

Fox, S.W., K. Harada, and J. Hendrick. 1959. Synthesis of spirules from synthetic proteinoid and hot water. Science 129: 1221.

Goethe, J.W. 1790. Versuch die Metamorphose der Pflanzen zu erklären Gotha: Carl Wilhelm Ettinger.

Heslop-Harrison, J. 1968. Pollen wall development. Sci. 161: 230.

Hirase, S. 1896. Spermatozoid of *Ginkgo biloba* (In Japanese). Bot. Mag., Tokyo 10: 171.

Karl, T., A.B. Guenther, A.A. Turnipseed, E.G. Patton, and K.Jardine. 2008. Chemical sensing of plant stress at the ecosystem scale. Biogeosci. Discuss., 5: 2381.

Knox, E.B. 2004. Adaptive radiation of African montane plants. In U. Dieckmann (ed.), Adaptive Speciation. Cambridge Univ. Press.

Knox, E.B. and J.D. Palmer. 1995. Chloroplast DNA variation and the recent radiation of the giant senecios (Asteraceae) on the tall mountains of eastern Africa. Proc. Nat'l Acad. Sci. 92: 10349.

Krassilov, V.A. and L.B. Golovneva. 2004. A minute mid-Cretaceous flower from Siberia and implications for the problem of basal angiosperms. Geodiveritas. 26: 5.

Lee, S. 1977. Investigations of the Functional Morphology of the Angiosperm Pollen. Ph.D. dissertation, Duke Univ., Durham, N.C.

Lewin, R.A. 1976. Prochlorophyta as a new proposed division of algae. Nature 261: 697.

Lewis, L.A. and R.M. McCourt. 2004. Green algae and origin of land plants. Amer. J. Bot. 91: 1535.

Linderman, R.L. 1942. The trophic-dynamic aspect of ecology. Ecol. 23:399.

Linnaeus, C. 1753. Species Plantarum.

Linnaeus, C. 1771. Ginkgo L. Mantisa Plantarum 2: 313.

Miller, S.A. 1953. Production of amino acids under possible primitive earth conditions. Sci. 117: 528.

Molisch, H. 1937. Der Einfluss allelopathy.

Molisch, H. 1937. Der Einfluss einer Pflanze auf die andere-Allelopathie. Fischer, Jena.

Odum, H.T. 1994. Ecological and General Systems: An Introduction to Systems Ecology, Colorado University Press.

Oparin, A.I. 1924. The Origin of Life (in Russian). Moscow Worker Publisher, Moscow.

Pryer, K.M., H. Schneider, A.R. Smith, et al. 2001. Horsetails and ferns are a monophyletic group and the closest living relatives to seed plants. Nature 409: 618.

Qiu, Y-L., J. Lee, F. Bernasconi-Quadroni, D.E. Soltis, P.S. Soltis, M. Zanis, E.A. Zimmer, Z. Chen, V. Savolainen, and M.W. Chase. 1999. The earliest angiosperms: evidence from mitochondrial, plastid and nuclear genomes. Nature 402: 404.

Rauscher, J.T. 2002. Molecular phylogenetics of the Espleletia complex (Asteraceae): evidence from nrDNA ITS sequences on the closest relatives of an Andean adaptive radiation. Amer. J. Bot. 89: 1074.

Raven, P.H. 2005. Biology of Plants. 7th ed. W.H. Freeman, New York, NY.

Sagan, L. 1967. On the origin of mitosing cells. J. Theor. Biol. 14: 255.

Sogin, M.L. 1989. Evolution of eukaryotic micro-organisms and their small subunit ribosomal RNAs. Amer. Zool. 29:487.

Soltis, D.E. and P.S. Soltis. 1999. *Amborella* not a "basal angiosperm"? Not so fast. Amer. J. Bot. 91:997.

Soltis, P.S., Soltis, D.E. and M.W. Chase. 1999. Angiosperm phylogeny inferred from multiple genes as a tool for comparative biology. Nature 402: 402-403.

Soltis, P.S., S.F. Brockington, M.-J. Yoo, A. Piedrahita, M. Latvis, M.J. Moore, A.S. Chanderbali, and D.E. Soltis. 2009. Floral variation and floral genetics in basal angsiopsemrs. Amer. J. Bot. 96:110.

Stebbins G.L. 1974. Flowering plants. Evolution above the species level. Harvard University Press.

Sun, G., Q. Ji, D.L. Dilcher, S. Zheng, K.C. Nixon, and X. Wang 2002. Archaefructaceae, a New Basal Angiosperm Family. Scie. 296: 899.

Taylor, D.W. and L.J. Hickey. 1992. Phylogenetic evidence for the herbaceous origin of angiosperms. Plant Syst. Evol. 180: 137.

Turlings, T.C.J., H.T. Alborn, J.H. Loughrin, and J.H. Tumlinson. 2000. Volicitin, An elicitor of maize volatiles in oral secretion of *Spodoptera exigua*: Isolation and Bioactivity. J. Chem. Ecol. 26:189.

Wing, S.L., L.J. Hickey, and C.C. Swisher. 1993. Implications of an exceptional fossil flora for late Cretaceous vegetation. Nature 363:342.

Yockey, H.P. 1977. A Calculation of the probability of spontaneous biogenesis by information theory. J. Theor. Biol. 67: 377.

Zimmerman, W. 1930. Die Phylogenie der Pflanzen, ein Ueverblick ueber Tatsahen und Probleme. G. Fisher, Jena.

Natural History of Plants

식물의 역사

식물의 탄생과 진화 그리고 생존전략

초판 1쇄 인쇄   2010년 5월 10일
초판 3쇄 발행   2019년 9월 30일

지은이   이상태

펴낸곳   지오북(**GEO**BOOK)
펴낸이   황영심

편집   전유경, 김민정
표지디자인   김정현
내지디자인   김길례

주소   서울특별시 종로구 새문안로5가길 28, 1015호
(적선동, 광화문 플래티넘)
Tel_02-732-0337 Fax_02-732-9337
eMail_book@geobook.co.kr
www.geobook.co.kr
cafe.naver.com/geobookpub

출판등록번호   제300-2003-211
출판등록일   2003년 11월 27일

ⓒ 이상태, 지오북(**GEO**BOOK) 2010
지은이와 협의하여 검인은 생략합니다.

사진 도움 주신 분   박수현, 배상원, 서민환, 양형호, 원창오, 이강협, 이유미, 이정희, 조양훈, 홍선희, 황미숙,
Albert Huntington, Charles F. Delwiche, Harry Jans, Steven A. Juliano, Walter Myers,
산내식물원, The Field Museum, GeoBook
그림 도움 주신 분   Kathleen M. Pryer, Pamela S. & Douglas E. Soltis, Yin-Long Qiu

ISBN 978-89-94242-02-6 93480